"十二五"国家重点图书出版规划项目

第一次全国水利普查成果丛书

灌区基本情况普查报告

《第一次全国水利普查成果丛书》编委会　编

中国水利水电出版社
www.waterpub.com.cn
·北京·

内 容 提 要

本书系《第一次全国水利普查成果丛书》之一，系统全面地介绍了第一次全国水利普查灌区专项普查的主要成果，主要包括普查任务与技术方法、灌溉面积、灌区数量与分布及灌排渠系状况等内容，并对大、中型灌区进行了重点介绍。

本书内容及数据权威、准确、客观，可供水利、农业、国土资源、环境、气象、交通等行业从事规划设计、建设管理、科研生产的各级政府人士、专家、学者和技术人员阅读使用，也可供相关专业大专院校师生及其他社会公众参考使用。

图书在版编目（CIP）数据

灌区基本情况普查报告 /《第一次全国水利普查成果丛书》编委会编. -- 北京 : 中国水利水电出版社，2017.1

（第一次全国水利普查成果丛书）

ISBN 978-7-5170-4638-7

Ⅰ. ①灌… Ⅱ. ①第… Ⅲ. ①灌区－水利调查－调查报告－中国 Ⅳ. ①S274

中国版本图书馆CIP数据核字（2016）第200503号

审图号：GS（2016）2553号

地图制作：国信司南（北京）地理信息技术有限公司

国家基础地理信息中心

书　　名	第一次全国水利普查成果丛书 灌区基本情况普查报告 GUANQU JIBEN QINGKUANG PUCHA BAOGAO
作　　者	《第一次全国水利普查成果丛书》编委会　编
出版发行	中国水利水电出版社 （北京市海淀区玉渊潭南路 1 号 D 座　100038） 网址：www.waterpub.com.cn E-mail：sales@waterpub.com.cn 电话：（010）68367658（营销中心）
经　　售	北京科水图书销售中心（零售） 电话：（010）88383994、63202643、68545874 全国各地新华书店和相关出版物销售网点
排　　版	中国水利水电出版社微机排版中心
印　　刷	北京博图彩色印刷有限公司
规　　格	184mm×260mm　16 开本　22.25 印张　412 千字
版　　次	2017 年 1 月第 1 版　2017 年 1 月第 1 次印刷
印　　数	0001—2300 册
定　　价	**140.00 元**

《第一次全国水利普查成果丛书》
编　委　会

主　任　陈　雷　马建堂

副主任　矫　勇　周学文　鲜祖德

成　员（以姓氏笔画为序）

于琪洋	王爱国	牛崇桓	邓　坚	田中兴
邢援越	乔世珊	刘　震	刘伟平	刘建明
刘勇绪	汤鑫华	孙继昌	李仰斌	李原园
杨得瑞	吴　强	吴文庆	陈东明	陈明忠
陈庚寅	庞进武	胡昌支	段　虹	侯京民
祖雷鸣	顾斌杰	高　波	郭孟卓	郭索彦
黄　河	韩振中	赫崇成	蔡　阳	蔡建元

本 书 编 委 会

主　　编　李仰斌

副 主 编　韩振中　　姚宛艳　　徐海洋

编写人员　张薇薇　　高　姗　　刘云波　　孔　东

　　　　　　李　贝　　王召胜　　王　欢　　王　迪

　　　　　　温立平　　马　辉

主　　审　王爱国　　顾斌杰　　倪文进　　李远华

咨询专家　冯广志　　赵竞成　　李英能　　王文元

前　言

　　遵照《国务院关于开展第一次全国水利普查的通知》（国发〔2010〕4号）的要求，2010—2012年我国开展了第一次全国水利普查（以下简称"普查"）。普查的标准时点为2011年12月31日，时期资料为2011年度；普查的对象是我国境内（未含香港特别行政区、澳门特别行政区和台湾省）所有河流湖泊、水利工程、水利机构以及重点社会经济取用水户。

　　第一次全国水利普查是一项重大的国情国力调查，是国家资源环境调查的重要组成部分。普查基于最新的国家基础测绘信息和遥感影像数据，综合运用社会经济调查和资源环境调查的先进技术与方法，系统开展了水利领域的各项具体工作，全面查清了我国河湖水系和水土流失的基本情况，查明了水利基础设施的数量、规模和行业能力状况，摸清了我国水资源开发、利用、治理、保护等方面的情况，掌握了水利行业能力建设的状况，形成了基于空间地理信息系统、客观反映我国水情特点、全面系统描述我国水治理状况的国家基础水信息平台。通过普查，摸清了我国水利家底，填补了重大国情国力信息空白，完善了国家资源环境和基础设施等方面的基础信息体系。普查成果为客观评价我国水情及其演变形势，准确判断水利发展状况，科学分析江河湖泊开发治理和保护状况，客观评价我国的水问题，深入研究我国水安全保障程度等提供了翔实、全面、系统的资料，为社会各界了解我国基本水情特点提供了丰富的信息，为完善治水方略、全面谋划水利改革发展、科学制定国民经济和社会发展规划、推进生态文明建设等工作提供了科学可靠的决策依据。

　　为实现普查成果共享，更好地方便全社会查阅、使用和应用普查成果，水利部、国家统计局组织编制了《第一次全国水利普查成果丛书》。本套丛书包括《全国水利普查综合报告》《河湖基本情况普查报告》《水利工程基本情况普查报告》《经济社会用水情况调查报告》《河湖开发治理保护情况普查报告》《水土保持情况普查报告》《水利行业能力情况普查报告》《灌区基本情况普查报告》《地下水取水井基本情况普查报告》和《全国水利普查数据汇编》，共10 册。

本书是《第一次全国水利普查成果丛书》之一，重点对我国的灌溉面积、灌区数量与分布、灌排工程等基本情况进行了全面展示。全书共分五章：第一章介绍了灌区专项普查的组织实施情况及主要普查成果；第二章介绍了全国、分区、不同水源工程类型及粮食主产区的灌溉面积；第三章介绍了全国灌区的构成与分布、渠（沟）系工程、灌区隶属关系与水价等总体情况；第四章和第五章分别介绍了大型灌区和中型灌区的数量与规模、渠（沟）系工程、灌区隶属关系与水价等情况，并对灌区分布、工程状况、灌区管理等进行了简要分析。本书所使用的计量单位，主要采用国际单位制单位和我国法定计量单位，小部分沿用水利统计惯用单位。部分因单位取舍不同而产生的数据合计数或相对数计算误差未进行机械调整。

本书在编写过程中得到了许多专家和普查人员的帮助与指导，在此表示衷心的感谢！由于作者水平有限，书中难免存在疏漏，敬请批评指正。

编者

2015 年 10 月

目 录

第一章 概 述

本章主要介绍灌区专项普查的目标、任务、对象、内容、技术路线、组织实施、数据汇总方法及主要成果等内容。

第一节 普查目标与任务

一、普查目标

灌区专项普查的目标是查清中华人民共和国境内（未含香港特别行政区、澳门特别行政区和台湾地区）的灌溉面积和灌溉面积在 50 亩及以上的灌区，为制定灌区规划和行业宏观决策、指导我国灌排事业可持续发展提供基础支持。

二、普查任务

灌区专项普查的任务包括两个方面：一是灌溉面积，查清全国灌溉面积、不同水源工程灌溉面积、2011 年实际灌溉面积等内容；二是灌区，查清全国灌区数量、规模、工程状况及管理情况等内容。

三、普查时点

普查时点为 2011 年 12 月 31 日 24 时，时期为 2011 年度。凡属 2011 年年末资料，如"渠道长度、渠道衬砌长度、建筑物数量"等，均以 2011 年 12 月 31 日 24 时数据为准；凡属年度资料，如"2011 年实际灌溉面积"等数据，均以 2011 年 1 月 1 日至 2011 年 12 月 31 日的全年数据为准。

第二节 普查对象与内容

一、灌溉面积

（一）普查范围
普查范围为全国耕地、园地、林地、草地等土地上所有的灌溉面积。灌溉面积是指在现有水源、工程等条件下，在一般年份能够进行正常灌溉的面积。通过肩挑、人抬、车拉等方式将水送至田间进行旱作点种的面积，采用水窖（池）等雨水人工汇集方式为作物抗旱补水的面积、城市绿化带及铁路、公路、公用设施等征地范围内的林木灌溉面积以及苇田面积均不属于普查范围。

（二）普查内容

普查内容主要包括灌溉面积、不同水源工程灌溉面积、井渠结合灌溉面积、2011 年实际灌溉面积等。

（三）灌溉面积相关概念

1. 耕地灌溉面积与园林草地等非耕地灌溉面积

灌溉面积分为耕地灌溉面积和园林草地等非耕地灌溉面积。耕地灌溉面积是指在现有水源、工程等条件下，在一般年份能够进行正常灌溉的耕地面积。园林草地等非耕地灌溉面积是指在现有水源、工程等条件下，在一般年份能够进行正常灌溉的园地、林地、草地及设施农用地上的灌溉面积。耕地、园地、林地、草地等主要根据《土地利用现状分类标准》（GB/T 21010—2007）中的土地类型划分方法确定。

2. 不同水源工程灌溉面积

按照水源工程类型，灌溉面积分为水库、塘坝、河湖引水闸（坝、堰）、河湖泵站、机电井和其他等 6 类水源工程灌溉面积。

（1）水库灌溉面积是指以水库为灌溉水源的灌溉面积，包括水库自流引水灌溉面积和通过泵站以水库为水源提水的灌溉面积。

（2）塘坝灌溉面积是指以塘坝为灌溉水源的灌溉面积，包括塘坝自流引水灌溉面积和通过泵站以塘坝为水源提水的灌溉面积。

（3）河湖引水闸（坝、堰）灌溉面积是指通过修建闸、坝、堰等引水建筑物引用河川、湖泊等地表水进行灌溉的面积。

（4）河湖泵站灌溉面积是指利用抽水设备提取河川、湖泊等地表水进行灌溉的面积，包括固定站灌溉面积与流动机灌溉面积。

（5）机电井灌溉面积是指用机电井抽水进行灌溉的面积。

（6）其他水源工程灌溉面积是指利用截潜流、引泉、再生水等水源进行灌溉的面积，也包括以水窖（池）为水源且在一般年份能进行正常灌溉的面积。如果水窖（池）仅作为抗旱补水而不能满足一般年份正常灌溉的，则不应该计入。

本次普查为了反映出不同水源工程的效益，按水源工程类型填报灌溉面积时，要求只要是从某种类型水源工程取水进行了灌溉的面积就统计为该类型水源工程的灌溉面积，允许交叉重复。如某区域灌溉面积，既从水库取水灌溉，又从机井取水灌溉，则应分别计入水库灌溉面积和机电井灌溉面积。灌溉面积普查中还专门统计了井渠结合灌溉面积，它是指同一地域既利用机井抽取地下水灌溉又利用地表水进行灌溉的面积。

3. 2011 年实际灌溉面积

2011 年实际灌溉面积是指灌溉面积范围内普查年度（2011 年）实际灌溉的面积，包括耕地、园地、林地、草地等的实际灌溉面积。实际灌溉面积受当年降水量与分布、灌溉水源供水情况、农作物种植等多种因素影响，一般会小于该区域的灌溉面积。在同一亩土地上，2011 年内无论灌水几次，都按一亩计算，而不是按灌溉亩次累加计算。

同样，2011 年实际灌溉面积可分为耕地实际灌溉面积和园林草地等非耕地实际灌溉面积。耕地实际灌溉面积是指在耕地灌溉面积上普查年度（2011 年）实际灌溉的耕地面积，如有粮田则应同时普查粮田实际灌溉面积。粮田是指以种植水稻、玉米、小麦等主要粮食作物为主的耕地。园林草地等非耕地实际灌溉面积是指在园地、林地、草地等非耕地灌溉面积上普查年度（2011 年）实际灌溉的面积。

二、灌区

（一）普查范围

普查范围为 2011 年 12 月 31 日之前所有已建成（含续建配套与节水改造灌区）灌溉面积 50 亩及以上的灌区，包括国家、集体、个人、企业等所建灌区。灌区是指单一水源或多水源联合调度且水源有保障，有统一的管理主体，由灌溉排水工程系统控制的区域。

灌区和灌区内的渠（沟）系工程普查范围特别规定如下。

（1）灌区普查不包括由于水源不足、灌溉系统损毁或管理不善等原因，造成灌溉功能丧失或连续超过 5 年没有运行的灌区；不包括正在建设施工中的新建灌区。

（2）以灌溉输水为主、且作为渠道进行管理的河道，可作为渠道统计，但避免与河湖普查重复。

（3）灌区内的输水管道，按过流能力分级（分级标准同渠道），作为渠道进行普查，该管道同时计入衬砌渠道。

（二）普查内容

灌区普查以 2000 亩为规模界限，划分为 50（含）～2000 亩、2000 亩及以上灌区两种规模类型。

1. 50（含）～2000 亩灌区

普查内容主要包括灌区名称、灌溉水源工程类型、灌溉面积和灌区管理单位名称等指标。

2. 2000 亩及以上灌区

普查内容主要包括灌区基本情况和灌排工程设施状况。其中，1.0m³/s 及以上的灌溉渠道与灌排结合渠道及建筑物、3.0m³/s 及以上的排水沟及建筑物，以灌区为单元逐条进行普查；0.2（含）～1.0m³/s 的灌溉渠道、灌排结合渠道及建筑物，0.6（含）～3.0m³/s 的排水沟及建筑物，以灌区为单元分级汇总普查。

（1）基本情况。普查内容包括：灌区名称，灌区范围及是否跨县，水源工程类型，普查年降水情况，耕地面积，设计灌溉面积，灌溉面积，2011 年实际灌溉面积，用水户协会数量及管理面积，管理单位名称及编码，管理单位类型、专管人员数量及隶属关系，水价与水费等。

（2）流量 1.0m³/s 及以上灌溉渠道、灌排结合渠道及建筑物。普查内容包括：渠道名称，渠道功能，过水能力，衬砌状况，渠系建筑物（包括水闸、涵洞、渡槽、倒虹吸、隧洞、农桥、量水建筑物、跌水或陡坡等）和渠道上的泵站数量等。

（3）流量 3.0m³/s 及以上排水沟及建筑物。普查内容包括：排水沟名称，过水能力，总长度，排水沟系建筑物（包括水闸、涵洞、农桥）和排水沟上的泵站数量等。

（4）流量 0.2（含）～1.0m³/s 及以上灌溉、灌排结合渠道及建筑物、0.6（含）～3.0m³/s 的排水沟及建筑物。普查内容包括：渠（沟）道数量，长度，衬砌长度，建筑物（包括水闸、涵洞、渡槽、农桥）及渠（沟）道上的泵站数量等。

（三）与灌区有关的几个名词释义

1. 灌区

灌区是指单一水源或多水源联合调度且水源有保障，有统一的管理主体，由灌溉排水工程系统控制的区域。"灌区"需同时具备 3 个条件：

（1）具有单一水源或多水源联合调度且水源有保障。灌区如果具有多种水源类型，则多种水源类型应能够进行联合调度、相互补充。

（2）具有统一的管理主体。统一的管理主体既可以是专门的管理机构，如灌区管理局等，也可以是村委会、乡水管所、用水者协会等群管组织，也可以是企业或个人等。

对于设计灌溉面积 30 万亩及以上的灌区，"统一的管理主体"特指为灌区管理而专门成立的专业管理机构。

（3）由灌溉排水工程系统控制。要求灌区内有相应的灌溉排水系统，对于无灌溉工程设施，主要依靠天然降雨种植水稻、莲藕、席草等水生作物的区域，不能作为灌区填报。

2. 设计灌溉面积、灌区灌溉面积和 2011 年实际灌溉面积

设计灌溉面积是指按一定的设计灌溉保证率规划设计的灌区面积。

灌区灌溉面积是指在灌区现有水源、工程等条件下，一般年份能够进行正常灌溉的灌溉面积，包括耕地以及园地、林地、草地等非耕地的灌溉面积。

2011 年实际灌溉面积是指普查年度（2011 年）在灌区灌溉面积上实际灌溉的面积，包括耕地、园地、林地、草地等的实际灌溉面积。

3. 灌区灌排渠（沟）系及建筑物

（1）灌排渠（沟）系。灌区内灌溉渠道和排水沟通常是并存的，两者互相配合，协调运行，共同构成完整的灌区水利工程系统。

灌溉渠道是指将水从水源地输送到田间的各级固定渠道。不包括毛渠及以下的非固定渠道，也不包括渠首排沙渠、中途泄水渠和渠尾退水渠等退（泄）水渠。

灌排结合渠道是指在灌溉季节承担向田间输送水任务、汛期又承担农田排水任务的固定渠道。

排水沟是指将多余地表水或地下水由农田输送到容泄区的各级固定排水沟。

（2）渠（沟）道上的建筑物。渠（沟）道上的建筑物是指各级渠（沟）道上的建筑物。渠（沟）系建筑物种类繁多，其型式和功能各不相同。本次灌区普查中只统计主要建筑物数量。按建筑物型式进行分类，主要有水闸、涵洞、渡槽、倒虹吸、隧洞、农桥、量水建筑物、跌水和陡坡。此外，还对为满足灌排要求而设置在灌区渠（沟）道上的泵站进行了普查。

水闸是指由闸墩支撑的闸门，控制流量、调节水位的中、低水头水工建筑物。普查时渠道上的水闸数量包括本级渠道渠首的进水闸和渠道上的节制闸、退水闸等，分水闸作为下一级渠道的进水闸统计。

涵洞是指埋设在填土下面具有封闭形断面的过水建筑物，包括涵洞、涵管等形式。

渡槽是指跨越山冲、谷口、河流、渠道及交通道路等的桥式交叉输水建筑物。

倒虹吸是指以倒虹形式敷设于地面或地下，用以输送渠道水流穿过其他水道、洼地、道路的压力管道式交叉建筑物。

隧洞是指在山体中开挖的、具有封闭断面的过水通道。

农桥是指跨越渠道，供行人、牲畜、拖拉机与小型车辆通行的小型桥梁。本次仅普查由灌区建设并且维修管理的农桥。

量水建筑物是指专为量水修建的水工建筑物，包括测流桥。

跌水是指连接两段不同高程的渠道，使水流直接跌落的阶梯式落差建筑物。

陡坡是指连接两段不同高程的渠道，纵坡大于临界坡度的槽式落差建筑物。

泵站是指由抽水装置、辅助设备及配套建筑物组成的工程设施，亦称抽水站、扬水站。

第三节　普查方式与技术路线

一、普查方式

针对灌区普查对象的不同，采用以行政村为单元和以灌区为单元的两种普查方式开展普查工作。

（一）灌溉面积普查

灌溉面积普查以行政村为单元进行普查。

（二）灌区普查

以灌溉面积 2000 亩为规模界限，划分 50（含）～2000 亩、2000 亩及以上灌区两种规模类型，以灌区为单元进行普查。

（1）规模在 50（含）～2000 亩之间的灌区仅普查灌区名称、灌溉水源工程类型、灌溉面积和灌区管理单位名称等指标。

（2）规模在 2000 亩及以上的灌区进行详细普查，包括灌区名称、范围、灌溉水源工程类型、灌区规模、灌区管理状况和灌排工程设施状况等内容。

（3）对跨县或跨更高行政区的灌区（以下简称"跨县灌区"），按照"在地原则"，以县级普查区为单元进行普查，普查工作由地或省级普查机构组织，跨县灌区管理单位协助各受益县普查机构填报普查表。县级普查机构负责数据录入和上报，地、省级普查机构组织跨县灌区管理单位将各县填报的数据进行归并、审核、协调，形成完整的灌区成果。

二、技术路线

根据普查总体目标和工作部署，灌区专项普查分为清查登记、数据采集、数据审核、成果汇总 4 个环节开展工作，各级普查机构对普查数据进行审核、汇总、审查、上报，最终形成全国灌区专项普查成果。技术路线见图 1－3－1。

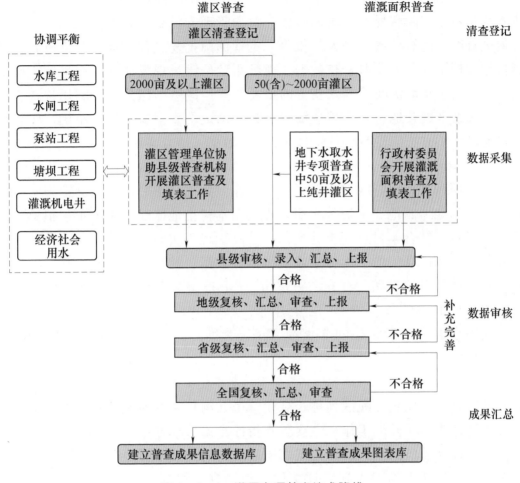

图 1－3－1　灌区专项普查技术路线

（一）清查登记

清查登记是根据普查总体目标要求，按照"在地原则"，对所有灌区进行拉网式调查，填报灌溉面积 50 亩及以上灌区的名称、规模、是否跨县、隶属关系等基本信息，形成灌区基本名录底册。清查登记工作重点在于确定重点普查对象（2000 亩及以上灌区），明确跨县灌区范围，确定普查表填报单位，完成灌区普查填表前的各项基础资料收集准备工作。

纯井灌区在地下水取水井专项普查中进行了调查，在灌区专项普查中不再进行清查登记，汇总阶段直接从地下水取水井专项普查成果中提取相关数据。

灌溉面积普查不进行清查登记。

（二）数据采集

数据采集采取内业与外业相结合的方式进行，包括实地访问、档案查阅、现场测量、遥感影像分析、综合分析等。实地访问是通过实地走访普查对象、查看普查对象实际状况、现场询问普查对象管理人员获取普查数据。档案查阅是通过查阅普查对象的规划设计报告、主管部门批复文件、运行管理资料以及其他相关档案或资料获取普查数据。现场测量是通过现场测量获取某些无法通过档案查阅、实地访问等方式获得的重要数据。遥感影像分析是利用普查工作底图，辅助开展实地访问和现场测量，分析确定普查对象位置、范围。综合分析是通过以上方法依然不能获取的少数指标数据，结合实地访问综合分析确定。

1. 灌溉面积

灌溉面积普查以行政村为单元开展工作。数据采集时，村委会首先明确本村耕地、林地、园地、草地等面积，再根据本村土地账册、土地承包租赁协议等档案资料，结合本村近期土地变化、灌溉工程等实际情况确定相关数据。同时要与上级部门登记的土地档案或土地调查数据、种粮补贴面积、基本农田面积等资料进行对比核实。存在"习惯亩""上报亩"等数据的地区，要求按标准面积（1 亩 $\approx 667\mathrm{m}^2$）换算后进行填报。2011 年实际灌溉面积，应以村水管员、村民小组等掌握的 2011 年度灌溉情况为准。如有异议，需召集农户按地块进行核实。

2. 灌区

灌区普查主要包括灌区名称、规模、渠（沟）系及建筑物、管理情况等内容，以灌区为单元开展工作，主要普查指标数据采集方法如下：

（1）设计灌溉面积。设计灌溉面积是灌区的设计指标之一。一般以灌区上级主管部门最新批准的规划设计文件为依据进行填写。如果没有规划设计文件，可查找上级部门批准的其他正式文件，包括上级主管部门批复的工程调度运行文件、工程复核报告、工程改扩建报告、工程补充设计报告等；对于部分小型灌区，如果无上述文件，则填写灌区过去 5 年最大的年灌溉面积，但须经过熟悉实际情况的专业技术人员审核。

（2）灌区灌溉面积。灌区灌溉面积应依据工程竣工验收、历年灌区运行记录等档案资料，结合现实情况，综合分析确定，并与灌区内行政村的灌溉面积普查数据进行对比复核。

（3）2011 年实际灌溉面积。2011 年实际灌溉面积应根据灌区用水管理体制，从灌区用水管理最基层单位（如乡镇水管站、用水户协会、渠长等）处获取，并逐级汇总。应强调的是，同一块地上无论灌水几次，都按该地块的实际亩数计算，不能按灌溉亩次数累计。

（4）专管人员数量。灌区专管人员是指普查时点灌区及下属机构从事运行、维护、管理的人员数量，包括不在编制长期雇用的专管人员，但不包括离退休人员、村级管水员、用水户协会人员等。

（5）水价及水费。由灌区管理部门按照有关文件规定及水费收取情况，填报核定的成本水价、执行水价、应收水费、实收水费。水价单位为元/m³。如果灌区按亩收费，应根据亩均灌溉用水量进行折算。

（6）渠（沟）道过流能力。渠（沟）道过流能力包括渠（沟）道设计流量及实际流量。灌溉渠道以渠道进口断面为基准断面，排水沟以排水沟出口断面为基准断面，通过查阅设计文件、档案资料、实地调查、现场测量等方法获得。在普查时，尽可能用两种或两种以上的方法对上述流量进行认定或估算，做到相互验证，防止出现较大的误差。

（7）渠（沟）系长度及建筑物数量。渠（沟）系长度及建筑物数量通过采用档案查阅、实地调查、现场测量等办法获取。对于档案资料数据，须进行必要的核实。

（三）数据审核

由县、地、省级和国务院普查机构对基层单位的普查数据逐级审核、汇总、分析、整理。各级普查机构在汇总过程中对普查数据应采用计算机审核与人工审核相结合、全面审核与重点审核相结合、内业审核与外业抽查相结合的方式，以保证数据审核过程的科学性、严密性。数据审核主要包括基础数据审核和汇总数据审核。

1. 基础数据审核

基础数据审核主要对清查数据、普查表数据和关联关系辅助表数据进行审核，检查基础数据是否符合全面性、完整性、规范性、一致性、合理性、准确性。综合利用计算机审核、电子底图查证、经验判断、资料对比、奇异值分析、抽样推断等方法，开展表内审核、表间审核、跨专业关联审核等。其中，表间审核主要是灌区清查表与普查表之间以及灌溉面积普查表与灌区普查表之间关联数据的审核；跨专业关联审核主要是灌区专项普查与"水利工程基本情况普查"中的水库工程、水闸工程、泵站工程、塘坝工程，"地下水取水井专项普查"中的灌溉机电井，"经济社会用水调查"中的农业灌溉用水量等相关指标数据以及灌区专项普查数据与电子地图绘制成果的关联审核。

2. 汇总数据审核

汇总数据审核主要采取经验判断、资料对比、平衡分析、地区对比等方法，对普查汇总数据或单位指标数据进行审核分析。灌区专项普查的汇总数据审核重点是对主要普查数据的空间分布合理性进行分析，对跨县灌区归并成果进行审核分析，对灌溉面积与灌区进行区域关联审核分析，对人均耕地灌溉面积、万亩灌溉面积渠道长度等衍生指标空间分布的合理性进行分析；与水利统计资料、大中型灌区规划等相关资料进行对比分析等。

（四）成果汇总

在灌溉面积普查表数据的基础上，分别汇总形成县、地、省级以及全国的灌溉面积普查成果和水资源三级区、二级区、一级区的灌溉面积成果。

在灌区清查表和普查表数据基础上，分别汇总形成县、地、省级以及全国灌区的普查成果。其中，2000 亩以下灌区是根据灌区专项普查清查成果与地下水取水井专项普查中灌溉面积 50 亩及以上纯井灌区的相关普查指标成果汇总形成。对于跨县灌区，由县级以上普查机构进行归并汇总，形成完整灌区成果。

第四节　普查组织与实施

一、组织机构

根据《国务院关于开展第一次全国水利普查的通知》（国发〔2010〕4 号）精神，第一次全国水利普查按照"全国统一领导、部门分工协作、地方分级负责、各方共同参与"的原则组织实施。

国务院第一次全国水利普查领导小组负责本次普查工作组织和实施工作，领导小组办公室承担领导小组日常工作，具体负责普查工作的业务指导和督促检查；流域普查机构负责本流域普查的组织实施，协调、指导流域内各省普查工作；省、地级普查机构负责辖区普查组织实施，协调、指导辖区内各级水利普查工作；县级普查机构具体实施普查工作。

军队系统的水利普查工作由总后勤部负责组织完成，普查成果数据由军队直接报送给国务院水利普查办公室。武警系统的水利普查工作，按照"在地原则"，由各级地方人民政府水利普查办公室组织进入武警部队实施，武警部队协助配合完成。本报告的普查成果不包括军队管辖范围内的普查数据。

二、工作单元与数据普查

本次普查以县级行政区为基本工作单元，按"在地原则"，由县级水利普查机构组织开展对象清查及数据填报工作。县级普查机构根据县域内普查对象的数量、分布及特点，确定普查对象最小普查区。其中，灌区普查以县级行政区为最小普查区；灌溉面积普查以行政村为最小普查区。采取走访登记、档案查阅、现场访问等方式逐一清查，甄别普查对象，填写对象清查表，确定普查表填报单位，组织获取普查数据，并填报普查表。

对于跨县灌区，县级普查机构将该行政区域内的灌区数据上报至上级普查机构，上级普查机构会同灌区管理单位对各县的数据进行核准。数据核准后，由县级普查机构负责填报普查表。

三、普查实施过程

第一次全国水利普查为期 3 年，从 2010 年 1 月—2012 年 12 月，普查时点为 2011 年 12 月 31 日。总体上分为前期准备、清查登记、填表上报和成果发布 4 个阶段。

2010 年为前期准备阶段。相继成立了各级普查机构，落实工作经费。1—3 月，编制了《第一次全国水利普查实施方案》、相关技术规定与工作细则等技术文件；4—9 月，开展了试点工作，并修改完善实施方案等相关技术文件；10—12 月，开展第一阶段国家级和省级综合培训与专业培训工作。

2011 年为清查登记阶段。3—4 月，县级普查机构开展了灌区对象清查工作，建立了清查对象名录库；4—6 月，开展了县、地、省级清查名录汇总审核，并上报国务院水利普查办公室；7—9 月，开展流域及国家级清查名录汇总审核，编制分省审核报告并反馈各省，各省级普查机构根据审核意见进行了修改完善；10—11 月，组织开展了普查数据事中质量抽查工作，指导普查数据获取工作，评估数据质量；12 月，开展了普查对象查遗补漏工作，进一步完善清查名录库。

2012 年为填表上报阶段和成果发布阶段。1—3 月，县级普查机构组织填报普查表，开展普查数据审核与汇总，并上报上级普查机构；4—6 月，地级、省级普查机构对上报普查数据开展审核、汇总、归并工作；7—10 月，流域及国务院普查机构对上报普查数据开展审核与汇总工作，分省编制审核意见并反馈各省，各省依据审核意见修改完善普查数据，并重新上报；10—12 月，全国灌区专项普查数据完成汇总工作，编制了普查成果汇总分析报告；国务院水利普查办公室组织开展了全国普查数据事后质量抽查工作，全面评估普查数据质量。

四、普查数据质量控制

国务院水利普查办公室和地方各级水利普查机构高度重视水利普查的质量控制工作，建立了严格的质量控制制度，编制印发了《第一次全国水利普查质量控制工作细则》《第一次全国水利普查数据审核办法》《第一次全国水利普查数据审核技术规定》《第一次全国水利普查事中质量抽查办法》《第一次全国水利普查事后质量抽查办法》等 26 个质量控制文件，提出了普查对象清查登记、普查数据采集、填表上报、数据审核与汇总分析的质量控制标准、方法和操作规范，保证了普查数据采集和数据处理过程中的数据质量。

在水利普查实施过程中，一是采取了全过程、全员质量控制，及时发现和消除事前、事中和事后影响水利普查数据质量的各种因素，加强对水利普查重要内容、关键节点、薄弱环节的质量监控。将质量控制的目标、任务和责任分解落实到水利普查的每一个岗位和人员，构建了人人参与的质量控制工作体系。二是采取了逐级、分类质量控制，逐级明确水利普查质量控制的责任和要求，将普查质量问题控制在下级普查机构、基层填表单位和数据采集现场，确保了质量控制要求贯彻落实。充分发挥各级技术支撑单位和统计、业务等专业技术人员作用，采取了有针对性的方法和措施，分专业、分类做好普查质量问题分析与诊断，保障了质量控制工作切实有效。三是坚持了定量为主、定性为辅的质量控制原则，制定了详细量化的质量控制指标与标准，建立了科学的质量监测评价体系。四是贯彻了统一标准、严格执行的原则，严格执行全国统一制定的规定、方法和质量验收标准。对不符合质量控制标准的阶段性数据成果及时进行整改，返回重报。

为了评价本次普查数据质量，根据《第一次全国水利普查事后质量抽查办法》，国务院水利普查办公室组织成立了 31 个抽查组，共抽取 120 个县级普查区中的 16147 个水利普查对象，开展了现场质量抽查工作，并利用抽查成果科学评估了普查数据质量。经评估，数据质量达到预期目标。

第五节　普查数据汇总方法

一、汇总分区

灌区专项普查按灌溉面积和灌区分别进行数据汇总，形成了各行政分区、水资源分区、粮食主产区及全国的汇总成果。分区情况如下。

（一）行政分区

本次普查数据按照 31 个省级行政区进行汇总，并按自然地理状况、经济社会条件，对东、中、西部地区的普查成果进行了汇总。东部地区包括北京、天津、河北、辽宁、山东、上海、江苏、浙江、福建、广东、海南共 11 个省级行政区；中部地区包括安徽、江西、湖北、湖南、山西、吉林、黑龙江、河南8省；西部地区包括广西、内蒙古、四川、重庆、贵州、云南、西藏、陕西、甘肃、青海、宁夏、新疆（含兵团）12个省级行政区。

（二）水资源分区

水利普查以县级行政区为基本工作单元进行普查数据的采集、录入和汇总，为了满足普查成果按照行政分区和水资源分区汇总要求，利用全国水资源综合规划基于1：25万地图制作了地级行政区套水资源三级区成果，根据最新的1：5万国家基础地理信息图，制作形成了1：5万县级行政区套水资源三级区成果。全国共划分为10个水资源一级区；在一级区的基础上，按基本保持河流水系完整性的原则，划分为80个水资源二级区；在二级分区的基础上，结合流域分区与行政分区进一步划分，全国共划分为213个三级区。全国水资源分区情况详见表1-5-1。

为简便起见，本书只介绍水资源一级区汇总成果。

表1-5-1　　　　　　　　　全国水资源分区情况

水资源一级区	水资源二级区
松花江区	额尔古纳河、嫩江、第二松花江、松花江（三岔河口以下）、黑龙江干流、乌苏里江、绥芬河、图们江
辽河区	西辽河、东辽河、辽河干流、浑太河、鸭绿江、东北沿黄渤海诸河
海河区	滦河及冀东沿海、海河北系、海河南系、徒骇马颊河
黄河区	龙羊峡以上、龙羊峡至兰州、兰州至河口镇、河口镇至龙门、龙门至三门峡、三门峡至花园口、花园口以下、内流区
淮河区	淮河上游、淮河中游、淮河下游、沂沭泗河、山东半岛沿海诸河
长江区	金沙江石鼓以上、金沙江石鼓以下、岷沱江、嘉陵江、乌江、宜宾至宜昌、洞庭湖水系、汉江、鄱阳湖水系、宜昌至湖口、湖口以下干流、太湖流域
东南诸河区	钱塘江、浙东诸河、浙南诸河、闽东诸河、闽江、闽南诸河、台澎金马诸河
珠江区	南北盘江、红柳江、郁江、西江、北江、东江、珠江三角洲、韩江及粤东诸河、粤西桂南沿海诸河、海南岛及南海各岛诸河
西南诸河区	红河、澜沧江、怒江及伊洛瓦底江、雅鲁藏布江、藏南诸河、藏西诸河
西北诸河区	内蒙古内陆河、河西内陆河、青海湖水系、柴达木盆地、吐哈盆地小河、阿尔泰山南麓诸河、中亚西亚内陆河区、古尔班通古特荒漠区、天山北麓诸河、塔里木河源、昆仑山北麓小河、塔里木河干流、塔里木盆地荒漠区、羌塘高原内陆区

（三）粮食主产区

粮食主产区是我国粮食生产的重点区域，担负着我国大部分的粮食生产任务。在本报告中按照 13 个粮食主产省和"七区十七带"粮食主产区对灌溉面积和灌区进行了汇总分析。

13 个粮食主产省包括黑龙江、辽宁、吉林、内蒙古、河北、江苏、安徽、江西、山东、河南、湖北、湖南、四川等省级行政区，国土面积 376.8 万 km²，占全国国土总面积的 39.3%；耕地面积 11.71 亿亩，约占全国耕地面积的 64.0%；2011 年粮食产量 4.34 亿 t，占全国总产量的比重为 76.0%。

根据《全国主体功能区规划》确定的"七区二十三带"涉及的粮食产区，13 个粮食主产省和《全国新增 1000 亿斤粮食生产能力规划（2009—2020 年）》所确定的 800 个产粮大县，以及《现代农业发展规划（2011—2015 年）》所确定的重要粮食主产区，经过综合分析提出"七区十七带"粮食主产区，涉及 26 个省级行政区，220 个地级行政区，共计 898 个粮食主产县。"七区十七带"粮食主产区国土面积 273 万 km²，占全国国土面积的 28.4%；耕地面积 10.2 亿亩，约占全国耕地面积的 55.7%。粮食总产量 4.05 亿 t，占全国粮食总产量的 70.9%。划分情况见表 1-5-2。

表 1-5-2   "七区十七带"粮食主产区划分情况表

序号	粮食主产区	粮食产业带	涉及省级行政区	涉及地级行政区数量/个	涉及县级行政区数量/个
1	东北平原	三江平原	黑龙江	7	23
		松嫩平原	黑龙江	5	41
			吉林	8	32
			内蒙古	2	8
			小计	15	81
		辽河中下游区	辽宁	13	37
			内蒙古	2	14
			小计	15	51
		合计		37	155
2	黄淮海平原	黄海平原	河北	10	79
			山东	3	22
			河南	5	25
			小计	18	126

序号	粮食主产区	粮食产业带	涉及省级行政区	涉及地级行政区数量/个	涉及县级行政区数量/个
2	黄淮海平原	黄淮平原	江苏	5	25
			安徽	8	27
			山东	3	20
			河南	10	66
			小计	26	138
		山东半岛区	山东	10	32
		合计		54	296
3	长江流域	洞庭湖湖区	湖南	13	56
		江汉平原区	湖北	11	36
		鄱阳湖湖区	江西	10	42
		长江下游地区	江苏	6	18
			浙江	1	3
			安徽	6	16
			小计	13	37
		四川盆地区	重庆	2	11
			四川	17	52
			小计	19	63
		合计		66	234
4	汾渭平原	汾渭谷地区	山西	7	25
			陕西	7	24
		合计		14	49
5	河套灌区	宁蒙河段区	内蒙古	5	13
			宁夏	5	10
		合计		10	23
6	华南主产区	浙闽区	浙江	1	3
			福建	3	17
			小计	4	20
		粤桂丘陵区	广东	2	5
			广西	5	15
			小计	7	20

序号	粮食主产区	粮食产业带	涉及省级行政区	涉及地级行政区数量/个	涉及县级行政区数量/个
6	华南主产区	云贵藏高原区	贵州	2	11
			云南	5	20
			西藏	4	10
			小计	11	41
		合计		22	81
7	甘肃新疆	甘新地区	甘肃	8	19
			新疆	10	41
		合计		18	60
总计7个粮食主产区，17个粮食主产带，涉及26个省级行政区				220	898

二、汇总分类方法

(一) 大、中、小灌区分类方法

为便于汇总分析，将灌区按设计灌溉面积分为大型、中型和小型灌区。根据《灌区改造技术规范》（GB 50599—2010），大型灌区是指设计灌溉面积为20000hm²（30万亩）及以上的灌区，中型灌区是指设计灌溉面积为666.7hm²（1万亩）及以上，且小于20000hm²（30万亩）的灌区，小型灌区是指设计灌溉面积为666.7hm²（1万亩）以下的灌区。

(二) 渠 (沟) 工程分级方法

《灌溉与排水工程设计规范》（GB 50288—99）规定灌溉渠道或排水沟的级别应根据灌溉或排水流量的大小确定，对灌溉渠道划分为5个等级，分别对应300m³/s以上、100～300m³/s、20～100m³/s、5～20m³/s、5m³/s以下5个流量级别；对于排水沟也划分为5个等级，分别对应500m³/s以上、200～500m³/s、50～200m³/s、10～50m³/s、10m³/s以下5个流量级别。

本次普查，对1m³/s及以上灌溉渠道、灌排结合渠道逐条普查，1m³/s以下的分别按照0.2（含）～0.5m³/s、0.5（含）～1m³/s归类分别进行普查；对3m³/s及以上排水沟逐条普查，3m³/s以下的分别按照0.6（含）～1m³/s、1（含）～3m³/s归类分别进行普查。汇总分析渠（沟）道数据时，灌溉和灌排结合渠道按照0.2（含）～0.5m³/s、0.5（含）～1m³/s、1（含）～5m³/s、5（含）～20m³/s、20（含）～100m³/s、100m³/s及以上等6个等级划分；排水沟按照0.6（含）～1m³/s、1（含）～3m³/s、3（含）～10m³/s、

10（含）～50m³/s、50（含）～200m³/s、200m³/s及以上等6个等级划分。

第六节 主要普查成果

灌区专项普查工作历时3年，采取了全过程、全员质量控制，数据质量达到预期目标。通过普查，全面查清了全国的灌溉面积、灌区数量、分布及灌排工程状况，为制定灌区规划、行业宏观决策，指导我国灌溉事业可持续发展提供了基础支撑。

一、灌溉面积

1. 总体状况

全国共有灌溉面积10.00亿亩，其中耕地灌溉面积9.22亿亩，占全国灌溉面积的92.2%；园林草地等非耕地灌溉面积0.78亿亩，占全国灌溉面积的7.8%。2011年全国实际灌溉面积8.70亿亩，占全国灌溉面积的87.0%，其中耕地实际灌溉面积8.06亿亩，占耕地灌溉面积的87.5%；园林草地等非耕地实际灌溉面积0.64亿亩，占园林草地等非耕地灌溉面积的82.1%。2011年粮田实际灌溉面积为6.68亿亩，占当年全国耕地实际灌溉面积的82.9%。

2. 不同水源工程灌溉面积

水库、塘坝、河湖引水闸（坝、堰）、河湖泵站、机电井、其他水源工程的灌溉面积分别为1.88亿亩、0.95亿亩、2.72亿亩、1.78亿亩、3.61亿亩、0.35亿亩。不同水源工程灌溉面积合计11.29亿亩，其中多水源联合灌溉面积1.29亿亩，详见表1-6-1。

表1-6-1　　　　　　灌溉面积主要指标

指 标 名 称	单 位	数 量
灌溉面积合计	亿亩	10.00
其中：耕地灌溉面积	亿亩	9.22
园林草地等非耕地灌溉面积	亿亩	0.78
2011年实际灌溉面积合计	亿亩	8.70
其中：耕地实际灌溉面积	亿亩	8.06
粮田实际灌溉面积	亿亩	6.68
园林草地等非耕地实际灌溉面积	亿亩	0.64
不同水源灌溉面积合计	亿亩	11.29

指 标 名 称	单 位	数 量
其中：水库灌溉面积	亿亩	1.88
塘坝灌溉面积	亿亩	0.95
河湖引水闸（坝、堰）灌溉面积	亿亩	2.72
河湖泵站灌溉面积	亿亩	1.78
机电井灌溉面积	亿亩	3.61
其他水源灌溉面积	亿亩	0.35

二、灌区

1. 总体情况

我国共有50亩及以上灌区206.57万处，灌溉面积8.43亿亩，占全国灌溉面积10.00亿亩的84.3%。其中，50亩及以上纯井灌区151.32万处，灌溉面积1.57亿亩。

全国2000亩及以上灌区共有0.2m³/s及以上的灌溉渠道82.97万条，总长度114.83万km，其中衬砌长度34.10万km（2000年以后衬砌长度6.75万km），占渠道总长度的29.7%；渠道上共有渠系建筑物310.79万座、泵站8.36万座。共有0.2m³/s及以上的灌排结合渠道45.20万条，总长度51.64万km，其中衬砌长度6.86万km（2000年以后衬砌长度1.48万km）；渠道上共有渠系建筑物120.41万座、泵站7.81万座。共有0.6m³/s及以上的排水沟41.54万条，总长度46.95万km，排水沟上共有建筑物78.87万座、泵站3.23万座。

全国2000亩及以上灌区共有专管人员数量24.10万人，用水户协会2.77万处，管理灌溉面积1.52亿亩。

2. 大型灌区

全国共有大型灌区456处，设计灌溉面积共计3.46亿亩，灌溉面积2.78亿亩，占全国灌溉面积的27.8%。

全国大型灌区共有0.2m³/s以上灌溉渠道38.38万条，总长度51.95万km，其中衬砌长度14.72万km（2000年以后衬砌长度3.74万km），占渠道总长度的28.3%；渠道上共有渠系建筑物147.75万座、泵站3.36万座。共有0.2m³/s及以上的灌排结合渠道16.72万条，总长度20.85万km，其中衬砌长度2.77万km（2000年以后衬砌长度0.69万km）；渠道上共有渠系建筑物数量48.78万座、泵站2.62万座。共有0.6m³/s及以上的排水沟19.19万条，总长度22.66万km；排水沟上共有建筑物36.77万座、泵站1.01万座。

全国大型灌区共有专管人员数量 9.11 万人，用水户协会 1.21 万处，管理灌溉面积 0.89 亿亩，占大型灌区灌溉面积的 32.0%。

3. 中型灌区

全国共有中型灌区 7293 处，设计灌溉面积共计 3.00 亿亩，灌溉面积 2.23 亿亩，占全国灌溉面积的 22.3%。

全国中型灌区共有 0.2m³/s 以上灌溉渠道 35.97 万条，总长度 48.68 万 km，其中衬砌长度 15.18 万 km（2000 年以后衬砌长度 2.64 万 km），占渠道总长度的 31.2%；渠道上共有渠系建筑物 135.38 万座、泵站 4.05 万座。共有 0.2m³/s 及以上的灌排结合渠道 21.88 万条，总长度 23.94 万 km，其中衬砌长度 2.98 万 km（2000 年以后衬砌长度 0.62 万 km）；渠道上共有渠系建筑物数量 57.29 万座、泵站 4.43 万座。共有 0.6m³/s 及以上的排水沟 18.60 万条，总长度 19.48 万 km；排水沟上共有建筑物 33.78 万座、泵站 1.77 万座。

全国中型灌区共有专管人员数量 10.74 万人，用水户协会 1.04 万处，管理灌溉面积 0.54 亿亩，占中型灌区灌溉面积的 24.2%，详见表 1-6-2。

表 1-6-2　　　　　　　　灌 区 主 要 指 标

指 标 名 称		单 位	数 量
一、灌区总体情况			
（一）数量与规模			
50 亩及以上灌区数量		万处	206.57
其中：50 亩及以上纯井灌区数量		万处	151.32
50 亩及以上灌区灌溉面积		亿亩	8.43
其中：50 亩及以上纯井灌区灌溉面积		亿亩	1.57
（二）2000 亩及以上灌区渠（沟）系工程情况			
灌溉渠道	0.2m³/s 及以上的灌溉渠道条数	万条	82.97
	0.2m³/s 及以上的灌溉渠道长度	万 km	114.83
	其中：衬砌长度	万 km	34.10
	其中：2000 年以后衬砌长度	万 km	6.75
	0.2m³/s 及以上的灌溉渠道建筑物数量	万座	310.79
灌排结合渠道	0.2m³/s 及以上的灌排结合渠道条数	万条	45.20
	0.2m³/s 及以上的灌排结合渠道长度	万 km	51.64
	其中：衬砌长度	万 km	6.86
	其中：2000 年以后衬砌长度	万 km	1.48
	0.2m³/s 及以上的灌排结合渠道建筑物数量	万座	120.41

指 标 名 称		单 位	数 量
排水沟	0.6m³/s 及以上的排水沟条数	万条	41.54
	0.6m³/s 及以上的排水沟长度	万 km	46.95
	0.6m³/s 及以上的排水沟建筑物数量	万座	78.87
（三）灌区管理情况			
专管人员数量		万人	24.10
用水户协会数量		万处	2.77
用水户协会管理面积		亿亩	1.52
二、大型灌区情况			
（一）数量与规模			
数量		万处	456
灌溉面积		亿亩	2.78
其中：耕地灌溉面积		亿亩	2.55
（二）大型灌区渠（沟）系工程情况			
灌溉渠道	0.2m³/s 及以上的灌溉渠道条数	万条	38.38
	0.2m³/s 及以上的灌溉渠道长度	万 km	51.95
	其中：衬砌长度	万 km	14.72
	其中：2000 年以后衬砌长度	万 km	3.74
	0.2m³/s 及以上的灌溉渠道建筑物数量	万座	147.75
灌排结合渠道	0.2m³/s 及以上的灌排结合渠道条数	万条	16.72
	0.2m³/s 及以上的灌排结合渠道长度	万 km	20.85
	其中：衬砌长度	万 km	2.77
	其中：2000 年以后衬砌长度	万 km	0.69
	0.2m³/s 及以上的灌排结合渠道建筑物数量	万座	48.78
排水沟	0.6m³/s 及以上的排水沟条数	万条	19.19
	0.6m³/s 及以上的排水沟长度	万 km	22.66
	0.6m³/s 及以上的排水沟建筑物数量	万座	36.77
（三）灌区管理情况			
专管人员数量		万人	9.11
用水户协会数量		万处	1.21
用水户协会管理面积		亿亩	0.89

指 标 名 称	单 位	数 量
三、中型灌区情况		
（一）数量与规模		
数量	万处	7293
灌溉面积	亿亩	2.23
其中：耕地灌溉面积	亿亩	2.04
（二）灌区渠（沟）系工程情况		

		单 位	数 量
灌溉渠道	0.2m³/s 及以上的灌溉渠道条数	万条	35.97
	0.2m³/s 及以上的灌溉渠道长度	万 km	48.68
	其中：衬砌长度	万 km	15.18
	其中：2000 年以后衬砌长度	万 km	2.64
	0.2m³/s 及以上的灌溉渠道建筑物数量	万座	135.38
灌排结合渠道	0.2m³/s 及以上的灌排结合渠道条数	万条	21.88
	0.2m³/s 及以上的灌排结合渠道长度	万 km	23.94
	其中：衬砌长度	万 km	2.98
	其中：2000 年以后衬砌长度	万 km	0.62
	0.2m³/s 及以上的灌排结合渠道建筑物数量	万座	57.29
排水沟	0.6m³/s 及以上的排水沟条数	万条	18.60
	0.6m³/s 及以上的排水沟长度	万 km	19.48
	0.6m³/s 及以上的排水沟建筑物数量	万座	33.78
（三）灌区管理情况			
专管人员数量		万人	10.74
用水户协会数量		万处	1.04
用水户协会管理面积		亿亩	0.54

三、粮食主产区灌溉面积和灌区情况

1. 粮食主产省

全国 13 个粮食主产省耕地灌溉面积 6.36 亿亩，占全国耕地灌溉面积的 69.0%；2011 年粮田实际灌溉面积 4.95 亿亩，占全国 2011 年粮田实际灌溉面积的 74.0%。

13 个粮食主产省共有大型灌区 306 处，灌溉面积 1.76 亿亩，占全国大型灌区灌溉面积的 63.3%；中型灌区 4259 处，灌溉面积 1.31 亿亩，占全国中型灌区灌溉面积的 58.9%；小型灌区灌溉面积 3.63 亿亩，占全国小型灌区灌溉面积的 72.6%。

2. "七区十七带"粮食主产区

全国"七区十七带"粮食主产区灌溉面积 6.20 亿亩，其中耕地灌溉面积 5.85 亿亩，占全国耕地灌溉面积的 63.5%；2011 年粮田实际灌溉面积 4.44 亿亩，占全国 2011 年粮田实际灌溉面积的 66.5%，详见表 1-6-3。

表 1-6-3　　　　　　　　　　粮食主产区主要指标

指 标 名 称	单 位	数 量
一、13 个粮食主产省		
灌溉面积	亿亩	6.70
其中：耕地灌溉面积	亿亩	6.36
2011 年实际灌溉面积	亿亩	5.79
其中：耕地实际灌溉面积	亿亩	5.54
粮田实际灌溉面积	亿亩	4.95
大型灌区		
数量	处	306
灌溉面积	亿亩	1.76
中型灌区		
数量	处	4259
灌溉面积	亿亩	1.31
小型灌区		
灌溉面积	亿亩	3.63
二、"七区十七带"粮食主产区	亿亩	
灌溉面积		6.20
其中：耕地灌溉面积	亿亩	5.85
2011 年实际灌溉面积	亿亩	5.43
其中：耕地实际灌溉面积	亿亩	5.16
粮田实际灌溉面积	亿亩	4.44

第二章 灌 溉 面 积

灌溉面积普查以行政村为基本普查单元，逐村普查各村级普查单元的耕地灌溉面积和园林草地等非耕地的灌溉面积等指标。本章介绍全国及分区的灌溉面积、耕地灌溉面积、2011 年实际灌溉面积、不同水源工程灌溉面积等普查成果，对我国灌溉面积的分布规律进行了分析。

第一节 全国与分区灌溉面积

一、全国总体情况

2011 年全国灌溉面积 10.00 亿亩。

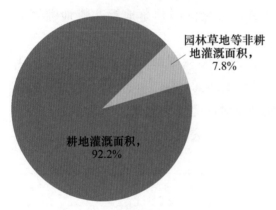

图 2-1-1 全国灌溉面积构成

其中，耕地灌溉面积 9.22 亿亩，占全国灌溉面积的 92.2%；园林草地等非耕地灌溉面积 0.78 亿亩，占全国灌溉面积的 7.8%，见图 2-1-1。全国灌溉面积分布示意图见附图 B-1-1。

2011 年全国实际灌溉面积 8.70 亿亩，占全国灌溉面积的 87.0%。其中，耕地实际灌溉面积 8.06 亿亩，占耕地灌溉面积的 87.5%；园林草地等非耕地实际灌溉面积 0.64 亿亩，占园林草地等非耕地灌溉面积的 82.1%。

2011 年粮田实际灌溉面积为 6.68 亿亩，占耕地实际灌溉面积的 82.9%，占全国耕地灌溉面积的 72.5%。

二、省级行政区

（一）灌溉面积

新疆、山东、河南灌溉面积较大，分别为 9199.49 万亩、8196.46 万亩、7661.29 万亩。此外，河北、黑龙江、安徽、江苏、内蒙古灌溉面积也均超出 5000 万亩。上述 8 个省级行政区灌溉面积合计 5.55 亿亩，占全国灌溉面积的 55.5%。

上海、北京、青海灌溉面积较少，分别为 273.53 万亩、347.89 万亩、389.05 万亩。此外，海南、天津、西藏、宁夏灌溉面积均不足 1000 万亩。上述 7 个省级行政区灌溉面积合计 3328.72 万亩，仅占全国灌溉面积的 3.3%。

耕地灌溉面积分布与灌溉面积分布基本一致。山东、河南、新疆、黑龙江、河北、安徽、江苏等 7 个省级行政区耕地灌溉面积均在 5000 万亩以上。除新疆外，其余 6 个省级行政区皆属粮食主产省，这些省份大部分地处河流冲积平原，灌溉水源条件好、灌排基础设施相对完善、灌溉历史悠久，同时国土面积较大，其灌溉面积、耕地灌溉面积均较大。

北京、上海、青海、西藏、海南、天津、宁夏、重庆等 8 个省级行政区耕地灌溉面积较少，均不超过 1000 万亩。

黑龙江、贵州、吉林耕地灌溉面积占本省灌溉面积比例较高，分别为 99.7%、98.5%、98.3%，西藏、北京、青海、海南、新疆耕地灌溉面积占本省（自治区、直辖市）灌溉面积的比例相对较低，分别为 60.1%、66.7%、70.3%、75.6%、78.1%。

新疆、山东、广东、江苏、内蒙古、河北、四川等 7 个省级行政区园林草地等非耕地灌溉面积均超过 300 万亩，共占全国园林草地等非耕地灌溉面积一半以上，其中，新疆最大，为 2010.54 万亩，占全国园林草地等非耕地灌溉面积的 25.6%。

西藏、北京、青海、海南、新疆等省级行政区园林草地等非耕地灌溉面积占本区灌溉面积比例超过 20%，分别为 39.9%、33.3%、29.7%、24.4%、21.9%，但除新疆外，其余 4 个省级行政区园林草地等非耕地灌溉面积绝对数量并不大。

各省级行政区灌溉面积情况详见图 2-1-2、表 2-1-1。

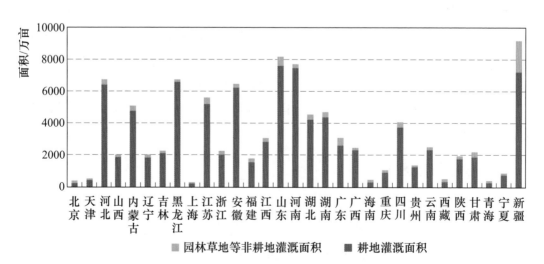

图 2-1-2 省级行政区灌溉面积

表 2 - 1 - 1　　　　　　　　省级行政区灌溉面积　　　　　　单位：万亩

省级行政区	灌溉面积	耕地灌溉面积	园林草地等非耕地灌溉面积	省级行政区	灌溉面积	耕地灌溉面积	园林草地等非耕地灌溉面积
全国	100049.96	92182.76	7867.20	河南	7661.29	7480.23	181.06
北京	347.89	231.99	115.90	湖北	4531.66	4262.20	269.46
天津	482.54	465.89	16.65	湖南	4686.34	4400.11	286.23
河北	6739.15	6397.07	342.07	广东	3073.88	2654.01	419.87
山西	1981.36	1917.41	63.95	广西	2449.02	2356.81	92.21
内蒙古	5083.05	4722.62	360.43	海南	469.11	354.63	114.48
辽宁	1993.98	1860.71	133.27	重庆	1038.90	975.80	63.09
吉林	2215.52	2177.91	37.61	四川	4093.73	3756.42	337.31
黑龙江	6687.06	6667.73	19.33	贵州	1339.11	1318.42	20.68
上海	273.53	238.50	35.03	云南	2484.55	2329.13	155.42
江苏	5611.29	5195.63	415.66	西藏	504.12	302.86	201.27
浙江	2228.53	2018.76	209.77	陕西	1956.32	1792.18	164.15
安徽	6447.28	6221.69	225.58	甘肃	2187.61	1892.09	295.52
福建	1772.14	1524.02	248.12	青海	389.05	273.59	115.46
江西	3063.53	2872.50	191.03	宁夏	862.48	739.06	123.42
山东	8196.46	7593.84	602.62	新疆	9199.49	7188.95	2010.54

（二）2011 年实际灌溉面积

西藏、宁夏、新疆、江西、广东、山西、福建等省级行政区 2011 年实际灌溉面积占灌溉面积的比例均超过了 90％；重庆、贵州、北京、吉林、辽宁等省级行政区的比例均低于 80％，其中，重庆最低，为 68.9％。

河南、山东、黑龙江粮田实际灌溉面积较大，分别为 6309.71 万亩、5875.50 万亩、5449.23 万亩。此外，安徽、河北、江苏、湖南、湖北、内蒙古 2011 年粮田实际灌溉面积均超过 3000 万亩，这些省级行政区也是我国传统的粮食生产基地。

除新疆、甘肃外，其余 29 个省级行政区粮田实际灌溉面积占耕地实际灌溉面积的比例均超过 70％，其中，吉林达到 98.5％，黑龙江、河南、江西、安徽、贵州 5 省均超过 90％。新疆、甘肃较少，分别为 33.8％、57.3％，详见图 2 - 1 - 3、表 2 - 1 - 2。

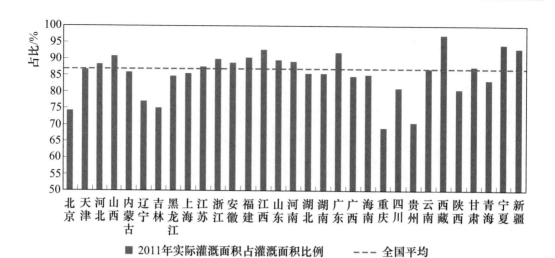

图 2-1-3 省级行政区 2011 年实际灌溉面积

表 2-1-2　　　　　　省级行政区 2011 年实际灌溉面积　　　　　　单位：万亩

省级行政区	2011年实际灌溉面积	占灌溉面积比例/%	耕地实际灌溉面积	粮田实际灌溉面积	园林草地等非耕地实际灌溉面积
全国	86979.86	86.9	80628.54	66837.99	6351.31
北京	257.50	74.0	182.34	137.08	75.16
天津	418.11	86.6	402.61	291.96	15.50
河北	5934.42	88.1	5710.62	5011.69	223.81
山西	1802.26	91.0	1748.40	1497.30	53.86
内蒙古	4357.34	85.7	4048.60	3120.42	308.74
辽宁	1536.11	77.0	1435.45	1181.55	100.66
吉林	1659.23	74.9	1626.60	1602.82	32.64
黑龙江	5645.93	84.4	5635.80	5449.23	10.13
上海	233.73	85.4	205.60	183.74	28.12
江苏	4903.33	87.4	4562.13	4012.67	341.20
浙江	1998.42	89.7	1830.33	1483.06	168.09
安徽	5722.81	88.8	5542.95	5192.56	179.86
福建	1604.85	90.6	1385.75	1172.41	219.11
江西	2837.01	92.6	2705.18	2535.79	131.83
山东	7310.69	89.2	6835.62	5875.50	475.07
河南	6808.83	88.9	6670.18	6309.71	138.66
湖北	3865.71	85.3	3671.70	3144.85	194.01

省级 行政区	2011年实际 灌溉面积	占灌溉面积比例 /%	耕地实际 灌溉面积	粮田实际 灌溉面积	园林草地等非耕地 实际灌溉面积
湖南	4001.12	85.4	3826.41	3428.98	174.72
广东	2819.14	91.7	2452.11	2033.10	367.03
广西	2072.95	84.6	2001.82	1735.25	71.13
海南	399.30	85.1	301.58	243.60	97.72
重庆	716.06	68.9	678.15	603.15	37.91
四川	3317.80	81.0	3082.14	2608.37	235.66
贵州	944.47	70.5	932.95	864.82	11.52
云南	2148.07	86.5	2011.07	1534.05	137.00
西藏	488.15	96.8	292.86	247.65	195.29
陕西	1574.72	80.5	1452.37	1269.08	122.35
甘肃	1911.98	87.4	1668.50	956.09	243.47
青海	324.10	83.3	232.49	195.59	91.60
宁夏	809.74	93.9	693.70	615.65	116.04
新疆	8555.97	93.0	6802.54	2300.27	1753.43

三、东、中、西部地区

东部地区灌溉面积 3.12 亿亩，其中，耕地灌溉面积 2.85 亿亩，园林草地等非耕地灌溉面积 0.27 亿亩，分别占东部地区灌溉面积的 91.3%、8.7%。2011 年实际灌溉面积 2.74 亿亩，其中，耕地实际灌溉面积 2.53 亿亩（粮田实际灌溉面积 2.16 亿亩），园林草地等非耕地实际灌溉面积 0.21 亿亩。

中部地区灌溉面积 3.73 亿亩，其中，耕地灌溉面积 3.60 亿亩，园林草地等非耕地灌溉面积 0.13 亿亩，分别占中部地区灌溉面积的 96.5%、3.5%。2011 年实际灌溉面积 3.23 亿亩，其中，耕地实际灌溉面积 3.14 亿亩（粮田实际灌溉面积 2.92 亿亩），园林草地等非耕地实际灌溉面积 0.09 亿亩。

西部地区灌溉面积 3.16 亿亩，其中，耕地灌溉面积 2.76 亿亩，园林草地等非耕地灌溉面积 0.39 亿亩，分别占西部地区灌溉面积的 87.3%、12.7%。2011 年实际灌溉面积 2.72 亿亩，其中，耕地实际灌溉面积 2.39 亿亩（粮田实际灌溉面积 1.61 亿亩），园林草地等非耕地实际灌溉面积 0.33 亿亩。

中部地区灌溉面积、耕地灌溉面积均较大，分别占全国灌溉面积、耕地灌溉面积的 37.3％和 39.0％，东、西部灌溉面积接近，东部耕地灌溉面积略大于西部地区。

东、中、西部实际灌溉面积占灌溉面积的比例较为接近，其中东部的比例略高，为 87.9％，中、西部的比例分别为 86.7％、86.1％。中部地区粮田实际灌溉面积占耕地实际灌溉面积比例较高，为 92.8％，东部次之，为 85.5％，西部最低，为 67.1％。

东、中、西部地区灌溉面积及 2011 年实际灌溉面积详见图 2-1-4、图 2-1-5 和表 2-1-3、表 2-1-4。

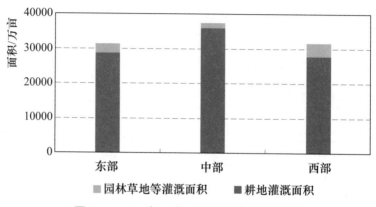

图 2-1-4　东、中、西部地区灌溉面积

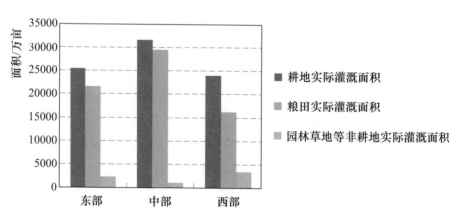

图 2-1-5　东、中、西部地区 2011 年实际灌溉面积

表 2-1-3　　　　　　　　东、中、西部地区灌溉面积　　　　　　　单位：万亩

地区	灌溉面积	耕地灌溉面积	园林草地等非耕地灌溉面积	地区	灌溉面积	耕地灌溉面积	园林草地等非耕地灌溉面积
全国	100049.96	92182.76	7867.20	中部地区	37274.03	35999.79	1274.25
东部地区	31188.49	28535.05	2653.44	西部地区	31587.43	27647.93	3939.51

表 2-1-4	东、中、西部地区 2011 年实际灌溉面积		单位：万亩

地区	实际灌溉面积	耕地实际灌溉面积	粮田实际灌溉面积	园林草地等非耕地实际灌溉面积
全国	86979.86	80628.54	66837.99	6351.31
东部地区	27415.60	25304.14	21626.36	2111.46
中部地区	32342.91	31427.19	29161.25	915.72
西部地区	27221.34	23897.21	16050.38	3324.14

四、水资源分区

全国 10 个水资源一级区中，海河区、淮河区、长江区、西北诸河区的灌溉面积较大，均在 1 亿亩以上，其中，长江区的灌溉面积最大，为 2.49 亿亩，占全国灌溉面积的 24.9%；辽河区、东南诸河区、西南诸河区的灌溉面积均不足 0.5 亿亩。西南诸河区的灌溉面积最小，为 0.18 亿亩，仅占全国灌溉面积的 1.8%。

耕地灌溉面积占灌溉面积的比例超过全国平均水平（92.2%）的有 6 个水资源一级区，其中松花江区、淮河区、海河区耕地灌溉面积分别占灌溉面积的99.1%、94.8%、94.7%。园林草地等非耕地灌溉面积占灌溉面积的比例超过全国平均水平（7.8%）的有西北诸河区、西南诸河区、东南诸河区、珠江区，分别为 21.1%、15.7%、12.2%、10.1%。

耕地实际灌溉面积占耕地灌溉面积比例西北诸河区最高，为 93.7%；辽河区最低，为 79.6%。园林草地等非耕地实际灌溉面积占园林草地等非耕地灌溉面积比例西南诸河区最高，为 94.8%，海河区最低，为 69.4%。松花江区、淮河区、辽河区、海河区粮田实际灌溉面积占耕地实际灌溉面积比例较高，分别为 97.1%、91.5%、88.7%、88.4%。

水资源一级区灌溉面积、2011 年实际灌溉面积见图 2-1-6、表 2-1-5和图 2-1-7、表 2-1-6。

表 2-1-5	水资源一级区灌溉面积		单位：万亩

水资源一级区	灌溉面积	耕地灌溉面积	园林草地等非耕地灌溉面积
全国	100049.96	92182.76	7867.20
松花江区	9304.65	9225.55	79.10
辽河区	4092.60	3833.98	258.62

续表

水资源一级区	灌溉面积	耕地灌溉面积	园林草地等非耕地灌溉面积
海河区	11464.46	10856.70	607.76
黄河区	8688.12	8033.81	654.31
淮河区	18060.35	17120.68	939.67
长江区	24854.17	23330.21	1523.97
东南诸河区	3337.43	2931.15	406.29
珠江区	7126.84	6406.26	720.58
西南诸河区	1771.13	1493.80	277.33
西北诸河区	11350.20	8950.62	2399.58

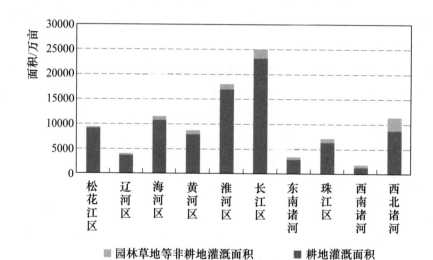

图2-1-6　水资源一级区灌溉面积

表2-1-6　　　　水资源一级区2011年实际灌溉面积　　　　单位：万亩

水资源一级区	2011年实际灌溉面积	耕地实际灌溉面积	粮田实际灌溉面积	园林草地等非耕地实际灌溉面积
全国	86979.86	80628.54	66837.99	6351.31
松花江区	7612.91	7550.21	7329.34	62.70
辽河区	3261.12	3050.69	2705.95	210.42
海河区	10231.35	9809.50	8672.43	421.85

续表

水资源一级区	2011年实际灌溉面积	耕地实际灌溉面积	粮田实际灌溉面积	园林草地等非耕地实际灌溉面积
黄河区	7698.11	7149.01	5648.41	549.10
淮河区	15894.36	15146.29	13861.86	748.07
长江区	21089.94	19981.08	17585.94	1108.86
东南诸河区	2974.77	2634.90	2133.37	339.86
珠江区	6148.85	5564.20	4654.21	584.65
西南诸河区	1616.45	1353.58	1084.10	262.87
西北诸河区	10452.00	8389.09	3162.38	2062.92

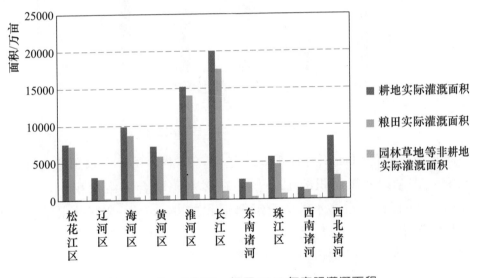

图2-1-7 水资源一级区2011年实际灌溉面积

第二节 不同水源工程灌溉面积

本次灌溉面积普查，以行政村为单元，按照水源工程类型，分别普查了水库、塘坝、河湖引水闸（坝、堰）、河湖泵站、机电井、其他等6种水源工程灌溉面积。有些灌溉面积由2种或2种以上水源供水灌溉，在普查"不同水源工程灌溉面积"时，允许重复统计。因此，"不同水源工程灌溉面积"合计值可能大于该区域的"灌溉面积"，两者之差为多水源联合灌溉的面积。

一、全国及分区情况

（一）全国总体情况

按灌溉水源工程划分，全国水库灌溉面积 1.88 亿亩（其中提水泵站灌溉面积 0.18 亿亩，占水库灌溉面积的 9.2%）；塘坝灌溉面积 0.95 亿亩（其中提水泵站灌溉面积 931.48 万亩，占塘坝灌溉面积的 9.8%）；河湖引水闸（坝、堰）灌溉面积 2.72 亿亩；河湖泵站灌溉面积 1.78 亿亩（其中，固定站 1.27 亿亩、流动机 0.51 亿亩，分别占全国河湖泵站灌溉面积的 71.1%、28.9%）；机电井灌溉面积 3.61 亿亩；其他水源工程灌溉面积 0.35 亿亩，详见图 2-2-1、表 2-2-1。

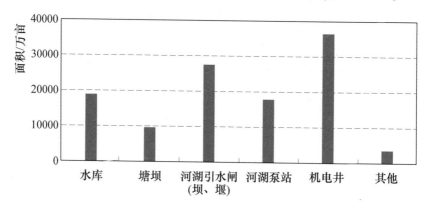

图 2-2-1　不同水源工程灌溉面积

不同水源工程灌溉面积合计 11.29 亿亩，其中，属于多水源联合灌溉面积 1.29 亿亩，占全国灌溉面积的 12.9%。在多水源联合灌溉面积中，井渠结合灌溉面积 0.83 亿亩，占多水源联合灌溉面积的 64.3%，全国井渠结合灌溉面积分布见附图 B-1-2。

（二）东、中、西部地区

1. 东部地区

东部地区水库、塘坝、河湖引水闸（坝、堰）、河湖泵站、机电井、其他水源等灌溉面积分别为 0.41 亿亩、0.19 亿亩、0.66 亿亩、0.91 亿亩、1.23 亿亩、0.10 亿亩，各占全国该类型水源工程灌溉面积的 22.1%、19.7%、24.2%、51.2%、34.0%、29.8%。其中，多水源联合灌溉面积 0.39 亿亩，占本区灌溉面积的 12.4%。

东部地区机电井、河湖泵站和河湖引水闸（坝、堰）灌溉面积较大，分别占本区灌溉面积的 39.4%、29.2% 和 21.1%。水库灌溉面积占本区灌溉面积的比例为 13.3%，塘坝、其他水源工程灌溉面积较小，各占本区灌溉面积的 6.0% 和 3.4%。

表 2－2－1　省级行政区不同水源工程灌溉面积

单位：万亩

省级行政区	合计	水库	提水泵站	塘坝	提水泵站	河湖引水闸（坝、堰）	河湖泵站	固定站	流动机	机电井	井渠结合	其他
全国	112938.73	18753.14	1751.79	9528.56	931.48	27231.69	17795.07	12651.22	5143.85	36120.64	8259.85	3509.63
北京	410.95	8.75	3.09	1.97	1.06	4.50	3.89	3.27	0.61	330.01	62.82	61.83
天津	575.58	15.45	15.25	1.66	1.52	0.56	354.28	211.70	142.58	202.13	81.07	1.50
河北	8100.01	804.23	86.63	43.47	6.20	721.32	384.24	173.16	211.08	5968.48	1099.14	178.26
山西	2497.12	426.02	98.52	16.46	8.58	280.58	425.63	409.61	16.02	1243.20	440.52	105.23
内蒙古	5922.64	336.32	17.97	13.65	4.23	1717.69	351.20	249.91	101.30	3490.30	809.46	13.48
辽宁	2091.58	221.24	28.50	110.24	23.49	231.79	307.20	277.44	29.76	1175.75	87.53	45.36
吉林	2327.27	290.94	35.93	35.11	1.03	240.26	227.53	217.42	10.11	1499.99	73.11	33.44
黑龙江	6919.07	445.49	37.97	63.74	3.58	772.41	551.53	422.41	129.12	5060.23	197.65	25.67
上海	273.53						273.53	243.13	30.41			
江苏	5774.48	230.66	60.66	216.00	71.39	1032.38	4138.51	2907.05	1231.46	99.62	55.13	57.31
浙江	2382.89	465.34	45.41	353.76	23.20	328.48	1096.79	894.96	201.84	19.43	2.95	119.09
安徽	6997.61	1475.74	184.56	1587.73	166.04	659.07	1779.90	1124.62	655.28	1424.13	19.80	71.04
福建	1815.94	353.57	17.57	134.12	5.92	1023.62	76.57	41.68	34.88	31.17	0.67	196.89
江西	3186.89	1044.90	40.11	700.18	31.66	752.89	483.57	398.36	85.21	75.21	14.85	130.14
山东	9891.51	681.86	83.53	582.38	158.30	2075.27	2097.65	607.21	1490.44	4291.13	1473.77	163.22

续表

省级行政区	合计	水库	提水泵站	塘坝	提水泵站	河湖引水闸（坝、堰）	河湖泵站	固定站	流动机	机电井	井渠结合	其他
河南	8544.45	915.12	53.18	364.18	22.04	956.36	336.91	172.33	164.58	5835.62	654.58	136.26
湖北	5236.67	1306.73	147.42	1015.75	110.65	1119.56	1568.01	1381.46	186.55	106.29	37.97	120.33
湖南	5408.76	1778.13	146.64	1596.49	124.52	958.41	839.02	754.70	84.32	68.40	22.57	168.31
广东	3248.78	1062.58	26.77	390.88	10.61	1137.07	344.64	278.83	65.81	125.94	20.73	187.67
广西	2616.20	910.88	34.48	350.62	13.11	686.14	308.08	249.48	58.60	93.78	13.67	266.70
海南	485.09	300.18	12.29	43.95	3.01	29.33	37.26	19.92	17.34	38.54	0.99	35.83
重庆	1101.26	477.02	77.31	338.18	32.85	121.41	145.64	121.64	24.01	1.47		17.54
四川	4420.05	1086.30	183.94	1034.41	82.21	1520.96	435.17	331.11	104.06	98.43	55.55	244.78
贵州	1362.50	293.04	22.56	152.48	11.28	365.06	102.12	78.96	23.16	8.40	0.33	441.40
云南	2531.71	858.29	63.33	215.80	7.20	872.62	102.04	95.36	6.68	37.15	3.45	445.81
西藏	523.01	32.47	0.46	91.96	0.03	343.93	7.11	7.00	0.11	16.17	1.18	31.37
陕西	2305.78	502.04	128.84	36.81	3.19	459.97	337.59	323.35	14.23	927.79	298.14	41.58
甘肃	2692.69	847.96	34.79	9.96	1.75	681.33	314.40	304.56	9.84	800.99	456.92	38.05
青海	403.56	96.98	3.04	5.53	0.02	259.13	24.37	24.29	0.08	12.64	8.08	4.91
宁夏	928.31	59.21	30.14	5.00	2.82	528.41	234.97	225.04	9.93	96.86	49.98	3.86
新疆	11962.85	1425.70	30.90	16.10		7351.18	105.71	101.28	4.44	2941.40	2217.24	122.76

2. 中部地区

中部地区水库、塘坝、河湖引水闸（坝、堰）、河湖泵站、机电井、其他水源工程灌溉面积分别为 0.77 亿亩、0.54 亿亩、0.57 亿亩、0.62 亿亩、1.53 亿亩、0.08 亿亩，各占全国该类型水源工程灌溉面积的 41.0%、56.5%、21.1%、34.9%、42.4%、22.5%。其中，多水源联合灌溉面积 0.38 亿亩，占本区灌溉面积的 10.3%。

中部地区机电井和水库灌溉面积较大，分别占本区灌溉面积的 41.1%、20.6%。河湖泵站、河湖引水闸（坝、堰）、塘坝灌溉面积占本区灌溉面积均在 15% 左右，其他水源工程灌溉面积最少，仅占本区灌溉面积的 2.1%。

3. 西部地区

西部地区水库、塘坝、河湖引水闸（坝、堰）、河湖泵站、机电井、其他水源工程灌溉面积分别为 0.69 亿亩、0.23 亿亩、1.49 亿亩、0.25 亿亩、0.85 亿亩、0.17 亿亩，各占全国该类型水源工程灌溉面积的 36.9%、23.8%、54.7%、13.9%、23.6%、47.7%。其中，多水源联合灌溉面积 0.52 亿亩，占本区灌溉面积的 16.4%。

西部地区河湖引水闸（坝、堰）、机电井、水库灌溉面积较大，分别占本区灌溉面积的 47.2%、27.0% 和 21.9%。河湖泵站、塘坝灌溉面积相近，占本区灌溉面积均在 7% 左右，其他水源工程灌溉面积最少，占本区灌溉面积的 5.3%，详见图 2-2-2、表 2-2-2。

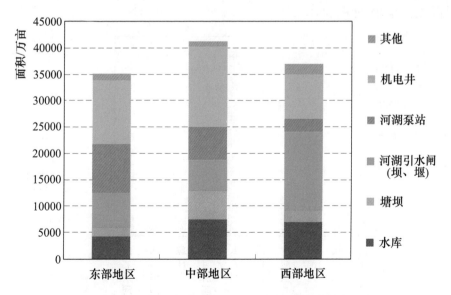

图 2-2-2 东、中、西部地区不同水源工程灌溉面积

（三）水资源分区情况

在水资源一级区中，长江区的水库、塘坝、河湖泵站、其他水源工程灌溉面积均为全国最大值，分别占全国的 39.0％、64.5％、33.2％、33.7％，河湖引水闸（坝、堰）灌溉面积占全国的 21.9％；淮河区的河湖泵站灌溉面积仅次于长江区，占全国河湖泵站灌溉面积的 31.8％；西北诸河区河湖引水闸（坝、堰）灌溉面积为全国最大值，占全国河湖引水闸（坝、堰）灌溉面积的 29.2％；海河区、淮河区、松花江区的机电井灌溉面积较大，分别占全国机电井灌溉面积的 24.4％、22.6％、19.1％；珠江区的其他水源工程灌溉面积较大，占全国水源工程灌溉面积的 20.2％。

海河区、辽河区、松花江区以机电井为主要灌溉水源，其灌溉面积均约占本区灌溉面积的 3/4；黄河区以机电井、河湖引水闸（坝、堰）、河湖泵站为主要灌溉水源，其灌溉面积分别占该区灌溉面积的 46.2％、34.5％和 20.3％；淮河区以机电井、河湖泵站为主要灌溉水源，其灌溉面积分别占该区灌溉面积的 45.2％、31.4％；长江区水库、塘坝、河湖引水闸（坝、堰）、河湖泵站灌溉面积相近，均占本区灌溉面积的 1/4 左右；东南诸河区以河湖引水闸（坝、堰）、水库、河湖泵站为主要灌溉水源，其灌溉面积分别占该区灌溉面积的 36.6％、23.6％和 20.9％；珠江区以水库、河湖引水闸（坝、堰）为主要水源，其灌溉面积分别占该区灌溉面积的 37.3％和 30.4％；西北诸河区、西南诸河区以河湖引水闸（坝、堰）为主要水源，其灌溉面积分别占该区灌溉面积的 54.4％和 70.17％，西北诸河区的机电井和水库灌溉面积也较大，其灌溉面积分别占该区灌溉面积的 35.8％和 20.0％。

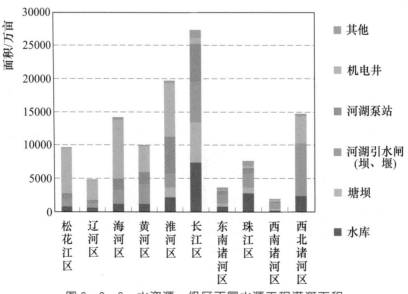

图 2-2-3 水资源一级区不同水源工程灌溉面积

表 2-2-2　东、中、西部地区不同水源工程灌溉面积

单位：万亩

地区	合计	水库	提水泵站	塘坝	提水泵站	河湖引水闸（坝、堰）	河湖泵站	固定站	流动机	机电井	井渠结合	其他
全国	112938.70	18753.14	1751.79	9528.56	931.48	27231.69	17795.07	12651.22	5143.85	36120.64	8259.85	3509.63
东部地区	35050.34	4143.87	379.70	1878.41	304.69	6584.33	9114.56	5658.35	3456.21	12282.21	2884.81	1046.96
中部地区	41117.81	7683.05	744.33	5379.64	468.10	5739.53	6212.10	4880.91	1331.19	15313.06	1461.04	790.43
西部地区	36770.58	6926.22	627.76	2270.51	158.69	14907.83	2468.41	2111.96	356.45	8525.37	3914.00	1672.24

表 2-2-3　水资源一级区不同水源工程灌溉面积

单位：万亩

水资源一级区	合计	水库	提水泵站	塘坝	提水泵站	河湖引水闸（坝、堰）	河湖泵站	固定站	流动机	机电井	井渠结合	其他
全国	112938.73	18753.14	1751.79	9528.56	931.48	27231.69	17795.07	12651.22	5143.85	36120.64	8259.85	3509.63
松花江区	9665.10	708.27	70.25	99.65	4.59	1051.68	829.93	662.64	167.29	6915.57	285.80	60.00
辽河区	4766.28	486.80	43.35	114.71	24.63	757.84	326.03	292.96	33.07	3030.89	642.92	50.01
海河区	14094.22	1077.30	158.97	70.51	17.15	2172.24	1635.99	665.00	971.00	8798.04	2258.42	340.14
黄河区	10010.48	1026.03	269.30	76.52	29.94	2996.88	1763.29	1523.28	240.00	4013.81	1150.18	133.95
淮河区	19654.19	2116.80	253.28	1458.30	226.15	1982.03	5664.15	3092.64	2571.51	8158.78	980.17	274.13
长江区	27291.57	7322.80	729.38	6143.01	566.78	5952.61	5900.21	5160.20	740.02	790.87	224.24	1182.07
东南诸河区	3519.77	786.02	60.92	471.27	28.12	1221.74	695.77	464.34	231.43	51.95	3.76	293.02
珠江区	7516.54	2659.67	122.99	907.42	32.64	2167.75	799.92	615.50	184.42	274.14	35.48	707.64
西南诸河区	1803.74	297.17	9.77	163.38	1.25	964.20	27.73	27.05	0.68	24.09	1.29	327.17
西北诸河区	14616.86	2272.28	33.57	23.80	0.22	7964.72	152.04	147.61	4.44	4062.51	2677.58	141.51

在水资源一级区中，西北诸河区、海河区多水源联合灌溉面积占本区灌溉面积较大，分别为 28.8% 和 22.9%，多水源联合灌溉形式主要为井渠结合灌溉；西南诸河区、松花江区多水源联合灌溉面积占本区灌溉面积较少，分别为 1.8% 和 3.9%，详见图 2-2-3、表 2-2-3。

二、机电井灌溉面积

（一）省级行政区

机电井灌溉面积主要集中在河北、河南、黑龙江、山东、内蒙古和新疆等省级行政区，分别为 5968.48 万亩、5835.62 万亩、5060.23 万亩、4291.13 万亩、3490.30 万亩、2941.40 万亩，6 个省级行政区机电井灌溉面积合计 2.76 亿亩，占全国机电井灌溉面积的 76.4%。

上海无机电井灌溉面积，重庆、贵州机电井灌溉面积不足 10 万亩，青海、西藏、浙江、福建、云南、海南、湖南、江西、广西、宁夏、四川、江苏等 12 个省级行政区机电井灌溉面积面积均不到 100 万亩。

机电井灌溉面积占本省级行政区灌溉面积最高的是北京，为 94.9%，其次是河北，为 88.6%，河南、黑龙江、内蒙古、吉林、山西、辽宁、山东 7 个省级行政区，占比也均大于 50%。占比较低的有重庆、贵州、浙江、湖南、云南、福建、江苏 7 个省级行政区，均不足 2%，详见图 2-2-4。

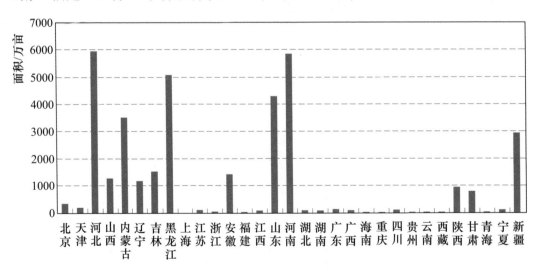

图 2-2-4　省级行政区机电井灌溉面积

井渠结合灌溉面积主要集中在新疆、山东、河北、内蒙古、河南、甘肃、山西、陕西，井渠结合灌溉面积合计 0.75 亿亩，占全国井渠结合灌溉面积的 90.2%。新疆、甘肃井渠结合灌溉面积占本区机电井灌溉面积比例较高，分别为 75.4%、57.0%，详见图 2-2-5。

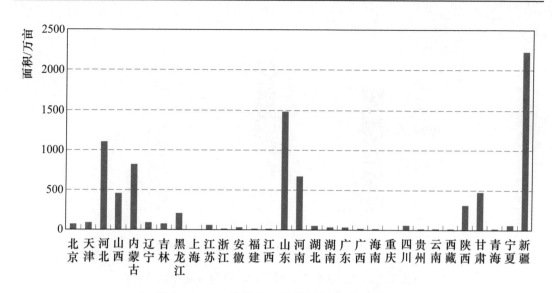

图 2-2-5 省级行政区井渠结合灌溉面积

（二）东、中、西部地区

东部地区机电井灌溉面积 1.23 亿亩，占全国机电井灌溉面积的 34.0%、占本区灌溉面积的 39.4%。其中，井渠结合灌溉面积 2884.81 万亩，占本区机电井灌溉面积的 23.5%。

中部地区机电井灌溉面积 1.53 亿亩，占全国机电井灌溉面积的 42.4%、占本区灌溉面积的 41.1%。其中，井渠结合灌溉面积 1461.04 万亩，占本区机电井灌溉面积的 9.5%。

西部地区机电井灌溉面积 0.85 亿亩，占全国机电井灌溉面积的 23.6%、占本区灌溉面积的 27.0%，其中，井渠结合灌溉面积 3914.00 万亩，占本区机电井灌溉面积的 45.9%。

东、中、西部地区机电井灌溉面积详见图 2-2-6。

（三）水资源分区

机电井灌溉面积较大的水资源一级区有海河区、淮河区、松花江区，分别为 8798.04 万亩、8158.78 万亩、6915.57 万亩，占全国机电井灌溉面积的比例依次为 24.4%、22.6%、19.1%。机电井灌溉面积较小的西南诸河区、东南诸河区、珠江区，分别为 24.09 万亩、51.95 万亩、274.14 万亩，3 个区合计仅占全国机电井灌溉面积的 1.0%，详见图 2-2-7。

机电井灌溉面积占本区灌溉面积比例较高的有海河区、松花江区、辽河区，分别为 76.7%、74.3%、74.1%；较低的为西南诸河区、东南诸河区、长江区，分别为 1.4%、1.6%、3.2%。

井渠结合灌溉面积较大的有西北诸河区、海河区，分别为 2677.58 万亩、

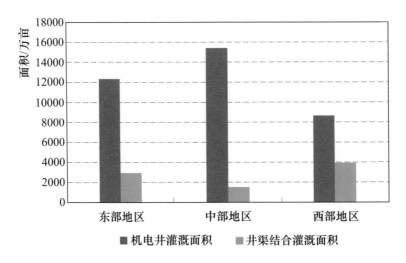

图 2-2-6　东、中、西部地区机电井灌溉面积

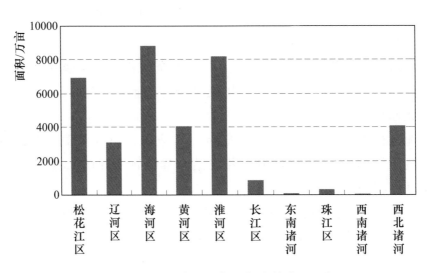

图 2-2-7　水资源一级区机电井灌溉面积

2258.42 万亩，各占本区机电井灌溉面积的 65.9%、25.7%；井渠结合灌溉面积较小的有西南诸河区、东南诸河区、珠江区，分别为 1.29 万亩、3.76 万亩、35.48 万亩，3 个区合计为 40.53 万亩、占全国井渠结合灌溉面积的 0.5%，详见图 2-2-8。

三、河湖引水闸（坝、堰）灌溉面积

（一）省级行政区

河湖引水闸（坝、堰）灌溉面积较大的有新疆、山东、内蒙古、四川等省级行政区，分别为 7351.18 万亩、2075.27 万亩、1717.69 万亩、1520.96 万亩，分别占全国河湖引水闸（坝、堰）灌溉面积的 27.0%、7.6%、6.3%、5.6%。

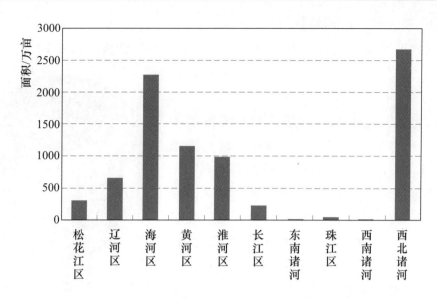

图 2-2-8　水资源一级区井渠结合灌溉面积

上述 4 个省级行政区合计占全国河湖引水闸（坝、堰）灌溉面积的 46.5%。

河湖引水闸（坝、堰）灌溉面积较小的为天津、北京、海南等省级行政区，分别为 0.56 万亩、4.50 万亩、29.33 万亩。上述 3 个省级行政区合计仅占全国河湖引水闸（坝、堰）灌溉面积的 0.1%。上海无河湖引水闸（坝、堰）灌溉面积，详见图 2-2-9。

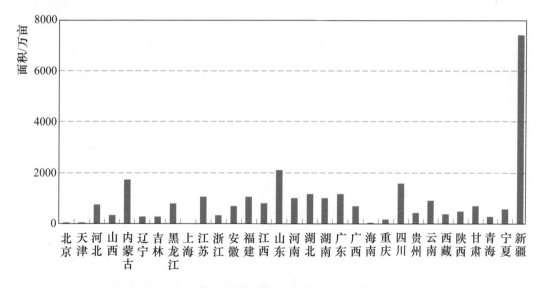

图 2-2-9　省级行政区河湖引水闸（坝、堰）灌溉面积

河湖引水闸（坝、堰）灌溉面积占本区灌溉面积比例较高的有新疆、西藏、青海、宁夏、福建 5 个省级行政区，均大于 55%，其中，新疆最大，为 79.9%，西藏其次，为 68.2%。天津、北京、海南的比例较低，均不足 7%。

（二）东、中、西部地区

东部地区河湖引水闸（坝、堰）灌溉面积 0.66 亿亩，占全国河湖引水闸（坝、堰）灌溉面积的 24.2%，占本区灌溉面积的 21.1%；

中部地区河湖引水闸（坝、堰）灌溉面积 0.57 亿亩，占全国河湖引水闸（坝、堰）灌溉面积的 21.1%，占本区灌溉面积的 15.4%。

西部地区河湖引水闸（坝、堰）灌溉面积 1.49 亿亩，占全国河湖引水闸（坝、堰）灌溉面积的 54.7%，占本区灌溉面积的 47.2%，详见图 2-2-10。

（三）水资源分区

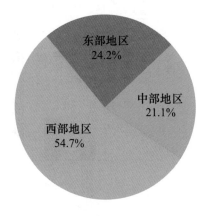

图 2-2-10　东、中、西部地区
河湖引水闸（坝、堰）灌溉面积

河湖引水闸（坝、堰）灌溉面积较大的有西北诸河区、长江区、黄河区，分别为 7964.72 万亩、5952.61 万亩、2996.88 万亩，各占全国河湖引水闸（坝、堰）灌溉面积的 29.2%、21.9%、11.0%；灌溉面积较小的有辽河区、西南诸河区，分别为 757.84 万亩、964.20 万亩，各占全国河湖引水闸（坝、堰）灌溉面积的 2.8%、3.5%，详见图 2-2-11。

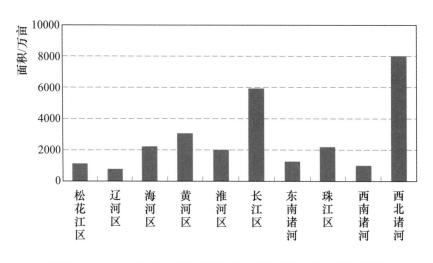

图 2-2-11　水资源一级区河湖引水闸（坝、堰）灌溉面积

河湖引水闸（坝、堰）灌溉面积占本区灌溉面积比例较高的有西北诸河区、西南诸河区、东南诸河区，分别为 70.2%、54.4%、36.6%；比例较低的有淮河区、松花江区，分别为 11.0%、11.3%。

四、水库灌溉面积

（一）省级行政区

水库灌溉面积较大的有湖南、安徽、新疆，分别为 1778.13 万亩、1475.74 万亩、1425.70 万亩，分别占全国水库灌溉面积的 9.5%、7.9%、7.6%；水库灌溉面积较小的为北京、天津、西藏，分别为 8.75 万亩、15.45 万亩、32.47 万亩，共占全国水库灌溉面积的 0.3%。上海无水库灌溉面积，详见图 2-2-12。

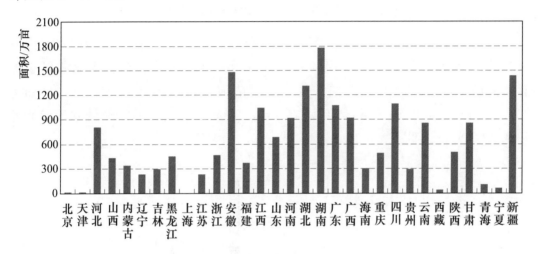

图 2-2-12　省级行政区水库灌溉面积

水库灌溉面积占本区灌溉面积比例较高的有海南、重庆、广西，分别为 61.9%、43.3%、34.8%；较低的有北京、天津、江苏，分别为 4.0%、2.7%、2.1%。

水库提水泵站灌溉面积较大的有安徽、四川、湖北，分别为 184.56 万亩、183.94 万亩、147.42 万亩，占本省级行政区水库灌溉面积的比例分别为 12.5%、16.9%、11.3%。

（二）东、中、西部地区

东部地区水库灌溉面积 4143.87 万亩，占全国水库灌溉面积的 22.1%，占本区灌溉面积的 13.3%；中部地区水库灌溉面积 7683.05 万亩，占全国水库灌溉面积的 41.0%，占本区灌溉面积的 20.6%；西部地区水库灌溉面积 6926.22 万亩，占全国水库灌溉面积的 36.9%，占本区灌溉面积的 21.9%，详见图 2-2-13。

（三）水资源分区

水库灌溉面积较大的有长江区、珠江区、西北诸河区、淮河区，分别为

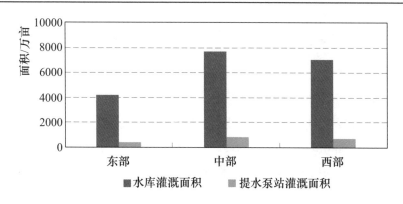

图 2 - 2 - 13　东、中、西部地区水库灌溉面积

7322.80 万亩、2659.67 万亩、2272.28 万亩、2116.80 万亩，占全国水库灌溉面积的比例分别为 39.0%、14.2%、12.1%、11.3%。水库灌溉面积较小的有西南诸河区、辽河区、松花江区、东南诸河区，均不足 800 万亩，分别为 297.17 万亩、486.80 万亩、708.27 万亩、786.02 万亩，共占全国水库灌溉面积的 12.1%，详见图 2 - 2 - 14。

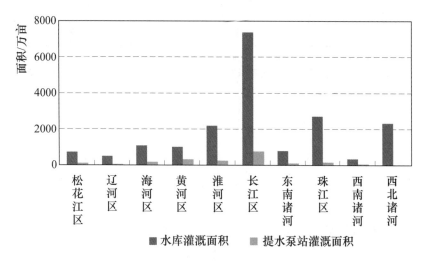

图 2 - 2 - 14　水资源一级区水库灌溉面积

水库灌溉面积占本区灌溉面积比例较高的有珠江区、长江区、东南诸河区，分别为 37.3%、29.5%、23.6%；比例较低的有松花江区、海河区，分别为 7.6%、9.4%。

五、河湖泵站灌溉面积

（一）省级行政区

河湖泵站灌溉面积较大的有江苏、山东、安徽、湖北、浙江，分别为 4138.51 万亩、2097.65 万亩、1779.90 万亩、1568.01 万亩、1096.79 万亩，占全国河湖泵站灌溉面积的比例分别为 23.3％、11.8％、10.0％、8.8％、6.2％；河湖泵站灌溉面积较小的有北京、西藏、青海、海南，分别为 3.89 万亩、7.11 万亩、24.37 万亩、37.26 万亩，共占全国河湖泵站灌溉面积的 0.4％。

上海灌溉水源均为河湖泵站，河湖泵站灌溉面积占本区灌溉面积比例较高的还有江苏、天津、浙江，分别为 73.8％，73.4％，49.2％。湖北、安徽、宁夏、山东、山西等省级行政区的比例也在 20％以上。

山东、江苏流动机灌溉面积较多，分别为 1490.44 万亩、1231.46 万亩，两省共占全国流动机灌溉面积的 52.9％。其次是安徽 655.28 万亩、河北 211.08 万亩、浙江 201.84 万亩，湖北、河南、天津、黑龙江、四川、内蒙古 6 个省级行政区流动机灌溉面积在 100 万～200 万亩之间，详见图 2－2－15。

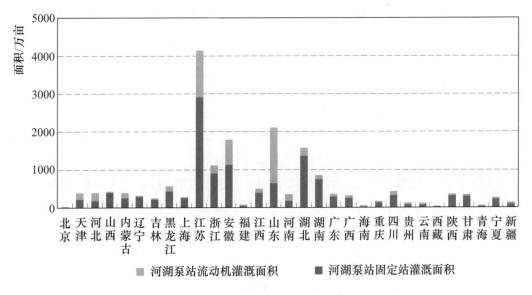

图 2－2－15　省级行政区河湖泵站灌溉面积

（二）东、中、西部地区

东部地区河湖泵站灌溉面积 9114.56 万亩，占全国河湖泵站灌溉面积的 51.2％，占本区灌溉面积的 29.2％。其中，固定站灌溉面积 5658.35 万亩，流动机灌溉面积 3456.21 万亩。

中部地区河湖泵站灌溉面积 6212.10 万亩，占全国河湖泵站灌溉面积的 34.9％，占本区灌溉面积的 16.7％；其中，固定站灌溉面积 4880.91 万亩，流动机灌溉面积 1331.39 万亩。

西部地区河湖泵站灌溉面积 2468.41 万亩，占全国河湖泵站灌溉面积的

13.9%，占本区灌溉面积的 7.8%；其中，固定站灌溉面积 2111.96 万亩，流动机灌溉面积 356.45 万亩，详见图 2-2-16。

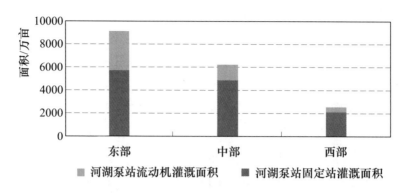

图 2-2-16　东、中、西部地区河湖泵站灌溉面积

（三）水资源分区

河湖泵站灌溉面积较大的有长江区、淮河区，分别为 5900.21 万亩、5664.15 万亩，占全国河湖泵站灌溉面积的比例分别为 33.2%、31.8%；河湖泵站灌溉面积较小的有西南诸河区、西北诸河区、辽河区，共计 505.8 万亩，仅占全国河湖泵站灌溉面积的 2.8%。

河湖泵站灌溉面积占本区灌溉面积比例较高的有淮河区、长江区、东南诸河区、黄河区 4 区，分别为 31.4%、23.7%、20.8%、20.3%；比例较低的有西北诸河区、西南诸河区，分别为 1.3%、1.6%。

河湖泵站灌溉面积中流动机灌溉面积较大的有淮河区、海河区和长江区，分别为 2571.51 万亩、971.00 万亩、740.02 万亩，各占全国流动机灌溉面积的 50.0%、18.9%、14.4%，详见图 2-2-17。

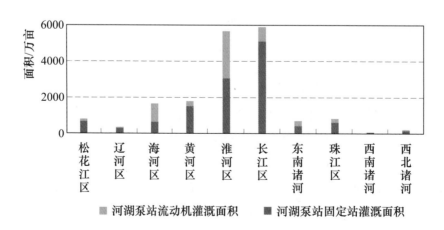

图 2-2-17　水资源一级区河湖泵站灌溉面积

六、塘坝灌溉面积

(一) 省级行政区

塘坝灌溉面积主要集中在湖南、安徽、四川、湖北，分别为 1596.49 万亩、1587.73 万亩、1034.41 万亩、1015.75 万亩，各占全国塘坝灌溉面积的 16.8％、16.7％、10.9％、10.7％，这些省多丘陵山区，降水较充沛，为修建塘坝，发展灌溉提供了得天独厚的自然条件；较小的有天津、北京、宁夏、青海、甘肃，分别为 1.66 万亩、1.97 万亩、5.00 万亩、5.53 万亩、9.96 万亩，共占全国塘坝灌溉面积的 0.3％。

塘坝灌溉面积占本区灌溉面积比例较高的有湖南、重庆、四川、安徽、江西、湖北，分别为 34.1％、32.6％、25.3％、24.6％、22.9％、22.4％；比例较低的有新疆、内蒙古、天津、甘肃、北京、宁夏、河北、山西，均不足 1％。上海市无塘坝灌溉面积。

塘坝提水泵站灌溉面积较大的有安徽、山东、湖南、湖北，分别为 166.04 万亩、158.30 万亩、124.52 万亩、110.65 万亩，分别占全国塘坝提水泵站灌溉面积的 17.8％、17.0％、13.4％、11.9％，详见图 2-2-18。

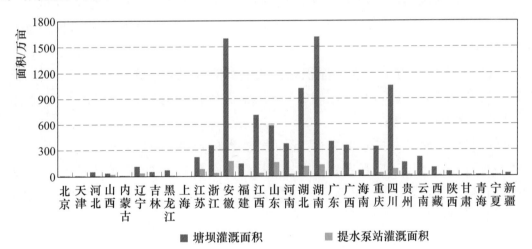

图 2-2-18　省级行政区塘坝灌溉面积

(二) 东、中、西部地区

东部地区塘坝灌溉面积 1878.41 万亩，占全国塘坝灌溉面积的 19.7％、占本区灌溉面积的 6.0％。其中，塘坝提水泵站灌溉面积 304.69 万亩，占本区塘坝灌溉面积的 16.2％。

中部地区塘坝灌溉面积 5379.64 万亩，占全国塘坝灌溉面积的 56.5％，占本区灌溉面积的 14.4％。其中，塘坝提水泵站灌溉面积 468.10 万亩，占本区塘坝灌溉面积的 8.7％。

西部地区塘坝灌溉面积 2270.51 万亩，占全国塘坝灌溉面积的 23.8％，占本区灌溉面积的 7.2％。其中，塘坝提水泵站灌溉面积 158.69 万亩，占本区塘坝灌溉面积的 7.0％，详见图 2-2-19。

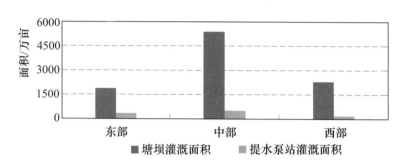

图 2-2-19 东、中、西部地区塘坝灌溉面积

（三）水资源分区

塘坝灌溉面积较大的有长江区、淮河区、珠江区，分别为 6143.01 万亩、1458.30 万亩、907.42 万亩，分别占全国塘坝灌溉面积的 64.5％、15.3％、9.5％；塘坝灌溉面积较小的有西北诸河区、海河区、黄河区、松花江区，均不足 100 万亩，4 个区塘坝灌溉面积共计 270.47 万亩，仅占全国塘坝灌溉面积的 2.8％。

塘坝灌溉面积占本区灌溉面积比例较高的有长江区、东南诸河区、珠江区 3 区，分别为 24.7％、14.1％、12.7％；比例较低的有西北诸河区、海河区、黄河区，分别占 0.2％、0.6％、0.9％。

塘坝灌溉面积中提水泵站灌溉面积较大的有长江区、淮河区，分别为 566.78 万亩、226.15 万亩；提水泵站灌溉面积较小的有西北诸河区、西南诸河区、松花江区，分别为 0.22 万亩、1.25 万亩、4.59 万亩，详见图 2-2-20。

七、其他水源工程灌溉面积

（一）省级行政区

其他水源工程灌溉面积是指主要以截潜流、引泉、再生水、窖（池）等为水源的灌溉面积，与其他类型的水源工程灌溉相比数量较小，主要集中在云南、贵州、广西、四川，分别为 445.81 万亩、441.40 万亩、266.70 万亩、244.78 万亩，这 4 个省级行政区共占全国其他水源工程灌溉面积的 39.9％，详见图2-2-21。

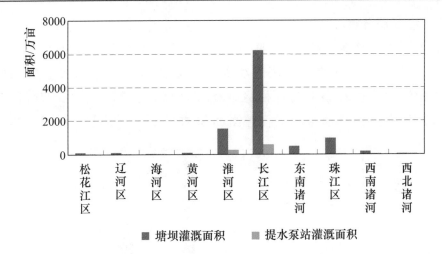

图 2-2-20　水资源一级区塘坝灌溉面积

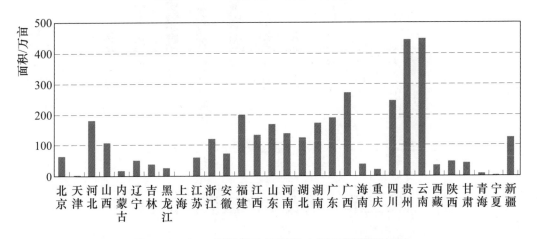

图 2-2-21　省级行政区其他水源工程灌溉面积

（二）东、中、西部地区

其他水源工程灌溉面积占各区灌溉面积中的比例均不足 6%，东、中、西部地区间的占比差异也较小。

东部地区其他水源工程灌溉面积 1046.96 万亩，占全国其他水源工程灌溉面积的 29.8%、占东部地区灌溉面积的 3.4%。

中部地区其他水源工程灌溉面积 790.43 万亩，占全国其他水源工程灌溉面积的 22.5%，占中部地区灌溉面积的 2.1%。

西部地区其他水源工程灌溉面积 1672.24 万亩，占全国其他水源工程灌溉面积的 47.6%，占西部地区灌溉面积的 5.3%，详见图 2-2-22。

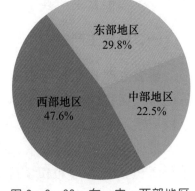

图 2-2-22　东、中、西部地区其他水源工程灌溉面积

（三）水资源分区

其他水源工程灌溉面积主要集中在长江区、珠江区，分别为 1182.07 万亩、707.64 万亩，分别占全国其他水源工程灌溉面积的 33.7％、20.2％；其他水源工程灌溉面积较小的为辽河区、松花江区，分别为 50.10 万亩、60.00 万亩，合计仅占全国其他水源工程灌溉面积的 3.1％，详见图 2-2-23。

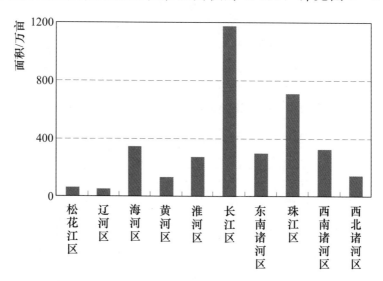

图 2-2-23　水资源一级区其他水源工程灌溉面积

第三节　粮食主产区灌溉面积

粮食主产区是我国粮食生产的重点区域，包括黑龙江、辽宁、吉林、内蒙古、河北、江苏、安徽、江西、山东、河南、湖北、湖南、四川 13 个省级行政区。"七区十七带"粮食主产区涉及 26 个省级行政区，220 个地级行政区，共计 898 个粮食主产县。

一、粮食主产省

粮食主产省灌溉面积 6.70 亿亩，其中，耕地灌溉面积 6.36 亿亩，占全国耕地灌溉面积的 69.0％；2011 年粮田实际灌溉面积 4.95 亿亩，占全国 2011 年粮田实际灌溉面积的 74.0％。

粮食主产省中，山东、河南、河北、黑龙江、安徽等 5 个省级行政区耕地灌溉面积、2011 年粮田实际灌溉面积均超过了 5000 万亩。此 5 个省级行政区的耕地灌溉面积占 13 个粮食主产省的 54.0％，2011 年粮田实际灌溉面积占 13 个粮食主产省的 54.9％，详见图 2-3-1、图 2-3-2。

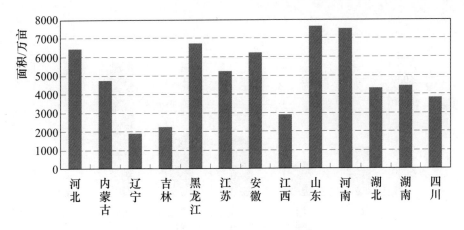

图 2-3-1　粮食主产省耕地灌溉面积

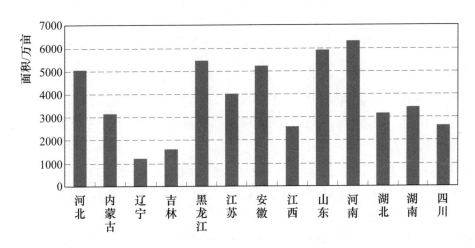

图 2-3-2　粮食主产省 2011 年粮田实际灌溉面积

按照不同水源工程灌溉面积划分，粮食主产省的水库、塘坝、河湖引水闸（坝、堰）、河湖泵站、机电井、其他水源工程灌溉面积分别为 1.06 亿亩、0.74 亿亩、1.28 亿亩、1.35 亿亩、2.92 亿亩、0.14 亿亩，合计 7.49 亿亩。其中，多水源联合灌溉面积 0.79 亿亩，占灌溉面积的 11.7%，详见图 2-3-3。

粮食主产省机电井灌溉面积占全国机电井灌溉面积的 80.9%。河北、河南、黑龙江、内蒙古、吉林、辽宁、山东等 7 个省级行政区机电井灌溉面积占本区灌溉面积比例均超过 50%，其中，河北、河南、黑龙江均超过 70%。

江苏、湖北、山东以河湖为水源［即河湖引水闸（坝、堰）、河湖泵站］的灌溉面积占本区灌溉面积均超过了 50%，分别为 92.2%、59.3%、50.9%。

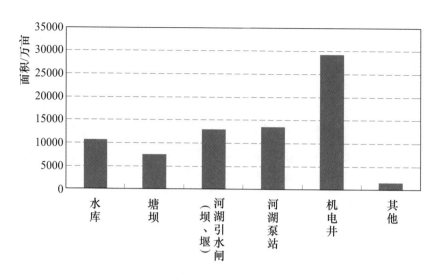

图 2-3-3 粮食主产省不同水源工程灌溉面积

湖南、江西、四川、湖北以蓄水工程为水源的灌溉面积（即水库、塘坝）占本区灌溉面积比例较高，分别为 72.0%、57.0%、51.8%、51.3%。

山东、河北、内蒙古、湖北、湖南多水源联合灌溉面积占灌溉面积比例较高，分别为 20.7%、20.2%、16.5%、15.6%、15.4%。多水源联合灌溉面积中，山东、河北、内蒙古多为井渠结合灌溉面积，湖北、湖南多为不同地表水水源联合灌溉面积，详见图 2-3-4。

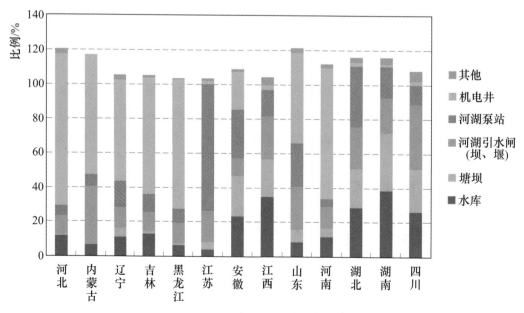

图 2-3-4 粮食主产省不同水源工程灌溉面积占灌溉面积比例

二、"七区十七带"粮食主产区

"七区十七带"粮食主产区灌溉面积6.20亿亩,其中,耕地灌溉面积5.85亿亩,占全国耕地灌溉面积的63.5%;2011年粮田实际灌溉面积4.44亿亩,占全国2011年粮田实际灌溉面积的66.5%。

"七区十七带"粮食主产区耕地灌溉面积分布总体呈现北方较大,南方较小的特点。在七大粮食主产区中,黄淮海平原粮食主产区耕地灌溉面积和2011年粮田实际灌溉面积均最大,分别为2.26亿亩、1.90亿亩,各占"七区十七带"粮食主产区耕地灌溉面积和2011年粮田实际灌溉面积的38.6%和42.8%。在17个粮食主产带中,黄淮平原和黄海平原耕地灌溉面积最大,分别为1.25亿亩、0.78亿亩,共占"七区十七带"粮食主产区耕地灌溉面积34.7%,占全国耕地灌溉面积的22.0%,详见图2-3-5、图2-3-6和表2-3-1、表2-3-2。

按照不同水源工程灌溉面积划分,"七区十七带"粮食主产区水库、塘坝、河湖引水闸(坝、堰)、河湖泵站、机电井、其他水源工程灌溉面积分别为1.03亿亩、0.53亿亩、1.57亿亩、1.10亿亩、2.73亿亩、0.11亿亩,合计7.07亿亩,其中,多水源联合灌溉面积为0.87亿亩,占本区灌溉面积的14.0%,详见表2-3-3。

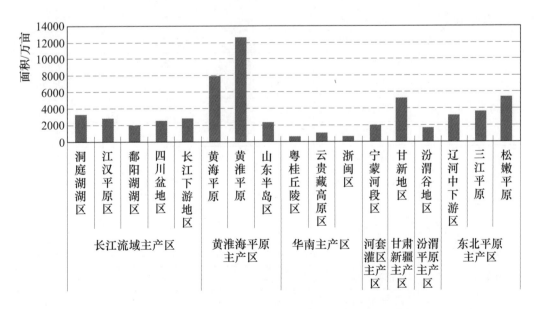

图2-3-5 "七区十七带"粮食主产区耕地灌溉面积

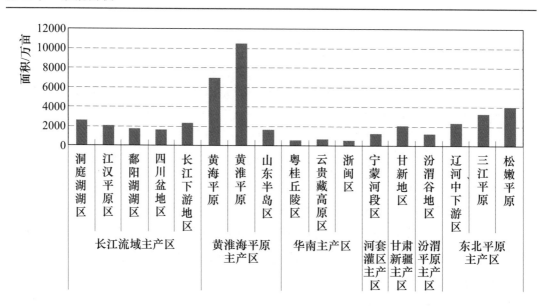

图 2-3-6　"七区十七带"粮食主产区 2011 年粮田实际灌溉面积

表 2-3-1　　　　　"七区十七带"粮食主产区灌溉面积　　　　单位：万亩

粮食主产区	粮食产业带	灌溉面积	耕地灌溉面积	园林草地等非耕地灌溉面积
合计		61961.09	58486.31	3474.78
长江流域主产区	洞庭湖湖区	3397.46	3210.27	187.19
	江汉平原区	2831.62	2668.13	163.49
	鄱阳湖湖区	1929.41	1871.84	57.58
	四川盆地区	2602.19	2443.71	158.49
	长江下游地区	2953.26	2822.56	130.70
黄淮海平原主产区	黄海平原	8135.81	7824.01	311.80
	黄淮平原	12892.05	12490.92	401.12
	山东半岛区	2448.55	2276.74	171.81
华南主产区	粤桂丘陵区	636.62	574.27	62.35
	云贵藏高原区	1075.79	976.14	99.65
	浙闽区	652.40	612.82	39.59
河套灌区主产区	宁蒙河段区	2111.80	1991.71	120.09
甘肃新疆主产区	甘新地区	6350.50	5140.30	1210.20
汾渭平原主产区	汾渭谷地区	1658.34	1556.79	101.55
东北平原主产区	辽河中下游区	3333.37	3129.62	203.76
	三江平原	3565.64	3563.48	2.16
	松嫩平原	5386.29	5333.02	53.27

表 2－3－2　　　"七区十七带"粮食主产区 2011 年实际灌溉面积　　单位：万亩

粮食主产区	粮食产业带	2011 年实际灌溉面积	耕地实际灌溉面积	粮田实际灌溉面积	园林草地等非耕地实际灌溉面积
合计		54327.99	51563.15	44419.49	2764.85
长江流域主产区	洞庭湖湖区	2954.85	2840.20	2527.31	114.65
	江汉平原区	2411.35	2289.11	1981.39	122.23
	鄱阳湖湖区	1830.75	1781.92	1701.00	48.83
	四川盆地区	2000.83	1910.38	1639.13	90.45
	长江下游地区	2607.31	2509.50	2295.41	97.81
黄淮海平原主产区	黄海平原	7692.65	7464.09	6954.68	228.56
	黄淮平原	11418.70	11097.57	10424.51	321.13
	山东半岛区	2090.42	1946.56	1621.42	143.86
华南主产区	粤桂丘陵区	580.38	526.46	445.40	53.92
	云贵藏高原区	887.86	795.69	640.00	92.18
	浙闽区	592.09	560.14	513.86	31.95
河套灌区主产区	宁蒙河段区	1974.36	1865.53	1149.13	108.83
甘肃新疆主产区	甘新地区	5910.58	4882.64	2002.19	1027.94
汾渭平原主产区	汾渭谷地区	1362.56	1287.08	1162.53	75.48
东北平原主产区	辽河中下游区	2733.16	2566.31	2283.39	166.85
	三江平原	3177.11	3175.70	3120.79	1.41
	松嫩平原	4103.03	4064.27	3957.34	38.77

在不同水源工程类型中，机电井灌溉面积最大，占全国机电井灌溉面积的75.6%，其次是河湖引水闸（坝、堰），占全国河湖引水闸（坝、堰）的57.7%，详见图 2－3－7。

长江流域主产区主要以地表水灌溉为主，其中水库、塘坝等蓄水工程灌溉面积分别占本区灌溉面积的 31.7%、26.9%，河湖引水闸（坝、堰）、河湖泵站等工程灌溉面积分别占本区灌溉面积的 20.8%、28.0%。洞庭湖湖区灌溉面积以水库和塘坝作为主要水源，江汉平原区灌溉面积以水库和河湖泵站作为主要水源，鄱阳湖湖区灌溉面积利用了水库、塘坝、河湖引水闸（坝、堰）、河湖泵站等多种水源，长江下游地区以河湖泵站、塘坝作为主要水源。多水源联合灌溉面积占本区灌溉面积的 11.6%。

表2-3-3　　　　"七区十七带"粮食主产区不同水源工程灌溉面积

单位：万亩

粮食主产区	粮食产业带	小计	水库灌溉面积	提水泵站	塘坝灌溉面积	提水泵站	河湖引水闸（坝、堰）灌溉面积	河湖泵站灌溉面积	固定站	流动机	机电井灌溉面积	井渠结合	其他灌溉面积
合计		70652.78	10309.50	1130.08	5341.63	621.59	15683.19	10991.57	7462.77	3528.80	27260.21	5771.80	1066.68
长江流域主产区	洞庭湖区	3959.33	1290.46	121.31	1195.36	105.84	642.01	710.64	645.20	65.44	44.11	14.24	76.75
	江汉平原区	3369.68	962.86	120.70	618.07	70.48	650.96	1008.36	889.28	119.08	75.51	30.46	53.92
	鄱阳湖区	2011.22	727.05	33.94	396.59	19.64	389.43	353.90	314.59	39.30	65.83	13.28	78.42
	四川盆地区	2851.59	857.88	167.83	784.28	68.18	735.95	322.43	230.56	91.88	62.56	35.28	88.49
	长江下游地区	3109.06	512.43	91.91	692.74	117.87	432.65	1445.42	1111.32	334.10	8.45	2.21	17.37
黄淮海平原主产区	黄海平原	10093.35	555.34	82.90	24.28	5.74	1809.46	964.22	276.92	687.29	6629.26	1751.14	110.79
	黄淮平原	14055.63	1522.96	149.94	813.36	83.12	1570.81	3978.86	2295.19	1683.67	6078.14	739.67	91.50
	山东半岛区	2729.05	277.84	44.56	361.17	117.63	293.95	354.34	121.40	232.94	1361.64	211.29	80.11
华南主产区	粤桂丘陵区	677.53	232.48	4.98	90.47	1.54	217.94	46.45	38.80	7.64	10.80	2.13	79.39
	云贵藏高原区	1104.10	340.34	31.95	107.33	4.40	455.96	47.13	44.23	2.91	22.04	4.29	131.30
	浙闽区	685.60	126.22	5.07	44.21	2.90	426.07	26.07	22.15	3.92	1.66	0.12	61.37
河套灌区主产区	宁蒙河段区	2308.44	96.33	26.88	4.59	0.95	1282.83	345.95	276.38	69.57	574.49	193.06	4.25
甘肃新疆主产区	甘新地区	8393.10	1236.36	8.43	13.90	0.37	4906.64	109.07	106.22	2.85	2052.37	1545.97	74.76
汾渭平原主产区	汾渭谷地区	2059.92	487.06	130.01	10.53	4.95	247.97	272.24	264.11	8.13	1013.32	366.89	28.80
东北平原主产区	辽河中下游区	3941.95	385.56	38.15	89.65	13.38	647.59	255.46	238.15	17.31	2524.43	579.56	39.26
	三江平原	3648.50	189.59	21.94	5.78	2.12	310.40	243.37	209.46	33.91	2891.62	67.23	7.74
	松嫩平原	5654.75	508.74	49.56	89.32	2.48	662.58	507.66	378.82	128.84	3844.01	214.96	42.44

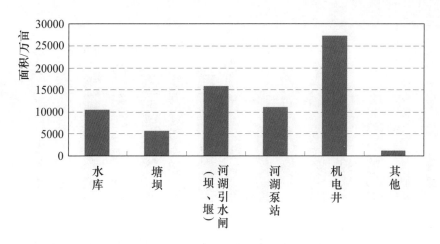

图2-3-7 "七区十七带"粮食主产区不同水源工程灌溉面积

黄淮海平原主产区机电井灌溉面积占本区灌溉面积的59.9%，河湖泵站、河湖引水闸（坝、堰）等工程灌溉面积分别占本区灌溉面积的22.6%、15.7%。其中黄海平原机电井灌溉面积占本区灌溉面积的81.5%；黄淮平原灌溉面积以机电井、河湖泵站作为主要水源；山东半岛机电井灌溉面积占到一半以上，其余水库、塘坝、河湖泵站、河湖引水闸（坝、堰）等水源灌溉面积基本相当。多水源联合灌溉面积占本区灌溉面积的14.5%。

华南主产区河湖引水闸（坝、堰）灌溉面积占本区灌溉面积的46.5%，水库灌溉面积占本区灌溉面积的29.6%，且较其他主产区其他水源灌溉面积也较大。其中粤桂丘陵区灌溉面积以水库和河湖引水闸（坝、堰）作为主要水源；云贵藏高原区灌溉面积以河湖引水闸（坝、堰）、河湖泵站、水库作为主要水源，其灌溉面积占比基本为4∶4∶3；浙闽区灌溉面积以河湖引水闸（坝、堰）为主要水源。多水源联合灌溉面积占本区灌溉面积的4.33%。

河套灌区主产区主要以河湖引水闸（坝、堰）和水库作为水源灌溉，分别占本区灌溉面积的60.7%、29.6%。多水源联合灌溉面积占本区灌溉面积的9.3%。

甘肃新疆主产区以河湖引水闸（坝、堰）和机电井为主要水源，灌溉面积分别占本区灌溉面积的77.3%、32.3%。多水源联合灌溉面积占本区灌溉面积的32.2%。

汾渭平原主产区以机电井和水库为主要水源，灌溉面积分别占本区灌溉面积的61.1%、29.4%。多水源联合灌溉面积占本区灌溉面积的24.2%。

东北平原主产区灌溉面积以机电井为主，占本区灌溉面积75.4%。其中，辽河中下游区、三江平原、松嫩平原均以机电井灌溉为主，分别占本区灌溉面积的75.5%、81.1%、71.4%。多水源联合灌溉面积占本区灌溉面积的7.8%，详见图2-3-8。

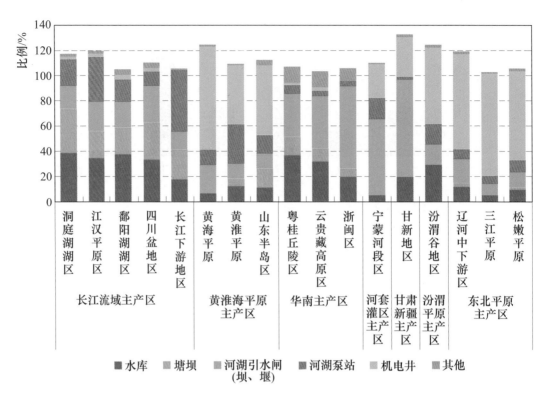

图 2-3-8　"七区十七带"粮食主产区不同水源工程灌溉面积占灌溉面积比例

第四节　耕 地 灌 溉 情 况

我国是一个农业大国，全国耕地面积 18.26 亿亩❶。本节采用耕地灌溉面积占耕地面积的比例（以下简称耕地灌溉率）简要分析全国耕地灌溉情况。

我国的耕地灌溉面积为 9.22 亿亩，耕地灌溉率为 50.5%，各省之间差异较大。耕地灌溉率较高的有湖南、福建、江苏、安徽、天津、浙江等 6 个省级行政区，均在 70% 以上。耕地灌溉率较低的为贵州、云南、吉林、甘肃、重庆、陕西等 6 个省级行政区，均不足 30%，见图 2-4-1、表 2-4-1。

2011 年我国耕地灌溉率相比 1949 年增加了近 5 倍。从新中国成立至 20 世纪 70 年代末，耕地灌溉率的稳步增长，为我国的粮食基本自给提供了保证；80 年代，耕地灌溉率增长基本处于停滞；90 年代至今，耕地中的灌溉比重稳步增加，为粮食总量的持续稳步增长提供了强有力的支撑。新中国成立以来耕地灌溉率详见图 2-4-2。

---

❶　数据来源于《2012 中国统计年鉴》。

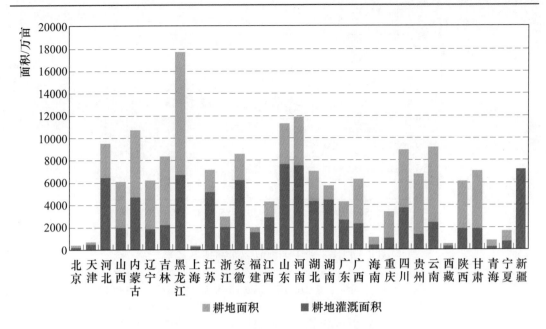

图 2-4-1 省级行政区耕地灌溉率

表 2-4-1 省级行政区耕地灌溉率

省级行政区	耕地面积/万亩	耕地灌溉面积/万亩	耕地灌溉率/%	省级行政区	耕地面积/万亩	耕地灌溉面积/万亩	耕地灌溉率/%
全国	182573.85	92182.76	50.5	河南	11889.60	7480.23	62.9
北京	347.55	231.99	66.8	湖北	6996.15	4262.20	60.9
天津	661.65	465.89	70.4	湖南	5684.10	4400.11	77.4
河北	9475.95	6397.07	67.5	广东	4246.05	2654.01	62.5
山西	6083.70	1917.41	31.5	广西	6326.25	2356.81	37.3
内蒙古	10720.80	4722.62	44.1	海南	1091.25	354.63	32.5
辽宁	6127.95	1860.71	30.4	重庆	3353.85	975.80	29.1
吉林	8301.90	2177.91	26.2	四川	8921.10	3756.42	42.1
黑龙江	17745.15	6667.73	37.6	贵州	6727.95	1318.42	19.6
上海	366.00	238.50	65.2	云南	9108.15	2329.13	25.6
江苏	7145.70	5195.63	72.7	西藏	542.40	302.86	55.8
浙江	2881.35	2018.76	70.1	陕西	6075.45	1792.18	29.5
安徽	8595.30	6221.69	72.4	甘肃	6988.20	1892.09	27.1
福建	1995.15	1524.02	76.4	青海	814.05	273.59	33.6
江西	4240.65	2872.50	67.7	宁夏	1660.65	739.06	44.5
山东	11272.95	7593.84	67.4	新疆	6186.90	7188.95	—

注 《2012中国统计年鉴》中新疆耕地面积为6186.90万亩（2008年数据）。

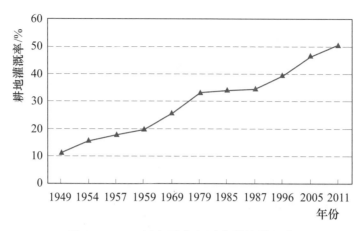

图 2-4-2　新中国成立以来耕地灌溉率

注：图中耕地灌溉率是根据国家相关部门公布的耕地面积及耕地灌溉面积分析得出的。其中，耕地面积来源于国家统计局公布的 1949—1995 年数据及国土资源部发布的 1996—2005 年土地详查数据，2011 年耕地面积数据来源于《2012 年中国统计年鉴》（数据为 2008 年年底）；耕地灌溉面积数据来源于《中国水利统计年鉴》。

　　虽然过去几十年全国耕地灌溉率总体上逐年升高，但区域分布不均衡。东部地区耕地灌溉率为 62.3%、中部地区为 51.8%、西部地区为 41.0%，东部地区明显高于中西部地区。13 个粮食主产省耕地灌溉率为 54.3%。

　　贵州、云南、吉林、甘肃、重庆、陕西、辽宁、山西、海南、青海等 10 个省级行政区耕地面积约占全国耕地面积的 1/3，但其耕地灌溉率均不足 35%，明显低于全国耕地灌溉率 50.5% 的平均水平。说明这些地方灌溉基础设施薄弱。近年来西南几省频发大旱，充分暴露出农业抗旱能力不强的矛盾。不同耕地灌溉率的耕地面积占全国耕地面积比例见表 2-4-2。

表 2-4-2　　　　　　　　　　耕地灌溉率分布表

耕地灌溉率 /%	耕地面积占全国耕地面积比例 /%	省级行政区
35 以下	29.9	贵州、云南、吉林、甘肃、重庆、陕西、辽宁、山西、海南、青海
35～55	24.9	广西、黑龙江、四川、内蒙古、宁夏
55～75	37.6	西藏、湖北、广东、河南、上海、北京、山东、河北、江西、浙江、天津、安徽、江苏
75 以上	7.6	福建、湖南、新疆

第三章 灌区总体情况

本章主要介绍灌区数量、规模、渠（沟）系及建筑物、灌区管理等普查成果，并对不同区域灌区构成、工程状况、灌区隶属关系与水价等进行简要分析。

第一节 灌区数量与规模

一、全国总体情况

全国共有 50 亩及以上灌区 206.57 万处，灌溉面积 8.43 亿亩，占全国灌溉面积的 84.3%，其中，50（含）～2000 亩灌区 204.34 万处，灌溉面积 2.90 亿亩；2000 亩及以上灌区 2.23 万处，灌溉面积 5.53 亿亩。全国 2000 亩及以上灌区分布情况详见附图 B-2-1。

本次普查共有大型灌区 456 处，灌溉面积 2.78 亿亩，占全国灌溉面积的 27.8%；中型灌区 7293 处，灌溉面积 2.23 亿亩，占全国灌溉面积的 22.3%；小型灌区灌溉面积 4.99 亿亩，占全国灌溉面积的 49.9%，其中，50 亩及以上的小型灌区 205.79 万处，灌溉面积 3.42 亿亩（纯井灌区 151.32 万处，灌溉面积 1.57 亿亩），占全国灌溉面积的 34.2%，详见图 3-1-1。

图 3-1-1 不同规模灌区
灌溉面积占比

全国 2000 亩及以上的灌区中，跨县灌区 570 处，灌溉面积 2.23 亿亩，占 2000 亩及以上灌区灌溉面积的 40.3%。湖南、四川、新疆跨县灌区较多，分别有 70 处、52 处、39 处；北京、西藏、云南跨县灌区较少，分别有 1 处、3 处、5 处；天津、上海、重庆无跨县灌区。

二、省级行政区

（一）50 亩及以上灌区数量与规模

河南、河北、内蒙古 50 亩及以上灌区数量较多，分别为 37.16 万处、

34.20万处、16.21万处，各占全国50亩及以上灌区总数的18.0%、16.6%、7.9%；青海、宁夏、海南灌区数量较少，分别为1542处、2920处、4017处，各占全国50亩及以上灌区数量的0.07%、0.14%、0.19%。

新疆、山东、河南50亩及以上灌区灌溉面积较大，分别为9125.78万亩、6643.65万亩、6095.16万亩，各占全国的10.8%、7.9%、7.2%；上海、北京、青海灌区灌溉面积较小，分别为237.37万亩、300.51万亩、378.77万亩，各占全国的0.28%、0.36%、0.45%，详见图3-1-2、图3-1-3、表3-1-1。

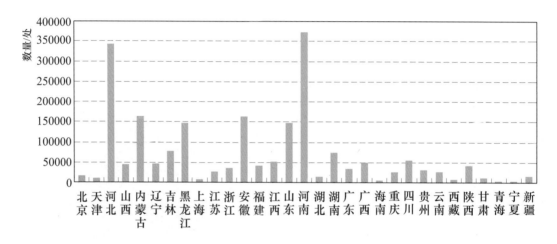

图3-1-2 省级行政区50亩及以上灌区数量

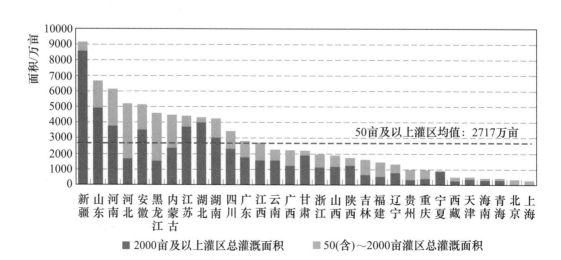

图3-1-3 省级行政区50亩及以上灌区灌溉面积

表 3-1-1　　　　　　　　　　50 亩及以上灌区数量与规模

省级行政区	合计		2000 亩及以上		50（含）～2000 亩灌区			
	数量/处	灌溉面积/万亩	数量/处	灌溉面积/万亩	数量/处	灌溉面积/万亩	纯井灌区数量/处	纯井灌区灌溉面积/万亩
全国	2065672	84251.80	22300	55254.32	2043372	28997.48	1513204	15666.92
北京	15464	300.51	14	89.34	15450	211.16	15364	208.12
天津	8701	468.11	248	354.53	8453	113.58	8071	77.69
河北	341968	5171.08	276	1676.02	341692	3495.05	338275	3292.94
山西	43445	1861.97	406	1143.48	43039	718.49	40455	608.76
内蒙古	162099	4435.79	493	2336.57	161606	2099.22	160872	2052.00
辽宁	45699	1329.55	206	757.13	45493	572.41	43164	482.94
吉林	76564	1565.62	302	642.17	76262	923.44	72099	795.57
黑龙江	145446	4572.88	692	1518.22	144754	3054.67	141916	2898.97
上海	5891	237.37	10	6.36	5881	231.01	0	0.00
江苏	25111	4391.30	1010	3674.17	24101	717.13	140	2.06
浙江	34920	1938.90	647	1128.43	34273	810.47	214	3.29
安徽	161996	5094.47	1814	3498.73	160182	1595.74	132484	823.35
福建	40894	1420.68	582	508.58	40312	912.11	390	2.32
江西	49593	2688.20	1139	1541.53	48454	1146.67	729	9.72
山东	148203	6643.65	1373	4925.43	146830	1718.22	134552	1167.53
河南	371582	6095.16	658	3759.90	370924	2335.26	357074	2055.19
湖北	13843	4289.74	1159	3945.52	12684	344.21	1315	12.27
湖南	73855	4207.97	2244	2988.72	71611	1219.25	253	3.35
广东	32888	2783.43	1845	1735.48	31043	1047.95	1897	31.87
广西	48762	2210.10	978	1207.20	47784	1002.90	932	21.29
海南	4017	411.95	234	296.82	3783	115.14	563	7.75
重庆	25933	912.29	605	394.69	25328	517.60	0	0.00
四川	54963	3396.93	1252	2265.56	53711	1131.37	135	1.61
贵州	29703	927.85	573	301.30	29130	626.55	93	4.42
云南	25759	2228.60	1352	1526.38	24407	702.22	278	5.88
西藏	6315	470.80	322	246.60	5993	224.19	144	4.84
陕西	40507	1688.23	357	1236.85	40150	451.38	35661	323.48
甘肃	11167	2162.15	405	1898.52	10762	263.62	8773	179.88
青海	1542	378.77	236	315.04	1306	63.73	124	3.98
宁夏	2920	841.98	77	794.51	2843	47.47	2666	38.74
新疆	15922	9125.78	791	8540.54	15131	585.25	14571	547.14

（二）灌区分布与构成

大、中型灌区主要分布在沿黄两岸、长江中下游和西北内陆河地区，东南沿海、西南平原区、东北中西部也有分布。小型灌区则星罗棋布、遍布全国各地。从各省级行政区情况看，天津、山西、江苏、山东、湖北、湖南、海南、陕西、甘肃、青海、宁夏、新疆等 12 个省级行政区大、中型灌区灌溉面积占本区灌溉面积的比例均超过了 50%。其中，新疆最高，为 91.3%；其次为宁夏、甘肃、湖北，分别为 89.7%、83.9%、82.3%。宁夏、新疆的大型灌区灌溉面积占本区灌溉面积比例较大，分别为 80.1% 和 61.0%。青海、天津的中型灌区灌溉面积占本区灌溉面积比例较大，分别为 65.4% 和 50.9%。由于水源条件较好，大中型灌区抗御洪涝灾害的能力较强，农业规模经营程度和机械化水平较高，灌区农业生产较为稳定，对提高农业生产效率和粮食产量起着重要作用。全国有 19 个省级行政区的小型灌区灌溉面积占本区灌溉面积的 50% 以上，其中上海、贵州、福建、黑龙江等省级行政区的小型灌区灌溉面积占本省级行政区灌溉面积比例较大，分别为 98.5%、89.5%、79.7%、79.1%，详见图 3-1-4、表 3-1-2。

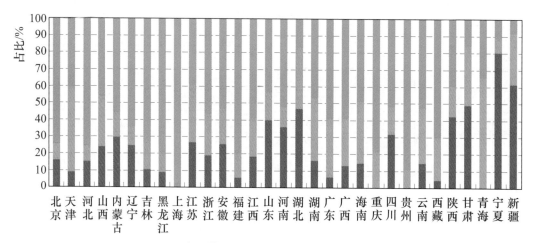

图 3-1-4　省级行政区大、中、小型灌区灌溉面积占比

表 3-1-2　　　　　　　　　　不同规模灌区灌溉面积　　　　　　　　单位：万亩

省级行政区	大型灌区	中型灌区	小型灌区	
				50 亩及以上
全国	27823.83	22251.45	49974.67	34176.52
北京	55.36	32.89	259.64	212.26
天津	41.80	245.52	195.22	180.79

续表

省级行政区	大型灌区	中型灌区	小型灌区	50 亩及以上
河北	1014.14	617.77	5107.24	3539.17
山西	477.33	595.67	908.36	788.97
内蒙古	1492.82	746.15	2844.08	2196.82
辽宁	485.73	224.98	1283.27	618.84
吉林	228.76	352.51	1634.25	984.35
黑龙江	570.01	825.53	5291.52	3177.34
上海		4.00	269.53	233.37
江苏	1490.24	1950.75	2170.30	950.31
浙江	416.24	544.92	1267.37	977.74
安徽	1641.76	1373.82	3431.69	2078.88
福建	95.79	263.80	1412.56	1061.10
江西	550.34	711.76	1801.42	1426.09
山东	3262.75	1353.81	3579.90	2027.09
河南	2742.68	914.47	4004.14	2438.01
湖北	2096.34	1633.49	801.83	559.91
湖南	745.34	1731.51	2209.49	1731.12
广东	187.24	1061.52	1825.12	1534.67
广西	308.37	691.58	1449.07	1210.16
海南	65.43	171.40	232.28	175.12
重庆		225.83	813.07	686.46
四川	1289.93	661.62	2142.18	1445.38
贵州		140.17	1198.94	787.68
云南	360.05	794.70	1329.81	1073.85
西藏	19.71	130.76	353.65	320.32
陕西	817.65	357.13	781.54	513.45
甘肃	1063.48	771.34	352.80	327.33
青海		254.56	134.49	124.21
宁夏	690.42	83.19	88.87	68.37
新疆	5614.13	2784.31	801.05	727.34

三、东、中、西部地区

（一）东部地区

东部地区 50 亩及以上灌区共 70.38 万处，灌溉面积 2.51 亿亩，占全国 50 亩及以上灌溉面积的 29.8%。

大型灌区 142 处，灌溉面积 0.71 亿亩，占本区灌溉面积的 22.8%。中型灌区 1907 处，灌溉面积 0.65 亿亩，占本区灌溉面积的 20.7%。小型灌区灌溉面积共有 1.75 亿亩，占本区灌溉面积的 56.5%，其中 50 亩及以上小型灌区 70.17 万处，灌溉面积 1.15 亿亩，占本区灌溉面积的 36.9%（包括 50 亩及以上纯井灌区 54.26 万处，灌溉面积 0.53 亿亩）；50 亩以下小型灌区灌溉面积 0.60 亿亩，占本区灌溉面积的 19.5%，详见图 3-1-5。

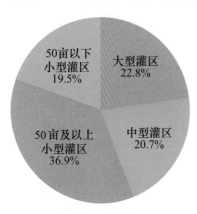

图 3-1-5 东部地区不同规模灌区灌溉面积占比

（二）中部地区

中部地区 50 亩及以上灌区共 93.63 万处，灌溉面积 3.04 亿亩，占全国 50 亩及以上灌溉面积的 36.1%。

大型灌区 173 处，灌溉面积 0.91 亿亩，占本区灌溉面积的 24.3%。中型灌区 2930 处，灌溉面积 0.81 亿亩，占本区灌溉面积的 21.8%。小型灌区灌溉面积共有 2.01 亿亩，占本区灌溉面积的 53.9%，其中 50 亩及以上小型灌区 93.32 万处，灌溉面积 1.32 亿亩，占本区灌溉面积的 35.4%（包括 50 亩及以上纯井灌区 74.63 万处，灌溉面积 0.72 亿亩），50 亩以下小型灌区灌溉面积 0.69 亿亩，占本区灌溉面积的 18.5%，详见图 3-1-6。

（三）西部地区

西部地区 50 亩及以上灌区共 42.56 万处，灌溉面积 2.88 亿亩，占全国 50 亩及以上灌溉面积的 34.1%。

大型灌区 141 处，灌溉面积 1.17 亿亩，占本区灌溉面积的 36.9%。中型灌区 2456 处，灌溉面积 0.76 亿亩，占本区灌溉面积的 24.2%。小型灌区灌溉面积共有 1.23 亿亩，占本区灌溉面积的 38.9%，其中 50 亩及以上小型灌区 42.30 万处，灌溉面积 0.95 亿亩，占本区灌溉面积的 30.0%（包括 50 亩及以上纯井灌区 22.42 万处，灌溉面积 0.32 亿亩），50 亩以下小型灌区灌溉面积 0.28 亿亩，占本区灌溉面积的 8.9%，详见图 3-1-7。

相对而言，西部地区大型灌区灌溉面积较大，占全国大型灌区灌溉面积的

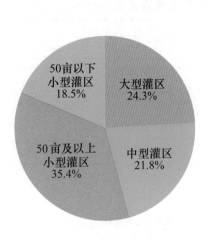

图 3-1-6 中部地区不同规模
灌区灌溉面积占比

图 3-1-7 西部地区不同规模
灌区灌溉面积占比

41.9%；中部地区小型灌区灌溉面积较大，占全国小型灌区灌溉面积的40.3%；中型灌区灌溉面积东、中、西部地区较为接近，分别占全国中型灌区灌溉面积的29.3%、36.5%、34.2%，详见图3-1-8。

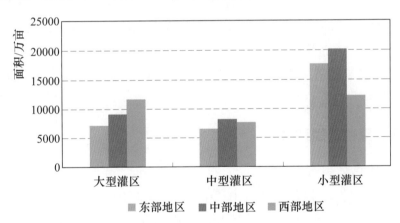

图 3-1-8 东、中、西部地区不同规模灌区灌溉面积

四、粮食主产省

13个粮食主产省灌溉面积6.70亿亩，占全国灌溉面积的67.0%。其中，大型灌区306处，灌溉面积1.76亿亩，占全国大型灌区灌溉面积的63.3%，占本区灌溉面积的26.3%；中型灌区4259处，灌溉面积1.31亿亩，占全国中型灌区灌溉面积的58.7%，占本区灌溉面积的19.6%；小型灌区灌溉面积3.63亿亩，占全国小型灌区灌溉面积的72.6%（其中，50亩及以上小型灌区166.64万处，灌溉面积2.32亿亩），占本区灌溉面积的54.2%，详见表3-1-3。

表 3 - 1 - 3   **粮食主产省 50 亩及以上灌区灌溉面积**

区域	合计	大型灌区	中型灌区	小型灌区	
					50 亩及以上
13 个粮食主产省/亿亩	6.70	1.76	1.31	3.63	2.32
全国/亿亩	10.00	2.78	2.23	4.99	3.42
占全国比例/%	67.0	63.3	58.7	72.6	67.8
占本区灌溉面积比例/%	100.0	26.3	19.6	54.2	34.6

第二节 渠 (沟) 系工程

渠 (沟) 系工程担负着灌区的输配水和排水任务。布局合理，配套完善，行水通畅的渠 (沟) 系工程是灌区发挥正常效益的前提条件。本次普查对 2000 亩及以上灌区的渠 (沟) 系工程状况进行了详细调查，其中 $1.0m^3/s$ 及以上的灌溉、灌排结合渠道及建筑物，$3.0m^3/s$ 及以上的排水沟及建筑物，以灌区为单元逐条进行普查；0.2 (含) $\sim 1.0m^3/s$ 的灌溉、灌排结合渠道及建筑物，0.6 (含) $\sim 3.0m^3/s$ 的排水沟及建筑物，以灌区为单元分类分级普查。本节分别介绍 2000 亩及以上灌区的灌溉渠道及建筑物、灌排结合渠道及建筑物和排水沟及建筑物等三部分普查成果内容，并对灌区渠系工程状况进行简要分析。

一、灌溉渠道及建筑物

(一) 全国总体情况

全国 2000 亩及以上灌区共有 $0.2m^3/s$ 及以上的灌溉渠道 82.97 万条，总长度 114.83 万 km，其中 34.10 万 km 已进行了衬砌 (2000 年以后衬砌长度 6.75 万 km)，占渠道总长度的 29.7%；渠系建筑物数量共计 310.79 万座，其中，进水闸、节制闸、分水闸等各类水闸 111.30 万座、渡槽 9.97 万座、跌水陡坡 2.73 万座、倒虹吸 9827 座、隧洞 2.28 万座、涵洞 73.14 万座、农桥 108.15 万座、量水建筑物 2.23 万座；此外，还有泵站 8.36 万座。

1. $1m^3/s$ 及以上灌溉渠道及建筑物

$1m^3/s$ 及以上的灌溉渠道共 4.98 万条，长度 30.84 万 km，其中衬砌长度 12.37 万 km (2000 年以后衬砌长度 6.75 万 km)，占 40.1%；渠系建筑物数量共计 85.57 万座，其中水闸 25.94 万座、渡槽 3.95 万座、跌水陡坡 2.73 万座、倒虹吸 9827 座、隧洞 2.28 万座、涵洞 14.13 万座、农桥 33.33 万座、量水建筑物 2.23 万座；此外，还有泵站 2.59 万座。

（1）100m³/s 及以上灌溉渠道及建筑物。100m³/s 及以上的灌溉渠道全国共 78 条，长度 1866.5km，其中衬砌长度 524.4km（2000 年以后衬砌长度 209.9km），占 28.1%；渠系建筑物数量共计 1658 座，其中水闸 668 座、渡槽 51 座、跌水陡坡 45 座、倒虹吸 18 座、隧洞 8 座、涵洞 183 座、农桥 563 座、量水建筑物 122 座；此外，还有泵站 231 座。

（2）20（含）～100m³/s 灌溉渠道及建筑物。20（含）～100m³/s 的灌溉渠道全国共 1134 条，长度 2.18 万 km，其中衬砌长度 1.0 万 km（2000 年以后衬砌长度 0.63 万 km），占 46.0%；渠系建筑物数量共计 3.76 万座，其中水闸 1.22 万座、渡槽 1398 座、跌水陡坡 1509 座、倒虹吸 380 座、隧洞 526 座、涵洞 3855 座、农桥 1.49 万座、量水建筑物 2913 座；此外，还有泵站 2160 座。

（3）5（含）～20m³/s 灌溉渠道及建筑物。5（含）～20m³/s 的灌溉渠道全国共 5475 条，长度 6.59 万 km，其中衬砌长度 2.80 万 km（2000 年以后衬砌长度 1.53 万 km），占 42.4%；渠系建筑物数量共计 15.83 万座，其中水闸 4.71 万座、渡槽 8041 座、跌水陡坡 4997 座、倒虹吸 1523 座、隧洞 4624 座、涵洞 2.14 万座、农桥 6.46 万座、量水建筑物 5951 座；此外，还有泵站 6428 座。

（4）1（含）～5m³/s 灌溉渠道及建筑物。1（含）～5m³/s 灌溉渠道共 4.32 万条，长度 21.89 万 km，其中衬砌长度 8.52 万 km（2000 年以后衬砌长度 4.57 万 km），占 38.9%；渠系建筑物数量共计 65.82 万座，其中水闸 19.94 万座、渡槽 3.00 万座、跌水陡坡 2.08 万座、倒虹吸 7906 座、隧洞 1.76 万座、涵洞 11.58 万座、农桥 25.33 万座、量水建筑物 1.33 万座；此外，还有泵站 1.71 万座。

2. 0.2（含）～1m³/s 灌溉渠道及建筑物

0.2（含）～1m³/s 的灌溉渠道共 77.98 万条，长度 83.99 万 km，其中衬砌长度 21.73 万 km，占 25.9%；渠系建筑物数量共计 225.22 万座，其中水闸 85.36 万座、渡槽 6.03 万座、涵洞 59.02 万座、农桥 74.82 万座；此外，还有泵站 5.77 万座。

（1）0.5（含）～1m³/s 灌溉渠道及建筑物。0.5（含）～1m³/s 灌溉渠道共 20.30 万条，长度 28.88 万 km，其中衬砌长度 7.86 万 km，占 27.2%；渠系建筑物数量共计 79.00 万座，其中水闸 28.48 万座、渡槽 2.81 万座、涵洞 20.05 万座、农桥 27.66 万座；此外，还有泵站 2.23 万座。

（2）0.2（含）～0.5m³/s 灌溉渠道及建筑物。0.2（含）～0.5m³/s 灌溉

渠道共 57.68 万条，长度 55.10 万 km，其中衬砌长度 13.87 万 km，占 25.2%；渠系建筑物数量共计 146.22 万座，其中水闸 56.88 万座、渡槽 3.22 万座、涵洞 38.97 万座、农桥 47.15 万座；此外，还有泵站 3.54 万座，详见表 3-2-1 和表 3-2-2。

表 3-2-1　全国 2000 亩及以上灌区 0.2m³/s 及以上不同规模灌溉渠道

渠道规模	渠道条数/条	渠道长度/km	衬砌长度/km	占渠道长度的比例/%	2000年以后衬砌长度/km	占衬砌长度的比例/%
100m³/s 及以上	78	1866.5	524.4	28.1	209.9	40.0
20（含）～100m³/s	1134	21803.1	10031.6	46.0	6265.4	62.5
5（含）～20m³/s	5475	65880.9	27953.8	42.4	15308.7	54.8
1（含）～5m³/s	43156	218874.4	85222.3	38.9	45701.0	53.6
小计	49843	308424.9	123732.1	40.1	67485.0	54.5
0.5（含）～1m³/s	203038	288827.0	78626.7	27.2	—	—
0.2（含）～0.5m³/s	576797	551026.9	138686.4	25.2	—	—
小计	779835	839853.9	217313.1	25.9	—	—
合计	829678	1148278.8	341045.2	29.7	67485.0	19.8

注　"—"为未普查项目。

表 3-2-2　全国 2000 亩及以上灌区 0.2m³/s 及以上不同规模
灌溉渠道上的建筑物

单位：座

渠道规模	渠系建筑物	水闸	渡槽	跌水陡坡	倒虹吸	隧洞	涵洞	农桥	量水建筑物	泵站
100m³/s 及以上	1658	668	51	45	18	8	183	563	122	231
20（含）～100m³/s	37609	12174	1398	1509	380	526	3855	14854	2913	2160
5（含）～20m³/s	158274	47134	8041	4997	1523	4624	21419	64585	5951	6428

续表

渠道规模	渠系建筑物	水闸	渡槽	跌水陡坡	倒虹吸	隧洞	涵洞	农桥	量水建筑物	泵站
1（含）～5m³/s	658163	199399	29963	20763	7906	17625	115838	253346	13323	17068
小计	855704	259375	39453	27314	9827	22783	141295	333348	22309	25887
0.5（含）～1m³/s	789983	284809	28075	—	—	—	200450	276649	—	22277
0.2（含）～0.5m³/s	1462168	568785	32178	—	—	—	389704	471501	—	35438
小计	2252151	853594	60253	—	—	—	590154	748150	—	57715
合计	3107855	1112969	99706	27314	9827	22783	731449	1081498	22309	83602

注　"—"为未普查项目。

（二）省级行政区

0.2m³/s及以上灌溉渠道总长度较长的有新疆、湖南、江苏，分别为18.90万km、10.42万km、9.81万km，各占全国同类渠道总长度的16.5%、9.1%、8.5%；渠道总长度较短的有北京、上海、西藏，分别为139.9km、370.8km、3569.9km，各占全国同类渠道总长度的0.01%、0.03%、0.31%。

渠道衬砌长度较长的有新疆、甘肃、湖南，分别为6.98万km、3.45万km、2.25万km，各占全国同类渠道衬砌总长度的20.5%、10.1%、6.6%；衬砌总长度较短的有北京、上海、天津，分别为95km、342.2km、1388.6km，各占全国同类渠道衬砌总长度的0.03%、0.10%、0.41%。

渠道衬砌长度占同类渠道总长度比例较高的有上海、贵州、浙江，分别为92.3%、73.0%、69.6%，较低的有安徽、黑龙江、江西，分别为8.8%、11.1%、13.9%。

渠系建筑物数量较多的有新疆、甘肃、江苏，分别为48.91万座、37.66万座、32.62万座，各占全国同类渠系建筑物数量的15.7%、12.1%、10.5%；渠系建筑物数量较少的有北京、上海、天津，分别为188座、511座、5734座，各占全国同类渠系建筑物数量的0.01%、0.02%、0.18%。

泵站数量较多的有湖北、江苏、湖南，分别为2.01万座、1.66万座、1.03万座，各占全国同类渠道上泵站数量的24.0%、19.9%、12.3%；泵站数量较少的有北京、上海、海南，分别为 5 座、10 座、42 座，各占全国同类渠道上泵站数量的 0.01％、0.01％、0.05％，详见表 3-2-3 和表 3-2-4。

表 3-2-3　　　　2000 亩及以上灌区 0.2m³/s 及以上灌溉渠道

省级行政区	渠道条数 /条	渠道长度 /km	衬砌长度 /km	占渠道长度的比例 /％	2000 年以后衬砌长度 /km	占衬砌长度的比例 /％
全国	829678	1148278.8	341045.2	29.7	67485.0	19.8
北京	70	139.9	95.0	67.9	11.2	11.8
天津	8007	7091.6	1388.6	19.6	45.7	3.3
河北	19996	25840.7	4726.5	18.3	1612.4	34.1
山西	13256	20928.5	8375.3	40.0	1226.9	14.6
内蒙古	34847	51737.7	8797.9	17.0	2467.7	28.0
辽宁	28286	20762.8	3098.1	14.9	884.1	28.5
吉林	4093	10275.6	1932.1	18.8	1038.2	53.7
黑龙江	8929	20223.1	2248.1	11.1	1054.7	46.9
上海	504	370.8	342.2	92.3	42.9	12.5
江苏	121588	98125.6	21725.1	22.1	2022.9	9.3
浙江	19052	13916.5	9680.9	69.6	1177.2	12.2
安徽	29375	46047.8	4060.4	8.8	1025.9	25.3
福建	2251	8759.1	3687.6	42.1	768.4	20.8
江西	28810	41136.4	5708.7	13.9	1248.1	21.9
山东	38115	45029.3	9573.2	21.3	2409.1	25.2
河南	18915	33569.4	10187.8	30.3	2364.8	23.2
湖北	80413	95420.8	14973.3	15.7	2539.6	17.0
湖南	71715	104194.2	22500.8	21.6	3596.0	16.0
广东	22826	39232.2	7621.4	19.4	1156.6	15.2
广西	16348	37835.8	10336.7	27.3	2670.7	25.8
海南	3046	7274.4	4723.4	64.9	1143.8	24.2
重庆	2140	9693.5	5620.0	58.0	1226.6	21.8
四川	19540	51132.6	22111.3	43.2	3515.7	15.9
贵州	1674	9312.5	6802.6	73.0	907.8	13.3

省级行政区	渠道条数 /条	渠道长度 /km	衬砌长度 /km	占渠道长度 的比例 /%	2000 年以后 衬砌长度 /km	占衬砌长度 的比例 /%
云南	10092	33926.3	18060.7	53.2	3900.7	21.6
西藏	1166	3569.9	2008.3	56.3	585.9	29.2
陕西	8723	20396.9	12540.8	61.5	2073.4	16.5
甘肃	93718	76565.1	34473.1	45.0	4673.6	13.6
青海	2810	9144.8	5376.6	58.8	1089.8	20.3
宁夏	13800	17646.9	8442.7	47.8	2535.8	30.0
新疆	105573	188978.1	69826.0	36.9	16468.8	23.6

表 3-2-4　　2000 亩及以上灌区 0.2m³/s 及以上灌溉渠道上的建筑物　单位：座

省级 行政区	渠系建筑 物数量	水闸	渡槽	跌水 陡坡	倒虹吸	隧洞	涵洞	农桥	量水 建筑物	泵站
全国	3107855	1112969	99706	27314	9827	22783	731449	1081498	22309	83602
北京	188	72	21	6	4	1	38	45	1	5
天津	5734	2362	229		4	1	2458	663	17	517
河北	66893	28540	2678	2675	337	1318	5560	24674	1111	2339
山西	62713	27250	1647	2602	258	416	2630	26572	1338	619
内蒙古	120864	66674	1797	403	75	55	8745	41073	2042	568
辽宁	38878	17830	1236	322	321	98	10902	7968	201	989
吉林	12341	3994	473	323	148	34	2527	4774	68	496
黑龙江	24081	8166	1035	624	107	38	9117	4834	160	561
上海	511	250					243	18		10
江苏	326150	60183	11977	88	442	273	171344	81752	91	16598
浙江	46641	6234	1153	96	241	467	23131	15174	145	2635
安徽	148116	32806	4987	1539	385	307	65562	42143	387	4119
福建	14446	5210	1420	204	90	252	3281	3883	106	191
江西	100939	24164	4552	729	318	378	29423	41259	116	6789
山东	100410	30887	4570	1338	740	504	13134	48232	1005	1808

续表

省级行政区	渠系建筑物数量	水闸	渡槽	跌水陡坡	倒虹吸	隧洞	涵洞	农桥	量水建筑物	泵站
河南	107421	34736	2786	1967	1046	1116	13285	51179	1306	898
湖北	244369	34153	5782	1027	727	1911	124449	75638	682	20090
湖南	283379	75682	11337	1237	1446	5205	83379	104074	1019	10298
广东	73032	14373	4085	778	481	518	21800	30778	219	1425
广西	65286	21286	3630	414	409	430	6433	32126	558	643
海南	19120	3150	1033	131	27	34	2239	12224	282	42
重庆	15269	1596	1871	131	90	1144	3755	6662	20	292
四川	124271	15986	7759	611	366	5414	25748	67808	579	3191
贵州	11027	1475	1103	77	167	356	2550	5257	42	195
云南	55047	11609	4130	225	288	642	17358	19614	1181	1128
西藏	7056	2367	1127	51	13	15	831	2385	267	46
陕西	73698	25163	2017	2864	695	674	4949	36527	809	1209
甘肃	376554	235605	5169	2737	215	791	7226	122648	2163	1355
青海	22637	6720	862	1529	67	193	1686	11571	9	276
宁夏	71711	29114	2204	614	47	69	4329	33721	1613	892
新疆	489073	285332	7036	1972	273	129	63337	126222	4772	3378

1. 1m³/s 及以上的灌溉渠道及建筑物

1m³/s 及以上的灌溉渠道总长度较长的有新疆、湖南、湖北,分别为 5.50 万 km、2.51 万 km、2.36 万 km,各占全国同类渠道总长度的 17.8%、8.1%、7.7%;渠道总长度较短的有上海、北京、西藏,分别为 42.9km、83.9km、1271.4km,各占全国同类渠道总长度的 0.01%、0.03%、0.41%。

渠道衬砌长度较长的有新疆、甘肃、湖南,分别为 3.00 万 km、1.15 万 km、8309.9km,各占全国同类渠道衬砌总长度的 24.2%、9.3%、6.7%;衬砌长度较短的有上海、北京、天津,分别为 42.9km、43.5km、92.3km,各占全国同类渠道衬砌总长度的 0.03%、0.04%、0.10%。

渠道衬砌长度占同类渠道总长度比例较高的有上海、贵州、甘肃,分别为 100%、82.0%、79.1%,比例较低的有天津、安徽、黑龙江,分别为 6.7%、11.5%、15.0%。

渠系建筑物数量较多的有新疆、湖南、湖北,分别为 11.04 万座、8.92

万座、6.29 万座，各占全国同类渠系建筑物数量的 12.9%、10.4%、7.4%；渠系建筑物数量较少的有上海、北京、天津，分别为 25 座、113 座、2098 座，各占全国同类渠系建筑物数量的 0.003%、0.01%、0.25%。

泵站数量较多的有湖北、湖南、江苏，分别为 6200 座、3128 座、2857 座，各占全国同类渠道上泵站数量的 24.0%、12.1%、11.0%；泵站数量较少的有北京、海南、西藏，分别为 3 座、24 座、25 座，各占全国同类渠道上泵站数量的 0.01%、0.09%、0.10%，详见表 3-2-5、表 3-2-6。

表 3-2-5　　　　　　　2000 亩及以上灌区 1m³/s 及以上灌溉渠道

省级行政区	渠道条数 /条	渠道长度 /km	衬砌长度 /km	占渠道长度 的比例 /%	2000 年以后 衬砌长度 /km	占衬砌长度 的比例 /%
全国	49843	308424.9	123732.1	40.1	67485.0	54.5
北京	16	83.9	43.5	51.8	11.2	25.7
天津	640	1370.1	92.3	6.7	45.7	49.5
河北	1723	10088.2	2966.3	29.4	1612.4	54.4
山西	821	5580.0	2927.5	52.5	1226.9	41.9
内蒙古	3488	18545.7	2953.5	15.9	2467.7	83.6
辽宁	2705	6498.6	1124.4	17.3	884.1	78.6
吉林	750	4558.5	1101.4	24.2	1038.2	94.3
黑龙江	1163	7638.3	1142.9	15.0	1054.7	92.3
上海	18	42.9	42.9	100.0	42.9	100.0
江苏	4150	12805.7	2437.3	19.0	2022.9	83.0
浙江	372	2768.8	1920.6	69.4	1177.2	61.3
安徽	2166	12314.0	1413.4	11.5	1025.9	72.6
福建	305	2912.8	1397.7	48.0	768.4	55.0
江西	1132	8025.4	1905.2	23.7	1248.1	65.5
山东	3414	14889.1	5258.3	35.3	2409.1	45.8
河南	1738	13877.0	4557.0	32.8	2364.8	51.9
湖北	3676	23604.5	3821.1	16.2	2539.6	66.5
湖南	4110	25057.8	8309.9	33.2	3596.0	43.3
广东	1633	11131.4	2782.6	25.0	1156.6	41.6

续表

省级行政区	渠道条数 /条	渠道长度 /km	衬砌长度 /km	占渠道长度 的比例 /%	2000 年以后 衬砌长度 /km	占衬砌长度 的比例 /%
广西	1095	10867.6	4582.0	42.2	2670.7	58.3
海南	242	2599.7	2054.9	79.0	1143.8	55.7
重庆	283	3013.2	2317.4	76.9	1226.6	52.9
四川	975	12722.2	7859.5	61.8	3515.7	44.7
贵州	191	2380.1	1952.2	82.0	907.8	46.5
云南	842	10050.6	7033.2	70.0	3900.7	55.5
西藏	118	1271.4	693.5	54.5	585.9	84.5
陕西	689	6351.7	4729.1	74.5	2073.4	43.8
甘肃	3071	14598.8	11548.1	79.1	4673.6	40.5
青海	162	2177.0	1721.3	79.1	1089.8	63.3
宁夏	882	5680.4	3088.7	54.4	2535.8	82.1
新疆	7273	54919.5	29954.4	54.5	16468.8	55.0

表 3 - 2 - 6　2000 亩及以上灌区 1m³/s 及以上灌溉渠道上的建筑物　　单位：座

省级 行政区	渠系建筑 物数量	水闸	渡槽	跌水 陡坡	倒虹吸	隧洞	涵洞	农桥	量水 建筑物	泵站
全国	855704	259375	39453	27314	9827	22783	141295	333348	22309	25887
北京	113	42	4	6	4	1	16	39	1	3
天津	2098	971	73		4	1	771	261	17	274
河北	30393	9490	1755	2675	337	1318	2119	11588	1111	574
山西	20214	6374	819	2602	258	416	1007	7400	1338	237
内蒙古	29341	13831	757	403	75	55	1773	10405	2042	277
辽宁	14273	5924	692	322	321	98	2037	4678	201	469
吉林	5980	1534	300	323	148	34	881	2692	68	291
黑龙江	10526	3656	428	624	107	38	2255	3258	160	290
上海	25	16						9		

省级行政区	渠系建筑物数量	水闸	渡槽	跌水陡坡	倒虹吸	隧洞	涵洞	农桥	量水建筑物	泵站
江苏	39680	9023	1652	88	442	273	15058	13053	91	2857
浙江	11725	2086	661	96	241	467	1855	6174	145	231
安徽	55370	13406	1195	1539	385	307	21640	16511	387	2111
福建	6642	2047	588	204	90	252	1300	2055	106	81
江西	23231	6762	1372	729	318	378	4659	8897	116	1166
山东	44146	12143	2495	1338	740	504	4108	21813	1005	1217
河南	44280	13275	1559	1967	1046	1116	4820	19191	1306	605
湖北	62906	13367	1849	1027	727	1911	17459	25884	682	6200
湖南	89197	20689	3873	1237	1446	5205	19095	36633	1019	3128
广东	27919	6167	2083	778	481	518	6354	11319	219	355
广西	25838	7892	1594	414	409	430	2418	12123	558	196
海南	6002	1249	442	131	27	34	698	3139	282	24
重庆	7075	648	751	131	90	1144	1329	2962	20	72
四川	46647	7103	3328	611	366	5414	8122	21124	579	1334
贵州	3923	572	372	77	167	356	706	1631	42	68
云南	23859	5800	2179	225	288	642	4966	8578	1181	502
西藏	2821	934	536	51	13	15	280	725	267	25
陕西	25777	6176	908	2864	695	674	2114	11537	809	622
甘肃	58599	26284	2906	2737	215	791	1910	21593	2163	673
青海	7477	1445	333	1529	67	193	510	3391	9	196
宁夏	19212	6151	822	614	47	69	1357	8539	1613	655
新疆	110415	54318	3127	1972	273	129	9678	36146	4772	1154

（1）100m³/s 及以上的灌溉渠道及建筑物。100m³/s 及以上的灌溉渠道总长度较长的有内蒙古、新疆、安徽，分别为 575.8km、283.9km、217.1km，各占全国同类渠道总长度的 30.9％、15.2％、11.6％，主要集中在内蒙古河套灌区、新疆叶尔羌河灌区、安徽淠史杭灌区；渠道衬砌长度较长的有山东、安徽、新疆，分别为 111.5km、110.9km、84.1km，各占全国同类渠道衬砌总长度的 21.3％、21.2％、16.0％，江苏、山西的同类灌溉渠道未进行衬砌；

渠道衬砌长度占同类渠道总长度比例较高的有海南、四川、陕西，均为100％。渠系建筑物数量较多的有安徽、河南、江西，分别为342座、312座、156座，各占全国同类渠系建筑物数量的20.6％、18.8％、9.4％；泵站数量较多的有安徽、湖北、江西，分别为111座、78座、17座，各占全国同类渠道上泵站数量的48.1％、33.8％、7.4％。北京、天津、辽宁、黑龙江、上海、浙江、福建、湖南、广西、重庆、贵州、云南、甘肃、青海等14个省级行政区无该规模灌溉渠道，详见图3-2-1和附表A1-1-1、附表A1-1-2。

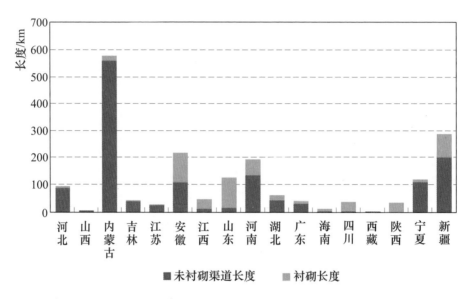

■ 未衬砌渠道长度　　　■ 衬砌长度

图3-2-1　2000亩及以上灌区100m³/s及以上的灌溉渠道

（2）20（含）～100m³/s灌溉渠道及建筑物。20（含）～100m³/s灌溉渠道总长度较长的有新疆、内蒙古、山东，分别为5839.4km、2651.9km、2001.3km，各占全国同类灌溉渠道总长度的26.8％、12.2％、9.2％；渠道衬砌长度较长的有新疆、山东、陕西，分别为3323km、1135.6km、631.5km，各占全国同类渠道衬砌总长度的33.1％、11.3％、6.3％；渠道衬砌长度占同类渠道总长度比例较高的有云南、甘肃、陕西，分别为100％、100％、99％。渠系建筑物数量较多的有新疆、河南、山东，分别为5393座、5010座、3270座，各占全国同类渠系建筑物数量的14.3％、13.3％、8.7％；泵站数量较多的有湖北、安徽、四川，分别为429座、313座、253座，各占全国同类渠道上泵站数量的19.9％、14.5％、11.7％。北京、天津、上海、重庆、贵州、西藏等5个省级行政区无该类型灌溉渠道，详见图3-2-2和附表A1-1-3、附表A1-1-4。

（3）5（含）～20m³/s灌溉渠道及建筑物。5（含）～20m³/s灌溉渠道总长

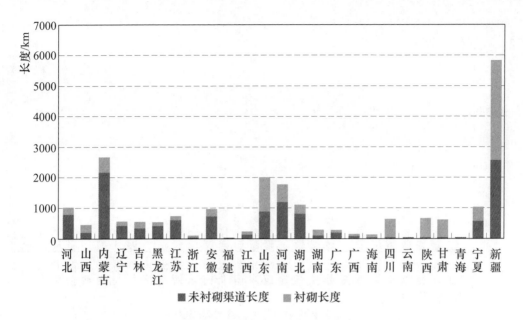

图 3-2-2　2000 亩及以上灌区 20（含）～100m³/s 的灌溉渠道

度较长的有新疆、湖北、内蒙古，分别为 1.42 万 km、6283.2km、4898.9km，
各占全国同类渠道总长度的 21.5%、9.5%、7.4%；渠道衬砌总长度较长的
有新疆、甘肃、四川，分别为 8116.5km、2356.4km、1655km，各占全国同
类渠道衬砌总长度的 29.0%、8.4%、5.9%；渠道衬砌长度占同类渠道总长
度比例较高的有上海、重庆、贵州，分别为 100%、99.5%、94.8%。渠系建
筑物数量较多的有新疆、湖北、湖南，分别为 1.95 万座、1.60 万座、1.25 万
座，各占全国同类渠系建筑物总数量的 12.3%、10.1%、7.9%；泵站数量较
多的有湖北、湖南、江苏，分别为 1793 座、634 座、572 座，各占全国同类渠
道上泵站数量的 27.9%、9.9%、8.9%，详见图 3-2-3 和附表 A1-1-5、
附表 A1-1-6。

（4）1（含）～5m³/s 灌溉渠道及建筑物。1（含）～5m³/s 灌溉渠道总长
度较长的有新疆、湖南、湖北，分别为 3.46 万 km、2.15 万 km、1.62 万
km，各占全国同类灌溉渠道总长度的 15.8%、9.8%、7.4%；渠道衬砌总长
度较长的有新疆、甘肃、湖南，分别为 1.84 万 km、0.86 万 km、0.67 万
km，各占全国同类渠道衬砌总长度的 21.6%、10.1%、7.8%；渠道衬砌长
度占同类渠道总长度比例较高的有上海、贵州、青海，分别为 100%、
81.7%、79.2%。渠系建筑物数量较多的有新疆、湖南、甘肃，分别为 8.54
万座、7.61 万座、5.18 万座，各占全国同类灌溉渠系建筑物数量的 13.0%、
11.6%、7.9%；泵站数量较多的有湖北、湖南、江苏，分别为 3900 座、2427
座、2061 座，各占全国同类渠道上泵站数量的 22.8%、14.2%、12.1%，详

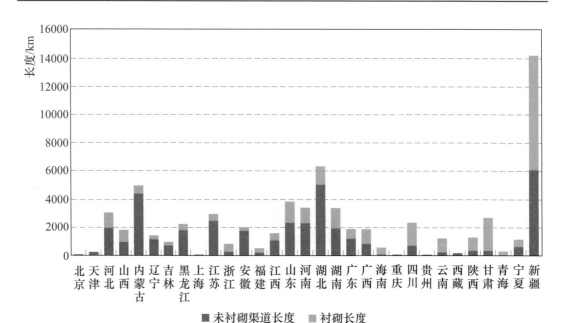

图 3-2-3　2000 亩及以上灌区 5（含）～20m³/s 的灌溉渠道

见图 3-2-4 和附表 A1-1-7、附表 A1-1-8。

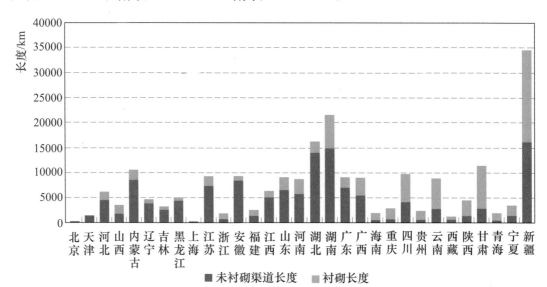

图 3-2-4　2000 亩及以上灌区 1（含）～5m³/s 的灌溉渠道

2. 0.2（含）～1m³/s 的灌溉渠道及建筑物

0.2（含）～1m³/s 的灌溉渠道总长度较长的有新疆、江苏、湖南，分别为 13.41 万 km、8.53 万 km、7.91 万 km，各占全国同类渠道总长度的 16.0%、10.2%、9.4%；渠道总长度较短的有北京、上海、西藏，分别为 56km、327.9km、2298.5km，各占全国同类渠道总长度的 0.01%、

0.04％、0.27％。

渠道衬砌长度较长的有新疆、甘肃、江苏，分别为 3.99 万 km、2.29 万km、1.93 万 km，各占全国同类渠道衬砌总长度的 18.3％、10.5％、8.9％；衬砌总长度较短的有北京、上海、吉林，分别为 51.5km、299.3km、830.7km，各占全国同类渠道衬砌总长度的 0.02％、0.14％、0.38％。

渠道衬砌长度占同类渠道总长度比例较高的有北京、上海、贵州，分别为92.0％、91.3％、70.0％，比例较低的有安徽、黑龙江、河北，分别为7.8％、8.8％、11.2％。

渠系建筑物数量较多的有新疆、甘肃、江苏，分别为 37.87 万座、31.80万座、28.65 万座，各占全国同类渠系建筑物数量的 16.8％、14.1％、12.7％；渠系建筑物数量较少的有北京、上海、天津，分别为 75 座、486 座、3636 座，各占全国同类渠系建筑物数量的 0.003％、0.02％、0.16％。

泵站数量较多的有湖北、江苏、湖南，分别为 1.39 万座、1.37 万座、7170 座，各占全国同类渠道泵站数量的 24.1％、23.8％、12.4％；泵站数量较少的有北京、上海、海南，分别为 2 座、10 座、18 座，各占全国同类渠道泵站数量的 0.003％、0.02％、0.03％，详见表 3－2－7、表 3－2－8。

表 3－2－7   2000 亩及以上灌区 0.2（含）～1m³/s 的灌溉渠道

省级行政区	渠道条数 /条	渠道长度 /km	衬砌长度 /km	占渠道长度的比例 /％
全国	779835	839853.9	217313.1	25.9
北京	54	56.0	51.5	92.0
天津	7367	5721.5	1296.3	22.7
河北	18273	15752.5	1760.2	11.2
山西	12435	15348.5	5447.8	35.5
内蒙古	31359	33192.0	5844.4	17.6
辽宁	25581	14264.2	1973.7	13.8
吉林	3343	5717.1	830.7	14.5
黑龙江	7766	12584.8	1105.2	8.8
上海	486	327.9	299.3	91.3
江苏	117438	85319.9	19287.8	22.6
浙江	18680	11147.7	7760.3	69.6
安徽	27209	33733.8	2647.0	7.8
福建	1946	5846.3	2289.9	39.2

省级行政区	渠道条数 /条	渠道长度 /km	衬砌长度 /km	占渠道长度的比例 /%
江西	27678	33111.0	3803.5	11.5
山东	34701	30140.2	4314.9	14.3
河南	17177	19692.4	5630.8	28.6
湖北	76737	71816.3	11152.2	15.5
湖南	67605	79136.4	14190.9	17.9
广东	21193	28100.8	4838.8	17.2
广西	15253	26968.2	5754.7	21.3
海南	2804	4674.7	2668.5	57.1
重庆	1857	6680.3	3302.6	49.4
四川	18565	38410.4	14251.8	37.1
贵州	1483	6932.4	4850.4	70.0
云南	9250	23875.7	11027.5	46.2
西藏	1048	2298.5	1314.8	57.2
陕西	8034	14045.2	7811.7	55.6
甘肃	90647	61966.3	22925.0	37.0
青海	2648	6967.8	3655.3	52.5
宁夏	12918	11966.5	5354.0	44.7
新疆	98300	134058.6	39871.6	29.7

表 3-2-8   2000 亩及以上灌区 0.2（含）～1m³/s 的灌溉
渠道上的建筑物   单位：座

省级行政区	渠系建筑 物数量	水闸	渡槽	涵洞	农桥	泵站
全国	2252151	853594	60253	590154	748150	57715
北京	75	30	17	22	6	2
天津	3636	1391	156	1687	402	243
河北	36500	19050	923	3441	13086	1765
山西	42499	20876	828	1623	19172	382
内蒙古	91523	52843	1040	6972	30668	291
辽宁	24605	11906	544	8865	3290	520
吉林	6361	2460	173	1646	2082	205

续表

省级行政区	渠系建筑物数量	水闸	渡槽	涵洞	农桥	泵站
黑龙江	13555	4510	607	6862	1576	271
上海	486	234		243	9	10
江苏	286470	51160	10325	156286	68699	13741
浙江	34916	4148	492	21276	9000	2404
安徽	92746	19400	3792	43922	25632	2008
福建	7804	3163	832	1981	1828	110
江西	77708	17402	3180	24764	32362	5623
山东	56264	18744	2075	9026	26419	591
河南	63141	21461	1227	8465	31988	293
湖北	181463	20786	3933	106990	49754	13890
湖南	194182	54993	7464	64284	67441	7170
广东	45113	8206	2002	15446	19459	1070
广西	39448	13394	2036	4015	20003	447
海南	13118	1901	591	1541	9085	18
重庆	8194	948	1120	2426	3700	220
四川	77624	8883	4431	17626	46684	1857
贵州	7104	903	731	1844	3626	127
云南	31188	5809	1951	12392	11036	626
西藏	4235	1433	591	551	1660	21
陕西	47921	18987	1109	2835	24990	587
甘肃	317955	209321	2263	5316	101055	682
青海	15160	5275	529	1176	8180	80
宁夏	52499	22963	1382	2972	25182	237
新疆	378658	231014	3909	53659	90076	2224

（1）0.5（含）～1m³/s 灌溉渠道及建筑物。0.5（含）～1m³/s 的灌溉渠道总长度较长的有新疆、江苏、湖南，分别为 4.43 万 km、3.16 万 km、3.10 万 km，各占全国同类灌溉渠道总长度的 15.4%、10.9%、10.7%；渠道衬砌长度较长的有新疆、甘肃、江苏，分别为 1.42 万 km、9439.3km、7512.7km，各占全国同类渠道衬砌总长度的 18.1%、12.0%、9.6%；渠道衬砌长度占同类渠道总长度比例较高的有北京、上海、贵州，分别为 93.3%、

83.1%、75.4%。渠系建筑物数量较多的有新疆、江苏、甘肃，分别为 11.27 万座、10.32 万座、10.04 万座，各占全国同类渠系建筑物数量的 14.3%、13.1%、12.7%；泵站数量较多的有湖北、江苏、湖南，分别为 5216 座、4450 座、3521 座，各占全国同类渠道上泵站数量的 23.4%、20.0%、15.8%，详见图 3-2-5 和附表 A1-1-9、附表 A1-1-10。

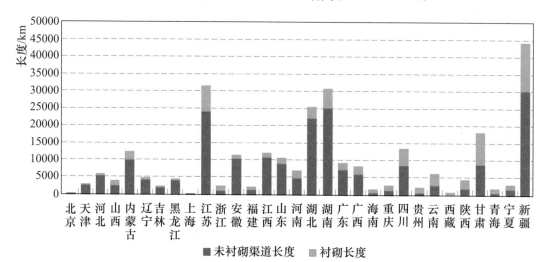

图 3-2-5　2000 亩及以上灌区 0.5（含）～1m³/s 的灌溉渠道

（2）0.2（含）～0.5m³/s 灌溉渠道及建筑物。0.2（含）～0.5m³/s 灌溉渠道总长度较长的有新疆、江苏、湖南，分别为 8.97 万 km、5.37 万 km、4.81 万 km，各占全国同类灌溉渠道总长度的 16.3%、9.8%、8.7%；渠道衬砌长度较长的有新疆、甘肃、江苏，分别为 2.57 万 km、1.35 万 km、1.18 万 km，各占全国同类渠道衬砌总长度的 18.5%、9.7%、8.5%；渠道衬砌长度占同类渠道总长度比例较高的有上海、北京、浙江，分别为 100%、91.0%、72.0%。渠系建筑物数量较多的有新疆、甘肃、江苏，分别为 26.60 万座、21.76 万座、18.32 万座，各占全国同类渠系建筑物数量的 18.2%、14.9%、12.5%；泵站数量较多的有江苏、湖北、湖南，分别为 9291 座、8674 座、3649 座，各占全国同类渠道上泵站数量的 26.2%、24.5%、10.3%，详见图 3-2-6 和附表 A1-1-11、附表 A1-1-12。

二、灌排结合渠道及建筑物

（一）全国总体情况

全国 2000 亩及以上灌区共有 0.2m³/s 及以上的灌排结合渠道 45.20 万条，总长度 51.64 万 km，其中衬砌长度 6.86 万 km（2000 年以后衬砌长度 1.48

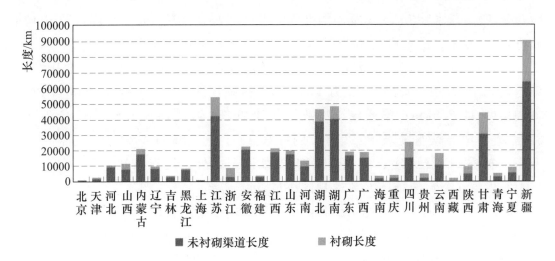

图 3-2-6 2000 亩及以上灌区 0.2（含）～0.5m³/s 的灌溉渠道

万 km）；渠系建筑物数量共计 120.41 万座，其中水闸 25.03 万座、渡槽 3.03 万座、跌水陡坡 8005 座、倒虹吸 2668 座、隧洞 5246 座、涵洞 43.60 万座、农桥 46.69 万座、量水建筑物 4739 座；此外，还有泵站 7.81 万座。

1. 1m³/s 及以上灌排结合渠道及建筑物

1m³/s 及以上的灌排结合渠道共 4.62 万条，长度 16.78 万 km，其中衬砌长度 2.41 万 km（2000 年以后衬砌长度 1.48 万 km）；渠系建筑物数量共计 41.25 万座，其中水闸 8.95 万座、渡槽 1.18 万座、跌水陡坡 8005 座、倒虹吸 2668 座、隧洞 5246 座、涵洞 10.31 万座、农桥 18.75 万座、量水建筑物 4739 座；此外，还有泵站 4.76 万座。

（1）100m³/s 及以上灌排结合渠道及建筑物。100m³/s 及以上灌排结合渠道共 138 条，长度 2143.4km，其中衬砌长度 221.1km（2000 年以后衬砌长度 106.5km）；渠系建筑物数量共计 2486 座，其中水闸 896 座、渡槽 23 座、跌水陡坡 100 座、倒虹吸 19 座、隧洞 5 座、涵洞 447 座、农桥 990 座、量水建筑物 6 座；此外，还有泵站 495 座。

（2）20（含）～100m³/s 灌排结合渠道及建筑物。20（含）～100m³/s 灌排结合渠道共 2368 条，长度 1.64 万 km，其中衬砌长度 1900.4km（2000 年以后衬砌长度 1315.9km）；渠系建筑物数量共计 2.57 万座，其中水闸 5838 座、渡槽 553 座、跌水陡坡 608 座、倒虹吸 199 座、隧洞 153 座、涵洞 4976 座、农桥 13025 万座、量水建筑物 335 座；此外，还有泵站 6575 座。

（3）5（含）～20m³/s 灌排结合渠道及建筑物。5（含）～20m³/s 灌排结合渠道共 1.28 万条，长度 5.40 万 km，其中衬砌长度 6091.2km（2000 年以后衬砌长度 3927.5km）；渠系建筑物数量共计 11.56 万座，其中水闸 2.43 万座、渡槽 3056 座、跌水陡坡 1659 座、倒虹吸 509 座、隧洞 1044 座、涵洞 2.97 万座、农桥 5.42 万座、量水建筑物 1184 座；此外，还有泵站 1.89 万座。

（4）1（含）～5m³/s 灌排结合渠道及建筑物。1（含）～5m³/s 灌排结合渠道共 3.10 万条，长度 9.52 万 km，其中衬砌长度 1.59 万 km，2000 年以后衬砌长度 9452.5km；渠系建筑物数量共计 26.86 万座，其中水闸 5.84 万座、渡槽 8128 座、跌水陡坡 5638 座、倒虹吸 1941 座、隧洞 4044 座、涵洞 6.80 万座、农桥 11.93 万座、量水建筑物 3214 座；此外，还有泵站 2.17 万座。

2. 0.2（含）～1m³/s 的灌排结合道及建筑物

0.2（含）～1m³/s 灌排结合渠道共 40.58 万条，长度 34.86 万 km，其中衬砌长度 4.45 万 km；渠系建筑物数量共计 79.17 万座，其中水闸 16.09 万座、渡槽 1.85 万座、涵洞 33.29 万座、农桥 27.94 万座；此外，还有泵站 3.05 万座。

（1）0.5（含）～1m³/s 灌排结合渠道及建筑物。0.5（含）～1m³/s 灌排结合渠道共 15.88 万条，长度 15.19 万 km，其中衬砌长度 1.62 万 km；渠系建筑物数量共计 36.19 万座，其中水闸 7.26 万座、渡槽 8792 座、涵洞 14.53 万座、农桥 13.51 万座；此外，还有泵站 1.72 万座。

（2）0.2（含）～0.5m³/s 灌排结合渠道及建筑物。0.2（含）～0.5m³/s 灌排结合渠道共 24.70 万条，长度 19.67 万 km，其中衬砌长度 2.83 万 km；渠系建筑物数量共计 42.98 万座，其中水闸 8.82 万座、渡槽 9727 座、涵洞 18.75 万座、农桥 14.43 万座；此外，还有泵站 1.33 万座，详见表 3-2-9、表 3-2-10。

表 3-2-9　　全国 2000 亩及以上灌区不同规模灌排结合渠道

渠道规模	渠道条数 /条	渠道长度 /km	衬砌长度 /km	2000 年以后衬砌长度 /km
100m³/s 及以上	138	2143.4	221.1	106.5
20（含）～100m³/s	2368	16399.2	1900.4	1315.9
5（含）～20m³/s	12766	53980.5	6091.2	3927.5
1（含）～5m³/s	30969	95243.8	15914.9	9452.5
小计	46241	167766.9	24127.6	14802.4
0.5（含）～1m³/s	158750	151903.0	16226.8	—
0.2（含）～0.5m³/s	247023	196720.8	28291.6	—
小计	405773	348623.8	44518.4	—
合计	452014	516390.7	68646.0	14802.4

表 3－2－10　　全国 2000 亩及以上灌区灌排结合渠道上的建筑物　　单位：座

渠道规模	渠系建筑物数量	水闸	渡槽	跌水陡坡	倒虹吸	隧洞	涵洞	农桥	量水建筑物	泵站
$100 \text{m}^3/\text{s}$ 及以上	2486	896	23	100	19	5	447	990	6	495
20（含）～ $100 \text{m}^3/\text{s}$	25687	5838	553	608	199	153	4976	13025	335	6575
5（含）～ $20 \text{m}^3/\text{s}$	115640	24336	3056	1659	509	1044	29656	54196	1184	18876
1（含）～ $5 \text{m}^3/\text{s}$	268645	58383	8128	5638	1941	4044	68041	119256	3214	21666
小计	412458	89453	11760	8005	2668	5246	103120	187467	4739	47612
0.5（含）～ $1 \text{m}^3/\text{s}$	361878	72632	8792	—	—	—	145327	135127	—	17232
0.2（含）～ $0.5 \text{m}^3/\text{s}$	429776	88238	9727	—	—	—	187523	144288	—	13272
小计	791654	160870	18519	—	—	—	332850	279415	—	30504
合计	1204112	250323	30279	8005	2668	5246	435970	466882	4739	78116

（二）省级行政区

0.2m^3/s 及以上灌排结合渠道总长度较长的有湖北、湖南、山东，分别为 8.98 万 km、8.41 万 km、5.08 万 km，各占全国同类渠道总长度的 17.4%、16.3%、9.8%；渠道总长度较短的有青海、西藏、贵州，分别为 15.7km、202km、319.1km，各占全国同类渠道总长度的 0.003%、0.04%、0.06%。宁夏、上海无灌排结合渠道。

渠道衬砌长度较长的有四川、湖南、云南，分别为 1.29 万 km、1.04 万 km、8506.5km，各占全国同类渠道衬砌总长度的 18.8%、15.2%、12.4%；衬砌总长度较短的有青海、北京、天津，分别为 6.7km、67.2km、69.3km，各占全国同类渠道衬砌总长度的 0.01%、0.10%、0.10%。

渠系建筑物数量较多的有湖南、湖北、江苏，分别为 25.52 万座、22.83 万座、10.27 万座，各占全国同类渠系建筑物数量的 21.2%、19.0%、8.5%；渠系建筑物数量较少的有青海、贵州、西藏，分别为 33 座、343 座、514 座，各占全国同类渠系建筑物数量的 0.003%、0.03%、0.04%。

泵站数量较多的有湖北、江苏、湖南，分别为1.97万座、1.79万座、1.42万座，各占全国同类渠道上泵站数量的25.3%、22.9%、18.2%；泵站数量较少的有新疆、贵州、海南，均只有1座，详见表3-2-11、表3-2-12。

表3-2-11　　2000亩及以上灌区0.2m³/s及以上灌排结合渠道

省级行政区	渠道条数/条	渠道长度/km	衬砌长度/km	2000年以后衬砌长度/km
全国	452014	516390.7	68646.0	14802.4
北京	431	992.4	67.2	4.0
天津	8543	8981.0	69.3	32.5
河北	5703	10340.3	560.8	325.4
山西	375	989.0	468.1	171.2
内蒙古	989	2068.8	387.6	64.2
辽宁	3275	2947.6	251.5	61.3
吉林	1282	2293.0	366.5	240.9
黑龙江	3986	7586.5	141.9	81.9
江苏	50922	45529.7	2533.7	309.4
浙江	13931	12963.9	5648.0	1342.6
安徽	32739	38617.6	1262.6	363.8
福建	3253	4972.9	2067.3	525.6
江西	16932	28995.6	3254.7	803.2
山东	36479	50802.3	1814.3	690.0
河南	18475	27083.0	1457.1	636.1
湖北	97362	89785.8	5769.6	1060.3
湖南	81651	84099.5	10402.0	1584.7
广东	27321	30630.2	4975.7	1101.7
广西	7541	8601.5	1858.3	888.3
海南	648	934.9	517.7	36.5
重庆	120	410.2	233.6	51.7
四川	19771	31629.8	12935.4	2933.0
贵州	108	319.1	188.8	6.4

续表

省级行政区	渠道条数/条	渠道长度/km	衬砌长度/km	2000 年以后衬砌长度/km
云南	16454	17909.2	8506.5	941.4
西藏	86	202.0	89.5	66.0
陕西	1545	2823.8	1093.1	160.1
甘肃	222	406.3	162.0	103.0
青海	3	15.7	6.7	6.7
新疆	1867	3459.1	1556.5	210.5

注　上海、宁夏无该规模渠道。

表 3-2-12　　　2000 亩及以上灌区 0.2m³/s 及以上灌排
结合渠道上的建筑物　　　　　单位：座

省级行政区	渠系建筑物数量	水闸	渡槽	跌水陡坡	倒虹吸	隧洞	涵洞	农桥	量水建筑物	泵站
全国	1204112	250323	30279	8005	2668	5246	435970	466882	4739	78116
北京	1722	253	10		1	1	488	969		154
天津	9844	2472	67	1	4	8	4235	3050	7	1644
河北	14601	3964	329	408	199	89	3484	5037	1091	451
山西	3323	1274	194	180	10	16	130	1372	147	29
内蒙古	2869	1770	16	14	3	6	342	635	83	1
辽宁	8921	5540	203	43	33	14	2001	1067	20	401
吉林	3595	739	181	92	42	8	906	1602	25	131
黑龙江	6070	1107	139	119	4	154	3644	899	4	50
江苏	102713	12902	3410	882	78	94	50390	34829	128	17909
浙江	23525	3121	190	228	77	72	8225	11560	52	5248
安徽	95736	20738	2139	347	100	116	44756	27328	212	3998
福建	7989	2618	466	70	140	55	1845	2751	44	62
江西	65942	10838	2796	542	302	212	21902	29275	75	4821
山东	82071	10035	651	145	198	102	19055	51554	331	2811

续表

省级行政区	渠系建筑物数量	水闸	渡槽	跌水陡坡	倒虹吸	隧洞	涵洞	农桥	量水建筑物	泵站
河南	49881	6875	508	351	147	376	3721	37509	394	240
湖北	228332	27390	4381	192	295	578	142254	52990	252	19744
湖南	255170	84995	6017	1194	408	1791	73689	86666	410	14213
广东	54777	12561	1917	648	265	292	15450	23373	271	2450
广西	16097	5274	900	157	150	133	1533	7682	268	99
海南	2203	247	51	1	4		346	1554		1
重庆	717	97	59	20	5	41	282	213		4
四川	90816	8100	4012	1675	106	918	14321	61303	381	2418
贵州	343	138	44	1	1	4	69	86		1
云南	55711	17170	877	191	35	73	21171	15913	281	798
西藏	514	162	82	8	1		56	154	51	2
陕西	12617	4832	402	372	55	85	961	5752	158	430
甘肃	1374	564	69	64	1	6	182	482	6	5
青海	33	15		12				6		
新疆	6606	4532	169	48	4	2	532	1271	48	1

注 上海、宁夏无该规模建筑物。

1. 1m³/s 及以上的灌排结合渠道及建筑物

1m³/s 及以上的灌排结合渠道总长度较长的有湖北、湖南、江苏，分别为 3.08 万 km、2.35 万 km、1.75 万 km，各占全国同类渠道总长度的 18.4%、14.0%、10.4%；渠道总长度较短的有青海、贵州、西藏，分别为 15.7km、33.5km、82.9km，各占全国同类渠道总长度的 0.01%、0.02%、0.05%。

渠道衬砌长度较长的有四川、湖南、云南，分别为 5181.4km、2907.6km、2026.4km，各占全国同类渠道衬砌总长度的 21.5%、12.1%、8.4%；衬砌总长度较短的有青海、贵州、北京，分别为 6.7km、17.9km、35.7km，各占全国同类渠道衬砌总长度的 0.03%、0.07%、0.15%。

渠系建筑物数量较多的有湖南、湖北、四川，分别为 7.78 万座、7.14 万座、3.50 万座，各占全国同类渠系建筑物数量的 18.9%、17.3%、8.5%；渠系建筑物数量较少的有青海、贵州、西藏，分别为 33 座、46 座、313 座，各占全国同类渠系建筑物数量的 0.01%、0.01%、0.08%。

泵站数量较多的有江苏、湖北、湖南，分别为 1.38 万座、1.24 万座、8449 座，各占全国同类渠道上泵站数量的 29.0%、26.0%、17.7%；泵站数量较少的有重庆、内蒙古、甘肃，分别为 1 座、1 座、2 座，详见表 3-2-13、表 3-2-14。

表 3-2-13　　　**2000 亩及以上灌区 1m³/s 及以上灌排结合渠道**

省级行政区	渠道条数/条	渠道长度/km	衬砌长度/km	2000 年以后衬砌长度/km
全国	46241	167766.9	24127.6	14802.4
北京	125	647.7	35.7	4.0
天津	1911	4708.7	42.0	32.5
河北	1092	5679.3	483.2	325.4
山西	85	701.0	356.2	171.2
内蒙古	132	872.9	67.2	64.2
辽宁	341	1269.9	88.6	61.3
吉林	270	1142.9	245.2	240.9
黑龙江	203	1247.8	85.4	81.9
江苏	6117	17509.6	401.0	309.4
浙江	2117	5481.6	1853.5	1342.6
安徽	3586	12063.9	495.4	363.8
福建	268	1578.7	777.2	525.6
江西	845	6205.6	1135.0	803.2
山东	4388	17166.4	1118.0	690.0
河南	1128	9829.0	1059.3	636.1
湖北	10793	30803.4	1377.4	1060.3
湖南	7659	23544.0	2907.6	1584.7
广东	2430	9084.4	1961.1	1101.7
广西	335	3097.8	1176.4	888.3
海南	11	90.7	69.7	36.5
重庆	15	117.9	93.4	51.7

续表

省级行政区	渠道条数 /条	渠道长度 /km	衬砌长度 /km	2000 年以后衬砌长度 /km
四川	1162	8748.2	5181.4	2933.0
贵州	9	33.5	17.9	6.4
云南	1014	4141.8	2026.4	941.4
西藏	5	82.9	66.8	66.0
陕西	105	762.5	462.9	160.1
甘肃	21	166.6	133.9	103.0
青海	3	15.7	6.7	6.7
新疆	71	972.5	403.1	210.5

注 上海、宁夏无该规模渠道。

表 3－2－14　　　　　2000 亩及以上灌区 1m³/s 及以上灌排结合

渠道上的建筑物　　　　　　　单位：座

省级行政区	渠系建筑物数量	水闸	渡槽	跌水陡坡	倒虹吸	隧洞	涵洞	农桥	量水建筑物	泵站
全国	412458	89453	11760	8005	2668	5246	103120	187467	4739	47612
北京	1089	224	10		1	1	57	796		139
天津	5871	1254	60	1	4	8	2177	2360	7	1476
河北	9472	2067	234	408	199	89	1313	4071	1091	347
山西	2489	919	167	180	10	16	78	972	147	19
内蒙古	912	420	11	14	3	6	67	308	83	1
辽宁	6542	4825	116	43	33	14	587	904	20	353
吉林	2033	477	103	92	42	8	493	793	25	116
黑龙江	1576	422	62	119	4	154	415	396	4	38
江苏	30666	3579	776	882	78	94	9776	15353	128	13815
浙江	10828	1544	115	228	77	72	934	7806	52	2985
安徽	30885	6543	648	347	100	116	11751	11168	212	2694
福建	3499	937	239	70	140	55	576	1438	44	33
江西	22328	4127	1063	542	302	212	8253	7754	75	1089

续表

省级行政区	渠系建筑物数量	水闸	渡槽	跌水陡坡	倒虹吸	隧洞	涵洞	农桥	量水建筑物	泵站
山东	28228	3781	357	145	198	102	3668	19646	331	742
河南	18391	3662	377	351	147	376	1050	12034	394	223
湖北	71389	13505	1463	192	295	578	30029	25075	252	12369
湖南	77838	21692	1953	1194	408	1791	17901	32489	410	8449
广东	23120	6086	976	648	265	292	4758	9824	271	923
广西	10847	3778	692	157	150	133	860	4809	268	66
海南	325	42	12	1	4		92	174		
重庆	406	89	42	20	5	41	65	144		1
四川	34984	4555	1799	1675	106	918	3213	22337	381	1201
贵州	46	8	4	1	1	4	22	6		
云南	12453	2846	239	191	35	73	4280	4508	281	434
西藏	313	88	25	8	1		56	84	51	2
陕西	3374	719	86	372	55	85	414	1485	158	95
甘肃	596	180	69	64	1	6	131	139	6	2
青海	33	15		12				6		
新疆	1925	1069	62	48	4	2	104	588	48	

注　上海、宁夏无该规模建筑物。

（1）100m³/s 及以上的灌排结合渠道及建筑物。100m³/s 及以上的灌排结合渠道总长度较长的有河南、江苏、安徽，分别为 542.5km、413.7km、351.1km，各占全国同类灌排结合渠道总长度的 25.3％、19.3％、16.4％；衬砌渠道主要分布在四川的都江堰灌区，为 153.1km，占此类灌排结合渠道衬砌总长度的 69.2％，衬砌渠道较长的还有广东、安徽，分别为 17.5km、16.5km，各占全国同类渠道衬砌总长度的 7.9％、7.5％。渠系建筑物数量较多的有安徽、湖北、广东，分别为 586 座、433 座、333 座，各占全国同类渠系建筑物数量的 23.6％、17.4％、13.4％；泵站数量较多的有江苏、湖北、安徽，分别为 213 座、111 座、31 座，各占全国同类渠道上泵站数量的 43.0％、22.4％、6.3％，详见图 3-2-7 和附表 A1-2-1、附表 A1-2-2。

（2）20（含）～100m³/s 灌排结合渠道及建筑物。20（含）～100m³/s 灌排结合渠道总长度较长的有江苏、湖北、河南，分别为 3408.5km、

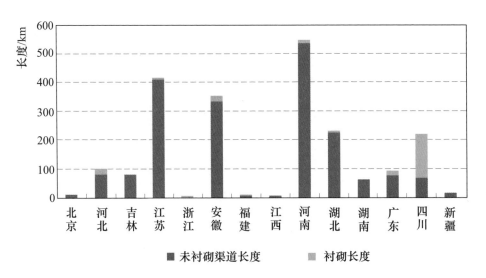

图 3 - 2 - 7　2000 亩及以上灌区 100m³/s 及以上的灌排结合渠道

2577.8km、2133.1km，各占全国同类渠道总长度的 20.8％、15.7％、13.0％；渠道衬砌长度较长的有四川、山东、湖北，分别为 391.5km、211.2km、169.2km，各占全国同类渠道衬砌总长度的 20.6％、11.1％、8.9％；黑龙江、天津此类渠道未衬砌。渠系建筑物数量较多的有江苏、湖北、山东，分别为 5087 座、4686 座、2384 座，各占全国同类渠系建筑物数量的 19.8％、18.2％、9.3％；泵站数量较多的有江苏、湖北、安徽，分别为 2809 座、1700 座、495 座，各占全国同类渠道上泵站数量的 42.7％、25.9％、7.5％，详见图 3 - 2 - 8 和附表 A1 - 2 - 3、附表 A1 - 2 - 4。

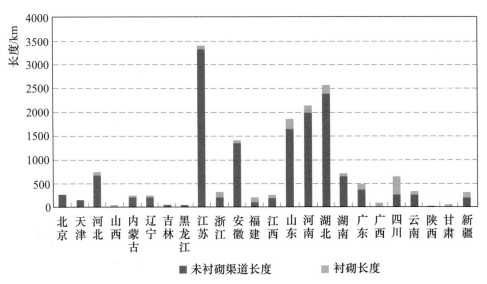

图 3 - 2 - 8　2000 亩及以上灌区 20（含）～100m³/s 的灌排结合渠道

（3）5（含）～20m³/s灌排结合渠道及建筑物。5（含）～20m³/s的灌排结合渠道总长度较长的有湖北、江苏、山东，分别为1.29万km、7956km、6850.7km，各占全国同类渠道总长度的23.9%、14.7%、12.7%；渠道衬砌长度较长的有四川、浙江、湖北，分别为1128.3km、810.2km、483.2km，各占全国同类渠道衬砌总长度的18.5%、13.3%、7.9%；青海、甘肃此类渠道未衬砌。渠系建筑物数量较多的有湖北、湖南、江苏，分别为2.92万座、1.37万座、1.32万座，各占全国同类渠系建筑物数量的25.3%、11.8%、11.4%；泵站数量较多的有江苏、湖北、湖南，分别为6539座、5844座、2345座，各占全国同类渠道上泵站数量的34.6%、31.0%、12.4%，详见图3-2-9和附表A1-2-5、附表A1-2-6。

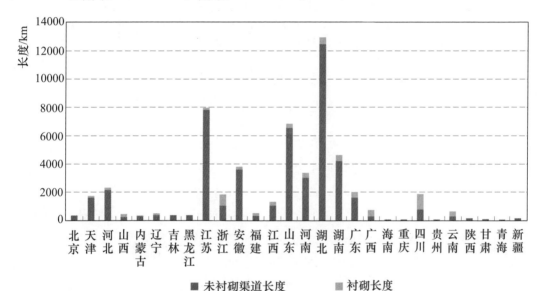

图3-2-9　2000亩及以上灌区5（含）～20m³/s的灌排结合渠道

（4）1（含）～5m³/s灌排结合渠道及建筑物。1（含）～5m³/s的灌排结合渠道总长度较长的有湖南、湖北、山东，分别为1.82万km、1.51万km、8465.6km，各占全国同类渠道总长度的19.1%、15.9%、8.9%；渠道衬砌长度较长的有四川、湖南、云南，分别为3508.5km、2432.9km、1687.4km，各占全国同类渠道衬砌总长度的22.1%、15.3%、10.6%。渠系建筑物数量较多的有湖南、湖北、四川，分别为6.19万座、3.71万座、2.75万座，各占全国同类渠系建筑物数量的23.1%、13.8%、10.2%；泵站数量较多的有湖南、湖北、江苏，分别为5715座、4714座、4254座，各占全国同类渠道上泵站数量的26.4%、21.8%、19.6%，详见图3-2-10和附表A1-2-7、附表A1-2-8。

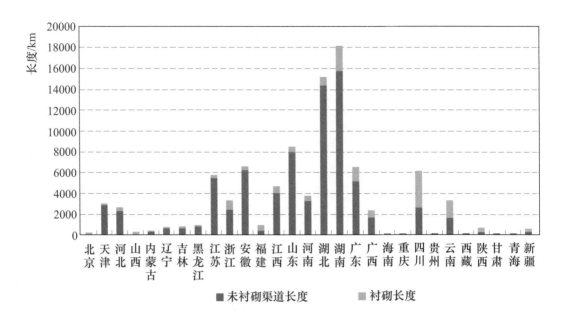

图 3-2-10　2000 亩及以上灌区 1（含）～5m³/s 的灌排结合渠道

2. 0.2（含）～1m³/s 的灌排结合渠道及建筑物

0.2（含）～1m³/s 的灌排结合渠道总长度较长的有湖南、湖北、山东，分别为 6.06 万 km、5.90 万 km、3.36 万 km，各占全国同类渠道总长度的 17.4%、16.9%、9.6%；渠道总长度较短的有西藏、甘肃、贵州，分别为 119.1km、239.7km、285.6km，各占全国同类渠道总长度的 0.03%、0.07%、0.08%。

渠道衬砌长度较长的有四川、湖南、云南，分别为 7754km、7494.4km、6480.1km，各占全国同类渠道衬砌总长度的 17.4%、16.8%、14.6%；衬砌长度较短的有西藏、天津、甘肃，分别为 22.7km、27.3km、28.1km，各占全国同类渠道衬砌总长度的 0.05%、0.06%、0.06%。

渠系建筑物数量较多的有湖南、湖北、江苏，分别为 17.73 万座、15.69 万座、7.20 万座，各占全国同类渠系建筑物数量的 22.4%、19.8%、9.1%；渠系建筑物数量较少的有西藏、贵州、重庆，分别为 201 座、297 座、311 座，各占全国同类渠系建筑物数量的 0.03%、0.04%、0.04%。

泵站数量较多的有湖北、湖南、江苏，分别为 7375 座、5764 座、4094 座，各占全国同类渠道上泵站数量的 24.2%、18.9%、13.4%；泵站数量较少的有新疆、贵州、海南，均为 1 座，详见表 3-2-15 和表 3-2-16。

表 3-2-15　　　　2000 亩及以上灌区 0.2（含）～1m³/s 的灌排结合渠道

省级行政区	渠道条数/条	渠道长度/km	衬砌长度/km	省级行政区	渠道条数/条	渠道长度/km	衬砌长度/km
全国	405773	348623.8	44518.4	河南	17347	17254.0	397.8
北京	306	344.7	31.5	湖北	86569	58982.4	4392.2
天津	6632	4272.3	27.3	湖南	73992	60555.5	7494.4
河北	4611	4661.0	77.6	广东	24891	21545.8	3014.6
山西	290	288.0	111.9	广西	7206	5503.7	681.9
内蒙古	857	1195.9	320.4	海南	637	844.2	448.0
辽宁	2934	1677.7	162.9	重庆	105	292.3	140.2
吉林	1012	1150.1	121.3	四川	18609	22881.6	7754.0
黑龙江	3783	6338.7	56.5	贵州	99	285.6	170.9
江苏	44805	28020.1	2132.7	云南	15440	13767.4	6480.1
浙江	11814	7482.3	3794.5	西藏	81	119.1	22.7
安徽	29153	26553.7	767.2	陕西	1440	2061.3	630.2
福建	2985	3394.2	1290.1	甘肃	201	239.7	28.1
江西	16087	22790.0	2119.7	新疆	1796	2486.6	1153.4
山东	32091	33635.9	696.3				

注　上海、青海、宁夏无该规模渠道。

表 3-2-16　　　　2000 亩及以上灌区 0.2（含）～1m³/s 的
灌排结合渠道上的建筑物　　　　　单位：座

省级行政区	渠系建筑物数量	水闸	渡槽	涵洞	农桥	泵站
全国	791654	160870	18519	332850	279415	30504
北京	633	29		431	173	15
天津	3973	1218	7	2058	690	168
河北	5129	1897	95	2171	966	104
山西	834	355	27	52	400	10
内蒙古	1957	1350	5	275	327	
辽宁	2379	715	87	1414	163	48
吉林	1562	262	78	413	809	15
黑龙江	4494	685	77	3229	503	12
江苏	72047	9323	2634	40614	19476	4094

续表

省级行政区	渠系建筑物数量	水闸	渡槽	涵洞	农桥	泵站
浙江	12697	1577	75	7291	3754	2263
安徽	64851	14195	1491	33005	16160	1304
福建	4490	1681	227	1269	1313	29
江西	43614	6711	1733	13649	21521	3732
山东	53843	6254	294	15387	31908	2069
河南	31490	3213	131	2671	25475	17
湖北	156943	13885	2918	112225	27915	7375
湖南	177332	63303	4064	55788	54177	5764
广东	31657	6475	941	10692	13549	1527
广西	5250	1496	208	673	2873	33
海南	1878	205	39	254	1380	1
重庆	311	8	17	217	69	3
四川	55832	3545	2213	11108	38966	1217
贵州	297	130	40	47	80	1
云南	43258	14324	638	16891	11405	364
西藏	201	74	57		70	
陕西	9243	4113	316	547	4267	335
甘肃	778	384		51	343	3
新疆	4681	3463	107	428	683	1

注 上海、青海、宁夏无该规模建筑物。

（1）0.5（含）～1m³/s 灌排结合渠道及建筑物。0.5（含）～1m³/s 的灌排结合渠道总长度较长的有湖北、湖南、山东，分别为 2.77 万 km、2.60 万 km、1.97 万 km，各占全国同类灌排结合渠道总长度的 18.2%、17.1%、13.0%；渠道衬砌长度较长的有湖南、四川、云南，分别为 3139.9km、2350.9km、1894.0km，各占全国同类渠道衬砌总长度的 19.4%、14.5%、11.7%；北京市该类渠道未衬砌。渠系建筑物数量较多的有湖南、湖北、江苏，分别为 8.79 万座、7.43 万座、3.29 万座，各占全国同类渠系建筑物数量的 24.3%、20.5%、9.1%；泵站数量较多的有湖北、湖南、江西，分别为 4715 座、3372 座、2124 座，各占全国同类渠道上泵站数量的 27.4%、19.6%、12.3%，详见图 3-2-11 和附表 A1-2-9、附表 A1-2-10。

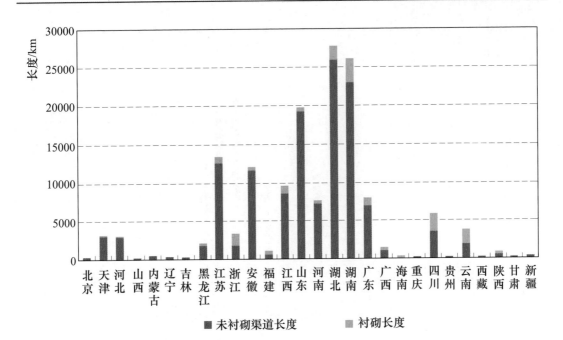

图 3-2-11　2000 亩及以上灌区 0.5（含）～1m³/s 的灌排结合渠道

（2）0.2（含）～0.5m³/s 灌排结合渠道及建筑物。0.2（含）～0.5m³/s 的灌排结合渠道总长度较长的有湖南、湖北、四川，分别为 3.46 万 km、3.13 万 km、1.70 万 km，各占全国同类渠道总长度的 17.6%、15.9%、8.7%；渠道衬砌长度较长的有四川、云南、湖南，分别为 5403.1km、4586.1km、4354.5km，各占全国同类渠道衬砌总长度的 19.1%、16.2%、15.4%；西藏该类渠道未衬砌。渠系建筑物数量较多的有湖南、湖北、四川，分别为 8.94 万座、8.26 万座、3.91 万座，各占全国同类渠系建筑物数量的 20.8%、19.2%、9.1%；泵站数量较多的有湖北、江苏、湖南，分别为 2660 座、2480 座、2392 座，各占全国同类渠道上泵站数量的 20.0%、18.7%、18.0%，详见图 3-2-12 和附表 A1-2-11、附表 A1-2-12。

三、排水沟及建筑物

（一）全国总体情况

全国 2000 亩及以上灌区共有 0.6m³/s 以上的排水沟 41.54 万条，长度 46.95 万 km；排水沟系建筑物数量共计 78.87 万座，其中水闸 8.74 万座、涵洞 37.12 万座、农桥 33.01 万座；此外，还有泵站 3.23 万座。

1. 3m³/s 及以上的排水沟及建筑物

3m³/s 及以上的排水沟共 3.28 万条，长度 12.91 万 km；排水沟系建筑物数量共计 22.07 万座，其中水闸 3.77 万座、涵洞 6.02 万座、农桥 12.28 万

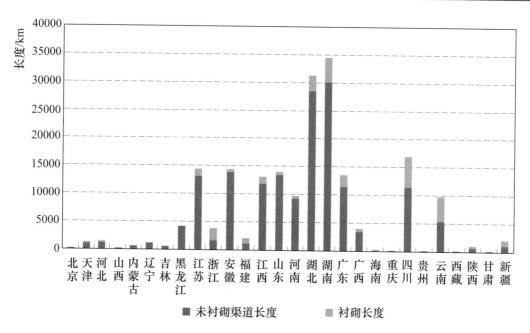

图 3-2-12　全国 2000 亩及以上灌区 0.2（含）～0.5m³/s 的灌排结合渠道

座；此外，还有泵站 2.24 万座。

（1）200m³/s 及以上的排水沟及建筑物。200m³/s 及以上的排水沟共 69 条，长度 1170.8km；排水沟系建筑物数量共计 1440 座，其中水闸 216 座、涵洞 391 座、农桥 833 座；此外，还有泵站 186 座。

（2）50（含）～200m³/s 的排水沟及建筑物。50（含）～200m³/s 的排水沟共 821 条，长度 7470.6km；排水沟系建筑物数量共计 8690 座，其中水闸 1467 座、涵洞 2372 座、农桥 4851 座；此外，还有泵站 1090 座。

（3）10（含）～50m³/s 的排水沟及建筑物。10（含）～50m³/s 的排水沟共 8699 条，长度 4.30 万 km；排水沟系建筑物数量共计 6.79 万座，其中水闸 1.09 万座、涵洞 1.70 万座、农桥 4.00 万座；此外，还有泵站 8728 座。

（4）3（含）～10m³/s 的排水沟及建筑物。3（含）～10m³/s 的排水沟共 2.32 万条，长度 7.75 万 km，排水沟系建筑物数量共计 14.26 万座，其中水闸 2.51 万座、涵洞 4.04 万座、农桥 7.71 万座；此外，还有泵站 1.24 万座。

2. 0.6（含）～3m³/s 的排水沟及建筑物

0.6（含）～3m³/s 的排水沟共 38.26 万条，长度 34.05 万 km；排水沟系建筑物数量共计 56.80 万座，其中水闸 4.97 万座、涵洞 31.10 万座、农桥 20.73 万座；此外，还有泵站 9871 座。

（1）1（含）～3m³/s 的排水沟及建筑物。1（含）～3m³/s 的排水沟共 10.91 万条，长度 13.26 万 km；排水沟系建筑物数量共计 21.86 万座，其中水闸 2.46 万座、涵洞 10.26 万座、农桥 9.14 万座；此外，还有泵站 6754 座。

（2）0.6（含）～1m³/s 的排水沟及建筑物。0.6（含）～1m³/s 的排水沟共 27.35 万条，长度 20.78 万 km；排水沟系建筑物数量共计 34.94 万座，其中水闸 2.51 万座、涵洞 20.84 万座、农桥 11.58 万座；此外，还有泵站 3117 座，详见表 3-2-17。

表 3-2-17　　全国 2000 亩及以上灌区 0.6m³/s 及以上不同规模排水沟

排水沟规模	排水沟条数/条	排水沟长度/km	排水沟系建筑物数量/座	水闸/座	涵洞/座	农桥/座	泵站/座
200m³/s 及以上	69	1170.8	1440	216	391	833	186
50（含）～200m³/s	821	7470.6	8690	1467	2372	4851	1090
10（含）～50m³/s	8699	42951.6	67914	10891	16983	40040	8728
3（含）～10m³/s	23213	77481.4	142655	25134	40434	77087	12408
小计	32802	129074.4	220699	37708	60180	122811	22412
1（含）～3m³/s	109115	132647.0	218604	24553	102606	91445	6754
0.6（含）～1m³/s	273484	207809.8	349361	25148	208367	115846	3117
小计	382599	340456.8	567965	49701	310973	207291	9871
合计	415401	469531.2	788664	87409	371153	330102	32283

（二）省级行政区

0.6m³/s 以上排水沟总长度较长的有江苏、湖北、湖南，分别为 12.47 万 km、6.56 万 km、4.52 万 km，各占全国同类排水沟总长度的 26.6%、14.0%、9.6%；排水沟长度较短的有贵州、西藏、上海，分别为 150.4km、191.1km、386.2km，各占全国同类排水沟总长度的 0.03%、0.04%、0.08%。

排水沟系建筑物数量较多的有江苏、湖北、湖南，分别为 25.55 万座、13.15 万座、9.63 万座，各占全国同类排水沟系建筑物数量的 32.4%、16.7%、12.2%；排水沟系建筑物数量较少的有贵州、上海、西藏，分别为 195 座、276 座、317 座，各占全国同类排水沟系建筑物数量的 0.02%、0.03%、0.04%。

泵站数量较多的有江苏、湖北、湖南，分别为 1.21 万座、6876 座、5146 座，各占全国同类排水沟上泵站数量的 37.5%、21.3%、15.9%；泵站数量较少的有上海、北京、山西，分别为 1 座、3 座、8 座，详见表 3-2-18。

表 3 - 2 - 18　　　　　　　　2000 亩及以上灌区排水沟及建筑物

省级行政区	排水沟条数/条	排水沟长度/km	排水沟系建筑物数量/座	水闸/座	涵洞/座	农桥/座	泵站/座
全国	415401	469531.2	788789	87409	371153	330102	32283
北京	497	716.9	1636	121	771	744	3
天津	12975	8428.8	6036	1419	4165	452	281
河北	4876	6374.7	7093	955	1845	4293	121
山西	1657	2535.5	3182	556	672	1954	8
内蒙古	1626	4595.2	3763	1261	646	1856	81
辽宁	13959	11481.9	12151	2417	5418	4316	389
吉林	1304	3779.9	2145	285	677	1183	92
黑龙江	3487	10650.6	5632	603	3052	1977	118
上海	516	386.2	276	234	42		1
江苏	165590	124689.7	255525	13024	173517	68984	12090
浙江	8120	5471.7	9586	677	6250	2659	593
安徽	19602	28778.2	52126	6502	19299	26325	1902
福建	793	1282.6	2215	507	521	1187	66
江西	10870	21722.1	36991	5909	10053	21029	1839
山东	40000	43434.4	63128	4870	9641	48617	270
河南	9425	19535.2	29758	1565	2769	25424	111
湖北	54297	65645.1	131542	13610	84376	33556	6876
湖南	29177	45222.1	96280	25034	27642	43604	5146
广东	7231	12597.0	17852	3697	4291	9864	987
广西	2719	3036.6	2757	603	303	1851	37
海南	1523	2197.9	4715	432	403	3880	46
四川	2637	11584.4	8212	575	1025	6604	373
贵州	85	150.4	195	15	23	157	12
云南	739	2051.6	3439	805	1102	1532	244
西藏	86	191.1	317	163	53	101	
陕西	739	2182.1	3730	466	364	2900	45
甘肃	609	922.7	1365	228	490	647	53
宁夏	8840	9682.3	15083	309	4864	9910	442
新疆	11422	20204.3	11942	567	6879	4496	57

注　重庆、青海未填报该规模排水沟及建筑物数据。

1. 3m³/s 及以上的排水沟及建筑物

3m³/s 及以上的排水沟总长度较长的有江苏、湖南、湖北，分别为 2.81 万 km、1.77 万 km、1.30 万 km，各占全国同类排水沟总长度的 21.8%、13.7%、10.1%；排水沟长度较短的有上海、贵州、西藏，分别为 53.6km、64.6km、134.2km，各占全国同类排水沟总长度的 0.04%、0.05%、0.10%。

排水沟系建筑物数量较多的有江苏、湖南、湖北，分别为 5.12 万座、3.93 万座、2.66 万座，各占全国同类排水沟系建筑物数量的 23.2%、17.8%、12.1%；排水沟系建筑物数量较少的有上海、贵州、西藏，分别为 16 座、87 座、192 座，各占全国同类排水沟系建筑物数量的 0.01%、0.04%、0.09%。

泵站数量较多的有江苏、湖北、湖南，分别为 8882 座、4356 座、3571 座，各占全国同类排水沟上泵站数量的 39.6%、19.4%、15.9%；泵站数量较少的有上海、北京、山西，分别为 1 座、2 座、3 座，详见表 3-2-19。

表 3-2-19　　2000 亩及以上灌区 3m³/s 及以上排水沟及建筑物

省级行政区	排水沟条数/条	排水沟长度/km	排水沟系建筑物数量/座	水闸/座	涵洞/座	农桥/座	泵站/座
全国	32802	129074.4	220699	37708	60180	122811	22412
北京	107	327.2	705	100	124	481	2
天津	646	1766.6	2210	550	1381	279	199
河北	501	2926.5	4212	531	567	3114	74
山西	116	751.0	1247	337	255	655	3
内蒙古	84	1203.5	543	83	195	265	21
辽宁	708	2835.5	3912	514	1414	1984	323
吉林	264	1552.4	894	123	125	646	62
黑龙江	681	4991.2	2448	365	817	1266	106
上海	21	53.6	16		16		1
江苏	9842	28082.5	51205	5315	18094	27796	8882
浙江	347	798.1	2021	319	314	1388	455
安徽	2752	12554.2	23268	3388	7871	12009	1553
福建	205	704.5	1547	329	269	949	56
江西	984	4086.4	10850	2836	3720	4294	762
山东	2749	9683.3	15573	1755	2104	11714	221
河南	1233	8737.3	10589	910	799	8880	95

续表

省级行政区	排水沟条数/条	排水沟长度/km	排水沟系建筑物数量/座	水闸/座	涵洞/座	农桥/座	泵站/座
湖北	4088	13039.0	26641	5120	10518	11003	4356
湖南	4068	17693.6	39299	10996	7241	21062	3571
广东	1600	5637.7	8915	2156	1692	5067	818
广西	247	1041.8	1195	124	66	1005	36
海南	112	370.1	607	131	67	409	27
四川	289	1747.3	3594	380	343	2871	144
贵州	28	64.6	87	7	9	71	6
云南	214	1302.8	2406	602	752	1052	212
西藏	44	134.2	192	101	32	59	
陕西	237	1066.7	1933	184	218	1531	29
甘肃	69	236.3	377	97	107	173	53
宁夏	228	2141.0	2350	65	478	1807	309
新疆	338	3545.5	1863	290	592	981	36

注　重庆、青海未填报该规模排水沟及建筑物数据。

（1）200m³/s 及以上的排水沟及建筑物。200m³/s 及以上的排水沟总长度较长的有河南、安徽、江苏，分别为 340.1km、205.9km、152.9km，各占全国同类排水沟总长度的 29.1%、17.6%、13.1%；排水沟系建筑物数量较多的有河南、安徽、江苏，分别为 311 座、310 座、254 座，各占全国同类排水沟建筑物数量的 21.6%、21.5%、17.6%；泵站数量较多的有江苏、湖北、湖南，分别为 53 座、43 座、22 座，各占全国同类排水沟上泵站数量的 28.5%、23.1%、11.8%，详见图 3-2-13 和附表 A1-3-1。

（2）50（含）～200m³/s 的排水沟及建筑物。50（含）～200m³/s 的排水沟总长度较长的有河南、江苏、安徽，分别为 1980.8km、1254.9km、1241.3km，各占全国同类排水沟总长度的 26.5%、16.8%、16.6%；排水沟系建筑物数量较多的有河南、安徽、江苏，分别为 1859 座、1747 座、1428 座，各占全国同类排水沟系建筑物数量的 21.4%、20.1%、16.4%；泵站数量较多的有江苏、湖北、安徽，分别为 454 座、179 座、178 座，各占全国同类排水沟上泵站数量的 41.7%、16.4%、16.3%，详见图 3-2-14 和附表 A1-3-2。

（3）10（含）～50m³/s 的排水沟及建筑物。10（含）～50m³/s 的排水沟总长度较长的有江苏、安徽、湖南，分别为 1.14 万 km、4813.8km、4573.9km，

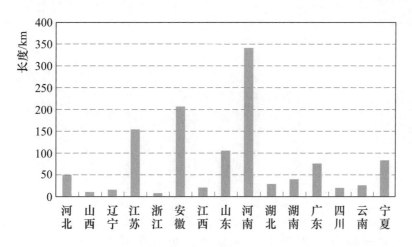

图 3－2－13　2000 亩及以上灌区 200m³/s 及以上的排水沟长度

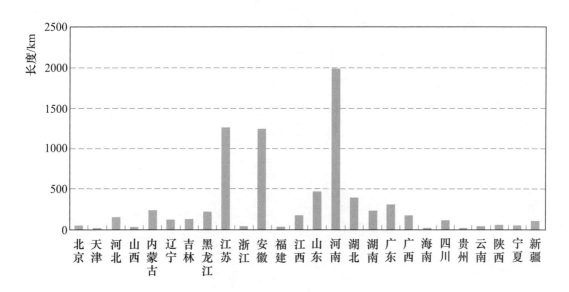

图 3－2－14　2000 亩及以上灌区 50（含）～200m³/s 的排水沟长度

各占全国同类排水沟总长度的 26.6％、11.2％、10.7％；排水沟系建筑物数量较多的有江苏、湖南、安徽，分别为 1.97 万座、1.00 万座、7321 座，各占全国同类排水沟系建筑物数量的 29.1％、14.8％、10.8％；泵站数量较多的有江苏、湖南、湖北，分别为 4288 座、1399 座、1216 座，各占全国同类排水沟上泵站数量的 49.1％、16.0％、13.9％，详见图 3－2－15 和附表 A1－3－3。

（4）3（含）～10m³/s 的排水沟及建筑物。3（含）～10m³/s 的排水沟总长度较长的有江苏、湖南、湖北，分别为 1.52 万 km、1.29 万 km、9519.2km，各占全国同类排水沟总长度的 19.7％、16.6％、12.3％；排水沟系建筑物数量

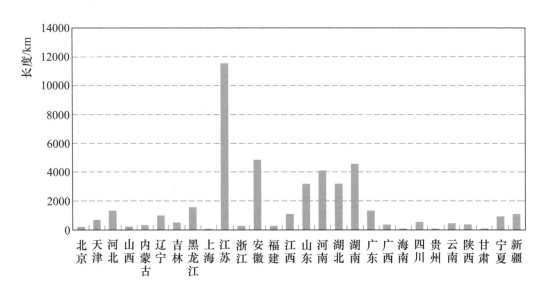

图 3-2-15 2000 亩及以上灌区 10（含）～50m³/s 的排水沟长度

较多的有江苏、湖南、湖北，分别为 2.98 万座、2.89 万座、1.96 万座，各占全国同类排水沟系建筑物数量的 20.9%、20.3%、13.8%；泵站数量较多的有江苏、湖北、湖南，分别为 4087 座、2918 座、2070 座，各占全国同类排水沟上泵站数量的 32.9%、23.5%、16.7%，详见图 3-2-16 和附表 A1-3-4。

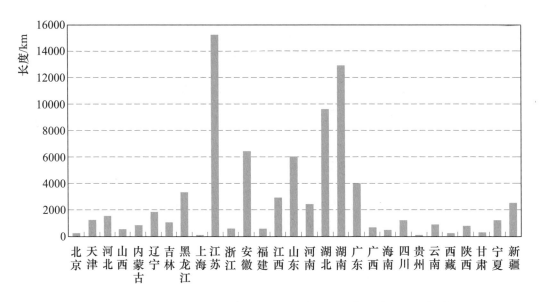

图 3-2-16 2000 亩及以上灌区 3（含）～10m³/s 的排水沟长度

2. 0.6（含）～3m³/s 的排水沟及建筑物

0.6（含）～3m³/s 的排水沟总长度较长的有江苏、湖北、山东，分别为 9.66 万 km、5.26 万 km、3.38 万 km，各占全国同类排水沟总长度的

28.4％、15.5％、9.9％；总长度较短的有西藏、贵州、上海，分别为56.9km、85.8km、332.6km，各占全国同类排水沟总长度的0.02％、0.03％、0.10％。

排水沟系建筑物数量较多的有江苏、湖北、湖南，分别为20.43万座、10.49万座、5.70万座，各占全国同类排水沟系建筑物数量的36.0％、18.5％、10.0％；排水沟系建筑物数量较少的有贵州、西藏、上海，分别为108座、125座、260座，各占全国同类排水沟系建筑物数量的0.02％、0.02％、0.05％。

泵站数量较多的有江苏、湖北、湖南，分别为3208座、2520座、1575座，各占全国同类排水沟上泵站数量的32.5％、25.5％、16.0％；泵站数量较少的有广西、北京、山西，分别为1座、1座、5座，详见表3-2-20。

表3-2-20　　　2000亩及以上灌区0.6（含）～3m³/s排水沟及建筑物

省级行政区	排水沟条数/条	排水沟长度/km	排水沟系建筑物数量/座	水闸/座	涵洞/座	农桥/座	泵站/座
全国	382599	340456.8	567965	49701	310973	207291	9871
北京	390	389.7	931	21	647	263	1
天津	12329	6662.2	3826	869	2784	173	82
河北	4375	3448.2	2881	424	1278	1179	47
山西	1541	1784.5	1935	219	417	1299	5
内蒙古	1542	3391.7	3220	1178	451	1591	60
辽宁	13251	8646.4	8239	1903	4004	2332	66
吉林	1040	2227.5	1251	162	552	537	30
黑龙江	2806	5659.4	3184	238	2235	711	12
上海	495	332.6	260	234	26		
江苏	155748	96607.2	204320	7709	155423	41188	3208
浙江	7773	4673.6	7565	358	5936	1271	138
安徽	16850	16224.0	28858	3114	11428	14316	349
福建	588	578.1	668	178	252	238	10
江西	9886	17635.7	26141	3073	6333	16735	1077
山东	37251	33751.1	47555	3115	7537	36903	49

续表

省级行政区	排水沟条数/条	排水沟长度/km	排水沟系建筑物数量/座	水闸/座	涵洞/座	农桥/座	泵站/座
河南	8192	10797.9	19169	655	1970	16544	16
湖北	50209	52606.1	104901	8490	73858	22553	2520
湖南	25109	27528.5	56981	14038	20401	22542	1575
广东	5631	6959.3	8937	1541	2599	4797	169
广西	2472	1994.8	1562	479	237	846	1
海南	1411	1827.8	4108	301	336	3471	19
四川	2348	9837.1	4618	195	682	3733	229
贵州	57	85.8	108	8	14	86	6
云南	525	748.8	1033	203	350	480	32
西藏	42	56.9	125	62	21	42	
陕西	502	1115.4	1797	282	146	1369	16
甘肃	540	686.4	988	131	383	474	
宁夏	8612	7541.3	12733	244	4386	8103	133
新疆	11084	16658.8	10079	277	6287	3515	21

注　重庆、青海无该规模排水沟及建筑物。

（1）1（含）～3m³/s 的排水沟及建筑物。1（含）～3m³/s 的排水沟总长度较长的有江苏、湖北、湖南，分别为 3.51 万 km、1.76 万 km、1.40 万 km，各占全国同类排水沟总长度的 26.5%、13.3%、10.6%；排水沟系建筑物数量较多的有江苏、湖北、湖南，分别为 6.93 万座、4.06 万座、2.90 万座，各占全国同类排水沟系建筑物数量的 31.7%、18.6%、13.3%；泵站数量较多的有江苏、湖北、湖南，分别为 2548 座、1327 座、1158 座，各占全国同类排水沟上泵站数量的 37.7%、19.6%、17.1%，详见图 3-2-17 和附表 A1-3-5。

（2）0.6（含）～1m³/s 的排水沟及建筑物。0.6（含）～1m³/s 的排水沟总长度较长的有江苏、湖北、山东，分别为 6.15 万 km、3.50 万 km、2.24 万 km，各占全国同类排水沟总长度的 29.6%、16.9%、10.8%；排水沟系建筑物数量较多的有江苏、湖北、山东，分别为 13.51 万座、6.43 万座、3.40 万座，各占全国同类排水沟系建筑物数量的 38.7%、18.4%、9.7%；泵站数量较多的有湖北、江苏、湖南，分别为 1193 座、660 座、417 座，各占全国

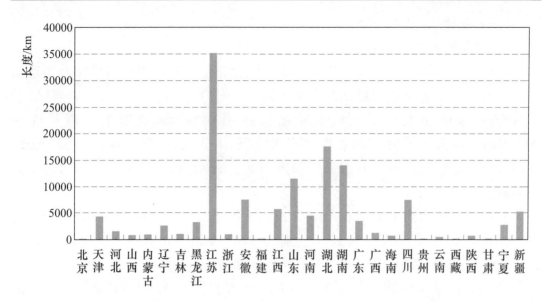

图 3-2-17　2000 亩及以上灌区 1（含）～3m³/s 的排水沟长度

同类排水沟上泵站数量的 38.3％、21.2％、13.4％，详见图 3-2-18 和附表 A1-3-6。

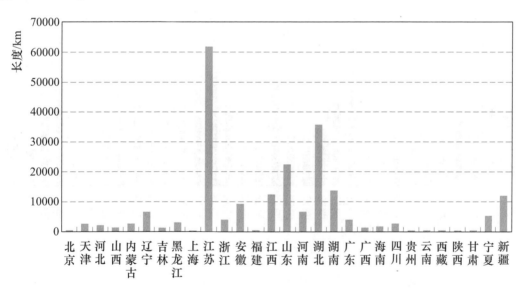

图 3-2-18　2000 亩及以上灌区 0.6（含）～1m³/s 的排水沟长度

四、灌区渠系工程状况分析

灌区的灌排渠系是灌区工程的主要组成部分，万亩灌溉面积渠道长度、灌溉渠道衬砌长度占灌溉渠道总长度的比例等技术指标能够在一定程度上反映灌区工程设施状况。

（一）渠道

1. 万亩灌溉面积渠道长度

万亩灌溉面积渠道长度是指每万亩灌溉面积上灌溉渠道和灌排结合渠道的长度之和。以下各章该项指标的含义相同。

全国 2000 亩及以上灌区万亩灌溉面积 0.2m³/s 及以上渠道长度为 30.13km。湖南、上海、湖北渠道长度较长，分别为 63.00km、58.31km、46.94km；北京、西藏、河南渠道长度较短，分别只有 12.67km、15.30km、16.13km。

其中，全国万亩灌溉面积 1m³/s 及以上渠道长度全国平均为 8.62km。天津、湖南、湖北渠道长度较长，分别为 17.15km、16.26km、13.79km；山西、西藏、陕西渠道长度较短，分别为 5.49km、5.49km、5.75km。

全国万亩灌溉面积 0.2（含）～1m³/s 渠道长度为 21.51km。上海、湖南、江西渠道长度较长，分别为 51.56km、46.74km、36.26km；北京、西藏、河南渠道长度较短，分别为 4.49km、9.80km、9.83km，详见图 3-2-19、表 3-2-21。

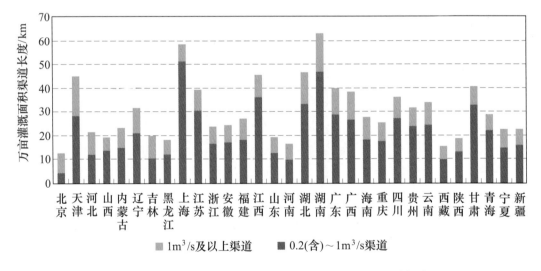

图 3-2-19 2000 亩及以上灌区万亩灌溉面积渠道长度

2. 灌溉渠道衬砌长度占灌溉渠道总长度的比例

灌溉渠道衬砌长度占灌溉渠道总长度的比例是指灌区内灌溉渠道的衬砌长度占其渠道总长度的比例，不包括灌排结合渠道（灌排结合渠道同时具有灌溉和排水功能，故不分析其衬砌状况）。以下各章该项指标的含义相同。

全国 2000 亩及以上灌区 0.2m³/s 及以上的灌溉渠道衬砌长度占灌溉渠

道总长度的比例全国平均为 29.7％。上海、贵州、浙江衬砌比例较大，分别为 92.3％、73.1％、69.6％；安徽、黑龙江、江西衬砌比例较小，分别为 8.8％、11.1％、13.9％。

其中，全国 1m³/s 及以上的灌溉渠道衬砌长度占同类渠道总长度的比例为 40.1％，其中，54.5％的衬砌渠道为 2000 年以后衬砌。上海、贵州、甘肃、青海衬砌比例较大，分别为 100％、82.0％、79.1％、79.1％；天津、安徽、黑龙江比例较小，分别为 6.7％、11.5％、15.0％。

全国 0.2（含）～1m³/s 的灌溉渠道衬砌长度占同类渠道总长度的比例为 25.9％。北京、上海、贵州衬砌比例较大，分别为 92.0％、91.3％、70.0％；安徽、黑龙江、河北比例较小，分别为 7.9％、8.8％、11.2％，详见图 3-2-20、表 3-2-22。

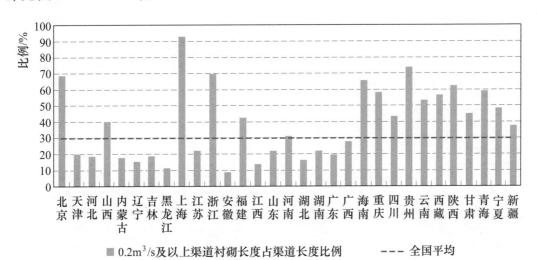

图 3-2-20 2000 亩及以上灌区 0.2m³/s 及以上灌溉渠道衬砌长度占灌溉渠道总长度比例

表 3-2-21　　　　　2000 亩及以上灌区万亩灌溉面积渠道长度　　　　单位：km

省级行政区	万亩灌溉面积渠道长度	1m³/s 及以上	0.2（含）～1m³/s
全国	30.13	8.62	21.51
北京	12.67	8.19	4.49
天津	45.33	17.15	28.19
河北	21.59	9.41	12.18
山西	19.17	5.49	13.67

续表

省级行政区	万亩灌溉面积渠道长度	1m³/s 及以上	0.2（含）～1m³/s
内蒙古	23.03	8.31	14.72
辽宁	31.32	10.26	21.06
吉林	19.57	8.88	10.69
黑龙江	18.32	5.85	12.46
上海	58.31	6.75	51.56
江苏	39.10	8.25	30.85
浙江	23.82	7.31	16.51
安徽	24.20	6.97	17.23
福建	27.00	8.83	18.17
江西	45.50	9.23	36.26
山东	19.46	6.51	12.95
河南	16.13	6.30	9.83
湖北	46.94	13.79	33.15
湖南	63.00	16.26	46.74
广东	40.26	11.65	28.61
广西	38.47	11.57	26.90
海南	27.66	9.06	18.59
重庆	25.60	7.93	17.67
四川	36.53	9.48	27.05
贵州	31.97	8.01	23.96
云南	33.96	9.30	24.66
西藏	15.30	5.49	9.80
陕西	18.77	5.75	13.02
甘肃	40.54	7.78	32.77
青海	29.08	6.96	22.12
宁夏	22.21	7.15	15.06
新疆	22.53	6.54	15.99

表 3－2－22　　2000 亩及以上灌区灌溉渠道衬砌长度占灌溉渠道总长度比例　　%

省级行政区	衬砌长度占渠道总长度的比例	1m³/s 及以上	2000 年以后衬砌长度占衬砌总长度的比例	0.2（含）～1m³/s
全国	29.7	40.1	54.5	25.9
北京	67.9	51.9	25.8	92.0
天津	19.6	6.7	49.5	22.7
河北	18.3	29.4	54.4	11.2
山西	40.0	52.5	41.9	35.5
内蒙古	17.0	15.9	83.6	17.6
辽宁	14.9	17.3	78.6	13.8
吉林	18.8	24.2	94.3	14.5
黑龙江	11.1	15.0	92.3	8.8
上海	92.3	100.0	100.0	91.3
江苏	22.1	19.0	83.0	22.6
浙江	69.6	69.4	61.3	69.6
安徽	8.8	11.5	72.6	7.9
福建	42.1	48.0	55.0	39.2
江西	13.9	23.7	65.5	11.5
山东	21.3	35.3	45.8	14.3
河南	30.4	32.8	51.9	28.6
湖北	15.7	16.2	66.5	15.5
湖南	21.6	33.2	43.3	17.9
广东	19.4	25.0	41.6	17.2
广西	27.3	42.2	58.3	21.3
海南	64.9	79.0	55.7	57.1
重庆	58.0	76.9	52.9	49.4
四川	43.2	61.8	44.7	37.1
贵州	73.1	82.0	46.5	70.0
云南	53.2	70.0	55.5	46.2
西藏	56.3	54.6	84.5	57.2

续表

省级行政区	衬砌长度占渠道总长度的比例	1m³/s及以上	2000年以后衬砌长度占衬砌总长度的比例	0.2（含）～1m³/s
陕西	61.5	74.5	43.8	55.6
甘肃	45.0	79.1	40.5	37.0
青海	58.8	79.1	63.3	52.5
宁夏	47.8	54.4	82.1	44.7
新疆	37.0	54.5	55.0	29.7

（二）灌溉渠系建筑物

1. 配水建筑物

灌区配水建筑物一般包括分水闸、节制闸、斗门等。全国2000亩及以上灌区0.2m³/s及以上的渠道单位长度配水建筑物数量为0.82座/km。甘肃、宁夏、新疆单位长度配水建筑物数量较多，分别为3.07座/km、1.65座/km、1.51座/km；贵州、重庆、北京数量较少，分别为0.17座/km、0.17座/km、0.29座/km。

其中，全国1m³/s及以上渠道单位长度配水建筑物数量为0.73座/km。甘肃、辽宁、山西单位长度配水建筑物数量较多，分别为1.79座/km、1.38座/km、1.16座/km；重庆、贵州、吉林数量较少，分别为0.24座/km、0.24座/km、0.35座/km。

全国0.2（含）～1m³/s渠道单位长度配水建筑物数量为0.85座/km。甘肃、宁夏、新疆渠道单位长度配水建筑物数量较多，分别为3.37座/km、1.92座/km、1.72座/km；重庆、贵州、北京数量较少，分别为0.14座/km、0.14座/km、0.15座/km，详见表3－2－23。

表3－2－23　　**2000亩及以上灌区渠道单位长度配水建筑物数量**　　单位：座/km

省级行政区	渠道单位长度配水建筑物数量	1m³/s及以上	0.2（含）～1m³/s
全国	0.82	0.73	0.85
北京	0.29	0.36	0.15
天津	0.30	0.37	0.26
河北	0.90	0.73	1.03

省级行政区	渠道单位长度配水建筑物数量	1m³/s 及以上	0.2（含）～1m³/s
山西	1.30	1.16	1.36
内蒙古	1.27	0.73	1.58
辽宁	0.99	1.38	0.79
吉林	0.38	0.35	0.40
黑龙江	0.33	0.46	0.27
上海	0.67	0.37	0.71
江苏	0.51	0.42	0.53
浙江	0.35	0.44	0.31
安徽	0.63	0.82	0.56
福建	0.57	0.66	0.52
江西	0.50	0.77	0.43
山东	0.43	0.50	0.39
河南	0.69	0.71	0.67
湖北	0.33	0.49	0.27
湖南	0.85	0.87	0.85
广东	0.39	0.61	0.30
广西	0.57	0.84	0.46
海南	0.41	0.48	0.38
重庆	0.17	0.24	0.14
四川	0.29	0.54	0.20
贵州	0.17	0.24	0.14
云南	0.56	0.61	0.53
西藏	0.67	0.75	0.62
陕西	1.29	0.97	1.43
甘肃	3.07	1.79	3.37
青海	0.74	0.67	0.76
宁夏	1.65	1.08	1.92
新疆	1.51	0.99	1.72

2. 量水建筑物

本次普查仅对 2000 亩及以上灌区的 $1m^3/s$ 及以上渠道的量水建筑物进行了普查，因此该部分的量水建筑物数量特指 2000 亩及以上灌区 $1m^3/s$ 及以上渠道的量水建筑物数量。全国 2000 亩及以上灌区万亩灌溉面积量水建筑物为0.49 座。宁夏、河北、山西量水建筑物数量较多，分别为 2.03 座、1.31 座、1.30 座；北京、青海、重庆较少，分别为 0.01 座、0.03 座、0.05 座，详见表3-2-24。

表 3-2-24　　　2000 亩及以上灌区万亩灌溉面积量水建筑物数量　　　单位：座

省级行政区	万亩灌溉面积量水建筑物数量	省级行政区	万亩灌溉面积量水建筑物数量
全国	0.49	河南	0.45
北京	0.01	湖北	0.24
天津	0.07	湖南	0.48
河北	1.31	广东	0.28
山西	1.30	广西	0.68
内蒙古	0.91	海南	0.95
辽宁	0.29	重庆	0.05
吉林	0.14	四川	0.42
黑龙江	0.11	贵州	0.14
上海	0	云南	0.96
江苏	0.06	西藏	1.29
浙江	0.17	陕西	0.78
安徽	0.17	甘肃	1.14
福建	0.29	青海	0.03
江西	0.12	宁夏	2.03
山东	0.27	新疆	0.56

第三节　灌区隶属关系与水价

本节主要介绍 2000 亩及以上灌区的隶属关系、专管人员数量、水价、用水户协会等普查成果，并对专管人员数量、用水户管理情况进行简要分析。

一、灌区隶属关系

全国 2000 亩及以上灌区共 2.23 万处，按照管理单位类型进行划分，由事业单位管理的灌区 1.26 万处，由集体管理的灌区 6827 处，由企业等其他类型单位管理的灌区 2865 处。按管理单位隶属关系划分，隶属于省级的灌区 147处，地级的灌区 403 处，县级的灌区 8115 处，乡级的灌区 9300 处，村级的灌区 4201 处，其他隶属关系的灌区 134 处，详见图 3-3-1。

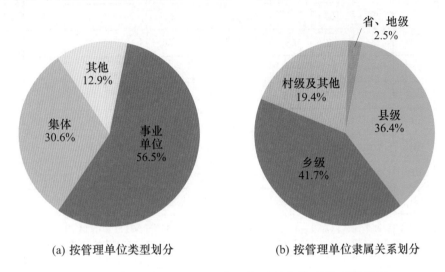

(a) 按管理单位类型划分　　　　　(b) 按管理单位隶属关系划分

图 3-3-1　2000 亩及以上灌区管理单位类型及隶属关系

二、专管人员数量

全国 2000 亩及以上灌区共有专管人员数量 24.10 万人。专管人员数量较多的有新疆、湖南、甘肃，分别为 2.69 万人、2.06 万人、1.53 万人，分别占全国灌区专管人员总数量的 11.2%、8.6%、6.3%；专管人员数量较少的有上海、北京、西藏，分别为 46 人、287 人、694 人，分别占全国灌区专管人员总数量的 0.02%、0.12%、0.29%，详见表 3-3-1。

表 3-3-1　　　2000 亩以上灌区管理单位类型、隶属及专管人员数量情况

省级行政区	合计数量/处	管理单位类型/处			隶属关系/处						专管人员数量/人
		事业单位	集体	其他	省级	地级	县级	乡级	村级	其他	
全国	22300	12608	6827	2865	147	403	8115	9300	4201	134	240959
北京	14	10	1	3			7	5	1	1	287
天津	248	104	130	14	8		10	151	78	1	1145
河北	276	158	101	17	1	16	144	17	95	3	5922
山西	406	237	151	18	3	31	210	71	89	2	8565

续表

省级行政区	合计数量/处	管理单位类型/处			隶属关系/处						专管人员数量/人
		事业单位	集体	其他	省级	地级	县级	乡级	村级	其他	
内蒙古	493	253	163	77	2	5	218	242	19	7	8516
辽宁	206	158	20	28		5	56	122	20	3	7608
吉林	302	234	41	27	2	9	212	77	1	1	4368
黑龙江	692	379	167	146	7	18	265	332	67	3	6539
上海	10	9		1		1				9	46
江苏	1010	564	338	108	11	6	323	365	297	8	8769
浙江	647	234	286	127	3	10	129	412	92	1	3830
安徽	1814	618	1017	179	19	13	356	704	719	3	12037
福建	582	243	247	92	1	10	141	311	114	5	3292
江西	1139	455	442	242	4	15	450	596	63	11	6894
山东	1373	664	504	205	4	32	304	608	419	6	11712
河南	658	374	204	80	7	31	228	281	104	7	11694
湖北	1159	450	350	359	7	13	420	485	233	1	9328
湖南	2244	1863	323	58	8	14	589	1470	156	7	20641
广东	1845	1053	690	102		19	380	805	628	13	11648
广西	978	546	357	75	3	21	449	386	109	10	9142
海南	234	125	25	84	14	5	87	121	7		2845
重庆	605	541	44	20	1		415	152	36	1	2390
四川	1252	851	235	166	5	43	692	378	126	8	11302
贵州	573	399	110	64	3	9	271	200	87	3	2323
云南	1352	670	546	136		7	306	589	447	3	6509
西藏	322	13	52	257		4	188	87	42	1	694
陕西	357	192	119	46	5	15	154	103	74	6	14918
甘肃	405	307	81	17	7	8	281	52	53	4	15282
青海	236	181	31	24	3	8	153	56	15	1	1987
宁夏	77	61	14	2	11	1	49	10	6		3837
新疆	791	662	38	91	8	35	627	112	4	5	26889

全国灌区万亩灌溉面积专管人员数量为 4.4 人。其中，陕西、辽宁、海南较多，分别为 12.1 人、10.0 人、9.6 人；湖北、山东、江苏较少，均为 2.4 人，详见表 3-3-2。

表 3-3-2　　　　　　万亩灌溉面积专管人员数量　　　　　　单位：人

省级行政区	万亩灌溉面积专管人员数量	省级行政区	万亩灌溉面积专管人员数量
全国	4.4	河南	3.1
北京	3.2	湖北	2.4
天津	3.2	湖南	6.9
河北	3.5	广东	6.7
山西	7.5	广西	7.6
内蒙古	3.6	海南	9.6
辽宁	10.0	重庆	6.1
吉林	6.8	四川	5.0
黑龙江	4.3	贵州	7.7
上海	7.2	云南	4.3
江苏	2.4	西藏	2.8
浙江	3.4	陕西	12.1
安徽	3.4	甘肃	8.0
福建	6.5	青海	6.3
江西	4.5	宁夏	4.8
山东	2.4	新疆	3.1

三、水价情况

全国 2000 亩及以上灌区中已核定供水成本的灌区 5965 处，占 2000 亩及以上灌区总数的 26.7%。其中，核定成本水价在 0.05 元/m³ 以下的灌区 2352 处、灌溉面积 0.89 亿亩，在 0.05（含）～0.1 元/m³ 之间的灌区 1752 处、灌溉面积 0.96 亿亩，在 0.1 元/m³ 及以上的灌区 1861 处、灌溉面积 1.32 亿亩，详见图 3-3-2。

其中，大中型灌区已核定供水成本的灌区 2982 处，占大中型灌区总数的 38.5%。其中，核定成本水价在 0.05 元/m³ 以下的灌区 1009 处、灌溉面积 0.84 亿亩，在 0.05（含）～0.1 元/m³ 之间的灌区 872 处、灌溉面积 0.92 亿亩，在 0.1 元/m³ 及以上的灌区 1101 处、灌溉面积 1.29 亿亩，详见图 3-3-3。

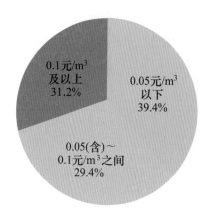
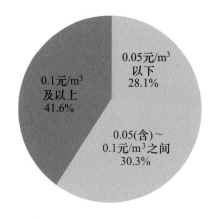

(a) 核定成本水价灌区数量占比　　　　　(b) 核定成本水价灌区灌溉面积占比

图 3-3-2　2000 亩及以上灌区核定成本水价情况

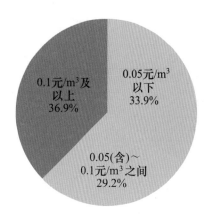
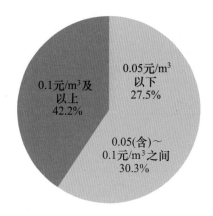

(a) 核定成本水价灌区数量占比　　　　　(b) 核定成本水价灌区灌溉面积占比

图 3-3-3　大中型灌区核定成本水价情况

　　全国 2000 亩及以上灌区有执行水价的灌区 1.15 万处，占灌区总数的 51.6%。其中，执行水价在 0.05 元/m³ 以下的灌区 5639 处、灌溉面积 1.89 亿亩，在 0.05 元/m³（含）～0.1 元/m³ 之间的灌区 3352 处、灌溉面积 1.49 亿亩，在 0.1 元/m³（含）以上的灌区 2526 处、灌溉面积 1.07 亿亩，详见图 3-3-4。

　　其中，大中型灌区有执行水价的灌区 5029 处，占全国大中型灌区总数的 64.9%。执行水价在 0.05 元/m³ 以下的灌区 2417 处、灌溉面积 1.78 亿亩，在 0.05（含）～0.1 元/m³ 之间的灌区 1483 处、灌溉面积 1.42 亿亩，在 0.1 元/m³（含）以上的灌区 1129 处、灌溉面积 1.02 亿亩，详见图 3-3-5。

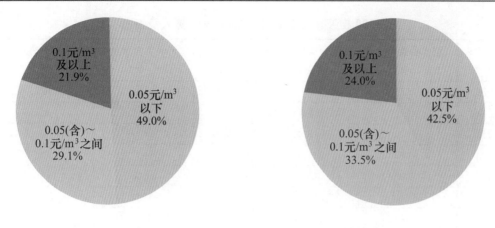

(a) 执行水价灌区数量占比   (b) 执行水价灌区灌溉面积占比

图 3-3-4 2000 亩及以上灌区执行水价情况

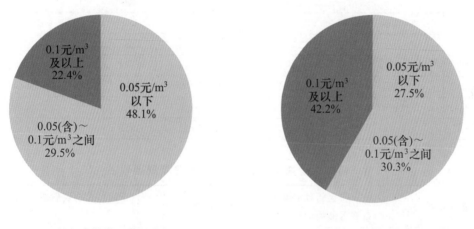

(a) 执行水价灌区数量占比   (b) 执行水价灌区灌溉面积占比

图 3-3-5 大中型灌区执行水价情况

四、用水户协会

全国 2000 亩及以上灌区共有用水户协会 2.77 万处（其中大中型灌区 2.25 万处），用水户协会管理灌溉面积 1.52 亿亩（其中大中型灌区 1.43 亿亩）。新疆、河南、甘肃用水户协会数量较多，分别为 3215 个、3146 个、2324 个。新疆、湖北、甘肃用水户协会管理面积较大，分别为 2627.10 万亩、1905.73 万亩、1183.86 万亩，详见表 3-3-3。

全国 2000 亩及以上灌区用水户协会管理灌溉面积占灌区灌溉面积的比例为 27.5%（大中型灌区为 28.5%）。宁夏、上海、甘肃用水户协会管理的灌溉面积占比较大，分别为 72.2%、62.9%、62.4%；广东、安徽、贵州较小，分别为 2.6%、8.6%、10.6%，详见表 3-3-4。

表3-3-3 2000亩及以上灌区用水协会与专管人员情况

省级行政区	用水协会数量/个	用水协会管理面积/万亩	省级行政区	用水协会数量/个	用水协会管理面积/万亩
全国	27651	15247.87	河南	3146	1067.96
北京	271	48.73	湖北	2044	1905.73
天津	167	41.42	湖南	1200	404.12
河北	466	363.86	广东	40	44.57
山西	1183	381.33	广西	1247	279.77
内蒙古	644	1027.06	海南	191	32.52
辽宁	147	197.12	重庆	123	42.50
吉林	128	90.48	四川	1885	755.39
黑龙江	291	362.43	贵州	93	31.82
上海	1	4.00	云南	1684	422.95
江苏	406	743.51	西藏	154	95.19
浙江	316	154.83	陕西	1258	369.74
安徽	663	302.09	甘肃	2324	1183.86
福建	502	86.31	青海	104	76.97
江西	2118	810.23	宁夏	825	573.54
山东	815	720.72	新疆	3215	2627.10

表3-3-4 2000亩及以上灌区用水户协会管理灌溉面积占比 %

省级行政区	用水户协会管理灌溉面积占灌区灌溉面积比例	省级行政区	用水户协会管理灌溉面积占灌区灌溉面积比例
全国	27.6	河南	28.4
北京	54.5	湖北	48.3
天津	11.7	湖南	13.5
河北	21.7	广东	2.6
山西	33.4	广西	23.2
内蒙古	44.0	海南	11.0
辽宁	26.0	重庆	10.8
吉林	14.1	四川	33.3
黑龙江	23.9	贵州	10.6
上海	62.9	云南	27.7
江苏	20.2	西藏	38.6
浙江	13.7	陕西	29.9
安徽	8.6	甘肃	62.4
福建	17.0	青海	24.4
江西	52.6	宁夏	72.2
山东	14.6	新疆	30.8

　　全国 2000 亩及以上灌区平均单个用水户协会管理灌溉面积为 0.55 万亩（大中型灌区平均为 0.64 万亩）。其中，上海、江苏、内蒙古平均单个用水户协会管理灌溉面积较大，分别为 4.00 万亩、1.83 万亩、1.59 万亩；海南、福建、北京平均单个用水户协会平均管理灌溉面积较小，分别为 0.17 万亩、0.17 万亩、0.18 万亩，详见表 3-3-5。

表 3-3-5　　2000 亩及以上灌区平均单个用水户协会管理灌溉面积　　单位：万亩

省级行政区	平均单个用水户协会 管理灌溉面积	省级行政区	平均单个用水户协会 管理灌溉面积
全国	0.55	河南	0.34
北京	0.18	湖北	0.93
天津	0.25	湖南	0.34
河北	0.78	广东	1.11
山西	0.32	广西	0.22
内蒙古	1.59	海南	0.17
辽宁	1.34	重庆	0.35
吉林	0.71	四川	0.40
黑龙江	1.25	贵州	0.34
上海	4.00	云南	0.25
江苏	1.83	西藏	0.62
浙江	0.49	陕西	0.29
安徽	0.46	甘肃	0.51
福建	0.17	青海	0.74
江西	0.38	宁夏	0.70
山东	0.88	新疆	0.82

第四章 大 型 灌 区

本章主要介绍设计灌溉面积 30 万亩及以上大型灌区的数量、规模、渠（沟）系及建筑物、灌区管理等普查成果，并对大型灌区分布、工程状况、灌区隶属关系与水价等进行简要分析。

第一节 灌区数量与规模

一、全国总体情况

全国共有大型灌区 456 处，设计灌溉面积 3.46 亿亩，灌溉面积 2.78 亿亩，占全国灌溉面积的 27.8%；灌区内耕地灌溉面积 2.55 亿亩，占大型灌区灌溉面积的 91.7%。2011 年实际灌溉面积 2.45 亿亩，其中耕地实际灌溉面积 2.26 亿亩（粮田实际灌溉面积 1.68 亿亩），园林草地等实际灌溉面积 0.19 亿亩。全国大型灌区分布情况详见附图 B-2-2。

按灌区规模划分，设计灌溉面积 500 万亩及以上大型灌区有 6 处，设计灌溉面积合计 5435.41 万亩，灌溉面积 4235.67 万亩，占全国大型灌区灌溉面积的 15.5%；设计灌溉面积 150 万（含）～500 万亩的大型灌区共有 36 处，设计灌溉面积合计 8853.31 万亩，灌溉面积 7425.64 万亩，占全国大型灌区灌溉面积的 26.7%；设计灌溉面积 50 万（含）～150 万亩的大型灌区数量共有 135 处，设计灌溉面积合计 1.04 亿亩，灌溉面积 8147.95 万亩，占全国大型灌区灌溉面积的 29.3%；设计灌溉面积 30 万（含）～50 万亩的大型灌区共有 279 处，设计灌溉面积合计 9927.51 万亩，灌溉面积 7924.57 万亩，占全国大型灌区灌溉面积的 28.5%，详见表 4-1-1 和图 4-1-1。

表 4-1-1　　　　全国大型灌区数量及灌溉面积

规　模	数量 /处	设计灌溉面积 /万亩	灌溉面积 /万亩	2011 年实际灌溉面积 /万亩
合计	456	34644.89	27823.83	24510.37
500 万亩及以上	6	5435.41	4325.67	4015.58

规　　模	数量 /处	设计灌溉面积 /万亩	灌溉面积 /万亩	2011年实际灌溉面积 /万亩
150万（含）～500万亩	36	8853.31	7425.64	6711.60
50万（含）～150万亩	135	10428.66	8147.95	7240.20
30万（含）～50万亩	279	9927.51	7924.57	6543.00

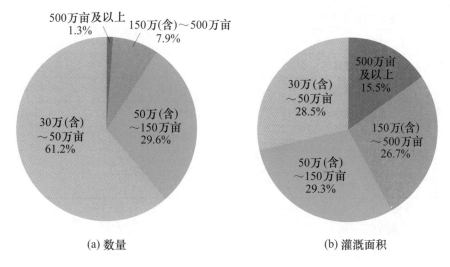

(a) 数量　　　　　　　　　　　　　(b) 灌溉面积

图 4-1-1　全国不同规模大型灌区数量与灌溉面积占比

大型灌区中园林草地等非耕地灌溉面积为 2300 万亩，占大型灌区灌溉面积的 8.3%，主要分布在新疆、内蒙古、宁夏等省级行政区的牧区。园林草地等非耕地灌溉面积超过 30 万亩的大型灌区有 16 处，其中新疆柯柯牙河灌区和内蒙古黑河额济纳灌区（牧区）占本区灌溉面积的比例超过 50%，详见表 4-1-2。

表 4-1-2　园林草地等非耕地灌溉面积超过 30 万亩的大型灌区　　单位：万亩

省级 行政区	灌区名称	设计 灌溉面积	灌溉面积	耕地灌溉 面积	园林草地等非 耕地灌溉面积
湖北	泽口灌区	2050.00	233.61	174.03	59.58
内蒙古	黑河额济纳灌区（牧区）	143.00	69.19	9.19	60.00
内蒙古	河套灌区	1100.00	893.61	842.63	50.97
宁夏	青铜峡灌区	481.23	419.24	361.86	57.38
宁夏	沙坡头灌区	105.50	108.80	77.40	31.40

省级 行政区	灌区名称	设计 灌溉面积	灌溉面积	耕地灌溉 面积	园林草地等非 耕地灌溉面积
四川	都江堰灌区	1467.41	853.45	777.21	76.24
新疆	叶尔羌河灌区	558.00	660.48	548.13	112.34
新疆	博斯腾灌区	323.33	386.74	283.54	103.20
新疆	喀什噶尔河灌区	380.00	530.92	443.32	87.60
新疆	农一师塔里木灌区	282.00	249.33	163.44	85.88
新疆	和田河灌区	206.00	246.59	162.65	83.94
新疆	渭干河灌区	360.00	326.77	270.82	55.95
新疆	老大河灌区	217.46	223.13	170.57	52.57
新疆	柯柯牙河灌区	36.92	36.92	1.41	35.50
新疆	玛纳斯河灌区	360.46	422.11	386.83	35.28
新疆	农一师沙井子灌区	92.30	100.82	68.57	32.26

跨省大型灌区共有 4 处,分别为淠史杭灌区、浣水灌区、盐环定扬水灌区、兴电灌区,详见表 4-1-3。

表 4-1-3　　　　　　跨省大型灌区情况　　　　　单位:万亩

灌区名称	设计灌溉面积	灌区范围	灌溉面积
淠史杭灌区	1198.00	安徽	975.75
		河南	69.56
		小计	1045.31
浣水灌区	52.00	湖北	32.62
		湖南	11.14
		小计	43.76
盐环定扬水灌区	32.12	宁夏	26.45
		甘肃	1.90
		小计	28.35
兴电灌区	31.18	甘肃	29.42
		宁夏	0.77
		小计	30.19

二、省级行政区

新疆、山东、湖北大型灌区数量较多，分别为 53 处、53 处、40 处；西藏、天津、北京大型灌区数量较少，均为 1 处，本次普查上海、重庆、贵州、青海无符合普查规定的大型灌区，详见图 4-1-2。

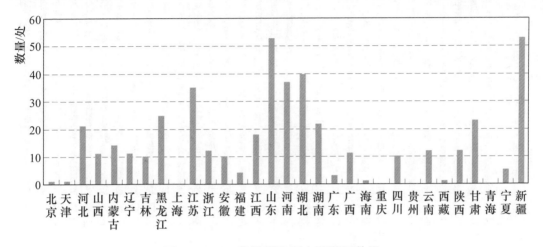

图 4-1-2　省级行政区大型灌区数量

新疆、山东、河南大型灌区灌溉面积较大，分别为 5614.13 万亩、3262.75 万亩、2742.68 万亩，各占全国大型灌区灌溉面积的 20.2％、11.7％、9.9％；西藏、天津、北京大型灌区灌溉面积较小，分别为 19.71 万亩、41.80 万亩、55.36 万亩，各占全国大型灌区灌溉面积的 0.07％、0.15％、0.20％，详见图 4-1-3。

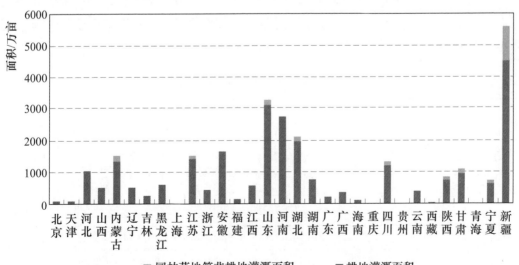

图 4-1-3　省级行政区大型灌区灌溉面积

宁夏、新疆、甘肃大型灌区灌溉面积占本区灌溉面积的比例较高，分别为80.1%、61.0%、48.6%；西藏、福建、广东的比例较低，分别为3.9%、5.4%、6.1%，详见图4-1-4。

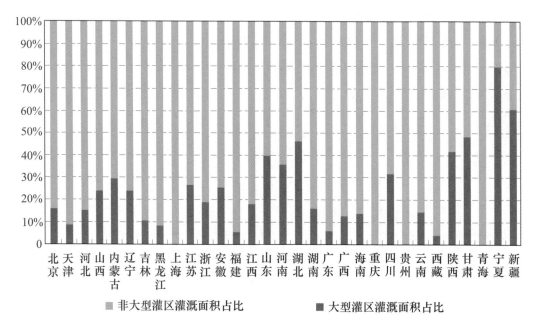

■ 非大型灌区灌溉面积占比　　　　■ 大型灌区灌溉面积占比

图4-1-4 省级行政区大型灌区灌溉面积占比

西藏、海南、江西大型灌区2011年实际灌溉面积占耕地面积比例较高，分别为99.9%、98.4%、97.0%；北京、吉林、陕西的比例较低，分别为66.5%、72.6%、75.8%。

山东、河南、湖北大型灌区2011年粮田实际灌溉面积较大，分别为2376.82万亩、2198.82万亩、1451.25万亩；西藏、天津、北京2011年粮田实际灌溉面积较小，分别为15.44万亩、23.95万亩、36.94万亩，详见表4-1-4。

表4-1-4　　　　　　　　2011年大型灌区数量和灌溉面积

省级行政区	数量/处	设计灌溉面积/万亩	灌溉面积/万亩	耕地灌溉面积/万亩	园林草地等非耕灌溉面积/万亩	2011年实际灌溉面积/万亩	耕地实际灌溉面积/万亩	粮田实际灌溉面积/万亩	园林草地等非耕地实际灌溉面积/万亩
全国	456	34644.89	27823.83	25516.46	2307.38	24510.37	22573.14	16752.70	1937.23
北京	1	49.90	55.36	41.74	13.62	36.84	29.81	23.95	7.03
天津	1	46.80	41.80	41.78	0.02	39.06	39.06	36.94	

续表

省级 行政区	数量 /处	设计灌 溉面积 /万亩	灌溉 面积 /万亩	耕地灌 溉面积 /万亩	园林草 地等非 耕地灌 溉面积 /万亩	2011年 实际灌 溉面积 /万亩	耕地实际 灌溉面积 /万亩	粮田实际 灌溉面积 /万亩	园林草地 等非耕地 实际灌溉 面积 /万亩
河北	21	1368.95	1014.14	985.15	28.98	781.84	758.95	667.44	22.89
山西	11	706.15	477.33	472.76	4.57	382.38	379.01	321.77	3.38
内蒙古	14	1874.12	1492.82	1344.72	148.11	1388.44	1263.69	678.54	124.75
辽宁	11	598.79	485.73	482.38	3.35	402.40	400.69	391.55	1.71
吉林	10	440.07	228.76	228.76		166.06	166.06	166.06	
黑龙江	25	1028.48	570.01	568.21	1.80	517.10	515.30	491.56	1.80
江苏	35	1579.53	1490.24	1403.80	86.44	1264.55	1193.02	1066.81	71.54
浙江	12	580.93	416.24	392.21	24.03	379.39	360.99	228.13	18.40
安徽	10	2247.52	1641.76	1611.19	30.57	1417.52	1389.73	1338.32	27.80
福建	4	157.01	95.79	93.70	2.08	86.07	84.40	63.52	1.66
江西	18	763.97	550.34	533.29	17.05	533.59	517.17	512.51	16.42
山东	53	4035.21	3262.75	3097.15	165.59	2934.72	2808.87	2376.82	125.85
河南	37	3577.46	2742.68	2700.18	42.50	2332.27	2298.81	2198.82	33.46
湖北	40	2547.41	2096.34	1976.16	120.19	1765.58	1675.50	1451.25	90.09
湖南	22	947.03	745.34	706.30	39.04	616.37	593.68	565.70	22.69
广东	3	359.40	187.24	179.69	7.55	157.34	152.94	123.15	4.40
广西	11	440.95	308.37	296.81	11.56	262.70	253.71	221.18	8.99
海南	1	205.00	65.43	55.72	9.71	64.37	54.66	47.35	9.71
四川	10	2240.44	1289.93	1189.92	100.01	1132.77	1062.64	887.98	70.13
云南	12	483.49	360.05	336.37	23.68	290.86	271.43	211.52	19.42
西藏	1	37.70	19.71	16.50	3.22	19.69	16.48	15.44	3.22
陕西	12	1202.46	817.65	750.83	66.82	619.84	569.30	486.48	50.55
甘肃	23	935.32	1063.48	937.19	126.29	952.52	848.35	382.44	104.17
宁夏	5	734.13	690.42	583.74	106.68	661.64	559.41	508.07	102.23
新疆	53	5456.68	5614.13	4490.22	1123.91	5304.45	4309.50	1289.41	994.95

注　跨省灌区数量只计入主要受益省级行政区，灌区灌溉面积分别计入所在省级行政区。上海、重庆、贵州、青海未填报大型灌区，本章后续表中均未有此4个省级行政区大型灌区的相关数据，故不再赘述。

（一）500万亩及以上灌区

设计灌溉面积超过500万亩的灌区有6处，分别是安徽淠史杭灌区、内蒙古河套灌区、四川都江堰灌区、新疆叶尔羌河灌区、山东位山灌区、河南赵口引黄灌区，详见表4-1-5。

该规模灌区2011年粮田实际灌溉面积占实际灌溉面积的比例平均为68.7%，其中淠史杭灌区、赵口引黄灌区、位山灌区、都江堰灌区占比较高，分别为95.2%、92.6%、89.3%、77.2%，河套灌区、叶尔羌河灌区占比较低，分别为33.6%、37.9%，其中，河套灌区葵花、番茄、甜菜等经济作物种植面积较大，叶尔羌河灌区作物以棉花、瓜果为主。

表4-1-5　　　　500万亩及以上灌区名称和灌溉面积　　　　单位：万亩

灌区名称	设计灌溉面积	灌溉面积	耕地灌溉面积	园林草地等非耕地灌溉面积	2011年实际灌溉面积	耕地实际灌溉面积	粮田实际灌溉面积	园林草地等非耕地实际灌溉面积
合计	5435.41	4325.67	4036.13	289.53	4015.57	3770.86	2759.87	244.72
淠史杭	1198.00	1045.30	1022.51	22.79	940.45	919.71	895.64	20.74
河套	1100.00	893.61	842.63	50.97	875.45	828.48	294.17	46.97
都江堰	1467.41	853.45	777.21	76.24	783.47	730.38	604.53	53.09
叶尔羌河	558.00	660.48	548.13	112.34	605.56	506.96	229.38	98.60
位山	540.00	440.84	423.48	17.36	436.66	420.98	389.81	15.68
赵口引黄	572.00	431.99	422.17	9.83	373.98	364.35	346.34	9.64

淠史杭灌区位于安徽省中、西部和河南省东南部大别山余脉的丘陵地带，是以淠河、史河、杭埠河为水源的3个毗邻灌域的总称。灌区建于1958年，主要从佛子岭水库、磨子潭水库等6大水库取水，主要引水工程有横排头渠首枢纽、红石嘴渠首枢纽、牛角冲进水闸、梅岭进水闸等取水枢纽。灌区设计灌溉面积1198.00万亩，灌溉面积1045.3万亩（河南境内69.56万亩）。

河套灌区主要位于内蒙古自治区巴彦淖尔市，始建于秦汉时期，为无坝引水。新中国成立之后，多次改造扩建，并于1961年在黄河干流上建成了三盛公引水枢纽，大大改善了灌区的引水条件。灌区设计灌溉面积1100.00万亩，灌溉面积893.61万亩。

都江堰灌区位于四川省西部，始建于公元前256年，通过都江堰枢纽从长江一级支流岷江引水灌溉。新中国成立后多次改扩建，已成为具有多种功能效益的水资源综合利用工程。灌区设计灌溉面积 1467.41 万亩，灌溉面积 853.45 万亩。

叶尔羌河灌区位于新疆维吾尔自治区西南部，属于塔里木河流域的叶尔羌河水系，通过喀群引水枢纽从叶尔羌河引水灌溉。灌区设计灌溉面积 558.00 万亩，灌溉面积 660.48 万亩。

位山灌区位于山东省西部，是黄河下游最大的自流引水灌区，灌区修建于 1958 年，通过位山渠首引黄闸从黄河引水灌溉。设计灌溉面积 540.00 万亩，灌溉面积 440.84 万亩。

赵口引黄灌区位于河南省中东部，灌区修建于 1970 年，在开封市赵口引黄灌区取水口从黄河引水灌溉。设计灌溉面积 572.00 万亩，灌溉面积 431.99 万亩。

（二）150 万（含）～500 万亩灌区

全国 150 万（含）～500 万亩大型灌区共有 36 处，主要分布在 14 个省级行政区的平原地区。其中，新疆、山东和河南该规模灌区数量较多，分别为 9 处、5 处、5 处，灌溉面积分别为 2686.85 万亩、1054.00 万亩、1043.50 万亩。

该规模灌区 2011 年粮田实际灌溉面积占实际灌溉面积的比值平均为 58.4%，其中黑龙江、安徽、四川、河南占比较高，均在 90% 以上。新疆、江苏占比较低，分别为 18.6%、29.6%，详见表 4-1-6。

表 4-1-6　　　　150 万（含）～500 万亩灌区数量和灌溉面积

省级行政区	数量/处	设计灌溉面积/万亩	灌溉面积/万亩	耕地灌溉面积/万亩	园林草地等非耕地灌溉面积/万亩	2011 年实际灌溉面积/万亩	耕地实际灌溉面积/万亩	粮田实际灌溉面积/万亩	园林草地等非耕地实际灌溉面积/万亩
全国	36	8853.31	7425.64	6655.29	770.35	6711.60	6025.76	3922.75	685.84
河北	2	504.50	322.61	321.71	0.91	262.42	261.52	215.51	0.91
山西	1	166.00	76.84	76.84	0.00	64.86	64.86	41.96	0.00
黑龙江	1	167.00	124.40	124.40	0.00	124.40	124.40	124.40	0.00
江苏	1	156.00	147.53	135.01	12.53	80.72	75.34	23.91	5.38
安徽	2	566.00	370.18	366.96	3.22	294.97	292.70	274.83	2.27
山东	5	1230.50	1054.00	1010.81	43.19	1009.93	974.95	870.99	34.98
河南	5	1160.90	1043.50	1029.18	14.32	945.69	934.83	860.97	10.86

省级 行政区	数量 /处	设计灌 溉面积 /万亩	灌溉 面积 /万亩	耕地灌 溉面积 /万亩	园林草 地等非耕 地灌溉 面积 /万亩	2011年 实际灌 溉面积 /万亩	耕地实 际灌溉 面积 /万亩	粮田实 际灌溉 面积 /万亩	园林草地 等非耕地 实际灌溉 面积 /万亩
湖北	4	815.45	640.77	571.01	69.76	532.71	466.99	407.11	65.72
广东	1	200.00	95.11	92.47	2.64	75.65	74.90	58.19	0.75
海南	1	205.00	65.43	55.72	9.71	64.37	54.66	47.35	9.71
四川	2	440.25	205.14	200.85	4.28	133.33	132.53	122.80	0.80
陕西	1	291.56	174.03	158.67	15.36	123.57	112.65	79.78	10.92
宁夏	1	481.23	419.24	361.86	57.38	405.98	349.11	311.71	56.88
新疆	9	2468.92	2686.85	2149.80	537.05	2593.00	2106.34	483.25	486.66

　　注　北京、天津、内蒙古、辽宁、吉林、浙江、福建、江西、湖南、广西、云南、西藏、甘肃无该规
模大型灌区。

（三）50万（含）～150万亩灌区

　　全国 50 万（含）～150 万亩灌区共有 135 处，主要分布在我国的 23 个省
级行政区，新疆、山东、河南该规模灌区数量较多，分别为 21 处、13 处、12
处，灌溉面积分别为 1450.22 万亩、931.46 万亩、734.53 万亩。

　　该规模灌区 2011 年粮田实际灌溉面积占实际灌溉面积的 77.5%。其中，
吉林和黑龙江 2011 年实际灌溉面积全部为粮田灌溉面积，河南、辽宁、江西、
湖南占比较高，均在 95% 以上。新疆、甘肃占比较低，分别为 27.1%、
46.1%，详见表 4-1-7。

表 4-1-7　　50 万（含）～150 万亩的大型灌区数量和灌溉面积

省级 行政区	数量 /处	设计灌 溉面积 /万亩	灌溉 面积 /万亩	耕地灌 溉面积 /万亩	园林草 地等非 耕地灌 溉面积 /万亩	2011年 实际灌 溉面积 /万亩	耕地实 际灌溉 面积 /万亩	粮田实 际灌溉 面积 /万亩	园林草地 等非耕地 实际灌溉 面积 /万亩
全国	135	10428.66	8147.95	7492.46	655.50	7240.20	6680.20	5176.12	560.00
河北	4	316.80	272.08	260.44	11.64	256.85	247.87	232.71	8.98
山西	4	321.31	248.66	245.06	3.59	217.33	214.50	181.06	2.83
内蒙古	9	639.74	481.02	387.09	93.93	416.66	338.89	292.02	77.78

省级 行政区	数量 /处	设计灌 溉面积 /万亩	灌溉 面积 /万亩	耕地灌 溉面积 /万亩	园林草 地等非 耕地灌 溉面积 /万亩	2011 年 实际灌 溉面积 /万亩	耕地实 际灌溉 面积 /万亩	粮田实际 灌溉面积 /万亩	园林草地 等非耕地 实际灌溉 面积 /万亩
辽宁	6	405.91	328.44	327.61	0.83	300.78	300.65	294.82	0.13
吉林	5	279.11	110.92	110.92	0.00	85.91	85.91	85.91	0.00
黑龙江	2	116.50	81.49	81.49	0.00	73.10	73.10	73.10	0.00
江苏	6	382.30	353.18	332.82	20.37	315.29	295.82	282.23	19.48
浙江	4	295.30	203.55	196.73	6.81	183.97	180.42	92.01	3.55
安徽	4	363.23	190.60	186.24	4.36	147.41	143.11	136.35	4.30
福建	1	64.81	34.92	33.27	1.65	31.90	30.64	20.88	1.26
江西	5	344.75	270.01	264.33	5.69	266.13	260.45	259.07	5.68
山东	13	1106.48	931.46	890.55	40.91	814.77	783.16	597.40	31.62
河南	12	1161.27	734.53	725.49	9.04	612.20	605.96	601.02	6.24
湖北	11	806.81	710.81	678.64	32.16	610.27	594.54	487.31	15.72
湖南	5	363.34	280.00	266.05	13.95	224.83	219.40	215.24	5.43
广东	1	118.00	81.53	76.92	4.60	71.09	67.74	64.36	3.35
广西	3	179.20	118.79	117.32	1.47	99.03	98.03	84.44	1.00
四川	3	194.49	119.92	111.41	8.50	117.38	109.59	82.71	7.79
云南	2	137.29	98.09	89.13	8.96	85.21	77.95	60.12	7.26
陕西	7	761.33	540.71	510.13	30.58	417.25	388.92	356.20	28.33
甘肃	4	265.69	263.07	232.03	31.04	261.96	231.52	120.83	30.44
宁夏	3	219.78	243.97	195.56	48.41	231.70	187.24	177.30	44.46
新疆	21	1585.22	1450.22	1173.21	277.01	1399.15	1144.78	379.38	254.37

注　北京、天津、海南、西藏无该规模大型灌区。

（四）30 万（含）～50 万亩灌区

该规模大型灌区主要分布在 26 个省级行政区。数量较多的是山东、江苏、湖北，分别为 34 处、28 处、25 处；灌溉面积较大的是江苏、山东、新疆，分别为 989.52 万亩、836.45 万亩、816.59 万亩。

该规模灌区 2011 年粮田实际灌溉面积占实际灌溉面积的 80.3%。其中，吉林 2011 年实际灌溉面积全部为粮田灌溉面积，山西、河南、安徽、内蒙古、辽宁占比均在 95% 以上。新疆、甘肃占比较低，分别为 27.9%、37.9%，详见表 4-1-8。

表 4-1-8　　30 万（含）～50 万亩的大型灌区数量和灌溉面积

省级行政区	数量/处	设计灌溉面积/万亩	灌溉面积/万亩	耕地灌溉面积/万亩	园林草地等非耕地灌溉面积/万亩	2011年实际灌溉面积/万亩	耕地实际灌溉面积/万亩	粮田实际灌溉面积/万亩	园林草地等非耕地实际灌溉面积/万亩
全国	279	9927.51	7924.57	7332.57	592.00	6543.00	6096.33	4893.96	446.67
北京	1	49.90	55.36	41.74	13.62	36.84	29.81	23.95	7.03
天津	1	46.80	41.80	41.78	0.02	39.06	39.06	36.94	
河北	15	547.65	419.45	403.01	16.44	262.57	249.56	219.22	13.00
山西	6	218.84	151.84	150.86	0.98	100.19	99.65	98.76	0.54
内蒙古	4	134.38	118.20	115.00	3.20	96.32	96.32	92.35	
辽宁	5	192.87	157.30	154.77	2.53	101.61	100.03	96.72	1.58
吉林	5	160.96	117.84	117.84		80.14	80.14	80.14	
黑龙江	22	744.98	364.13	362.33	1.80	319.60	317.80	294.06	1.80
江苏	28	1041.23	989.52	935.97	53.55	868.54	821.86	760.67	46.68
浙江	8	285.63	212.69	195.47	17.22	195.42	180.57	136.12	14.85
安徽	3	120.29	105.23	104.72	0.52	88.59	88.08	85.37	0.51
福建	3	92.20	60.86	60.43	0.43	54.17	53.77	42.64	0.41
江西	13	419.22	280.33	268.97	11.36	267.46	256.72	253.43	10.74
山东	34	1158.23	836.45	772.32	64.14	673.35	629.79	518.98	43.57
河南	19	683.29	463.09	454.10	8.99	346.50	339.79	336.63	6.70
湖北	25	925.15	744.76	726.50	18.26	622.61	613.97	556.82	8.64
湖南	17	583.69	465.34	440.25	25.09	391.53	374.28	350.46	17.26
广东	1	41.40	10.60	10.30	0.30	10.60	10.30	0.60	0.30
广西	8	261.75	189.57	179.49	10.09	163.67	155.68	136.74	7.99
四川	4	138.29	111.42	100.44	10.98	98.59	90.14	77.95	8.45
云南	10	346.20	261.96	247.24	14.72	205.64	193.48	151.41	12.16
西藏	1	37.70	19.71	16.50	3.22	19.69	16.48	15.44	3.22
陕西	4	149.57	102.91	82.03	20.88	79.03	67.73	50.50	11.30
甘肃	19	669.63	800.41	705.16	95.25	690.56	616.83	261.61	73.73
宁夏	1	33.12	27.21	26.32	0.89	23.95	23.06	19.05	0.89
新疆	22	844.54	816.59	619.07	197.51	706.74	551.43	197.40	155.31

注　海南无该规模大型灌区。

三、东、中、西部地区

东、中、西部地区大型灌区数量分别为 142 处、173 处、141 处，灌溉面积分别为 0.71 亿亩、0.91 亿亩、1.17 亿亩，各占全国大型灌区灌溉面积的 25.6％、32.5％、41.9％；2011 年实际灌溉面积分别为 0.61 亿亩、0.77 亿亩，1.06 亿亩，各占全国大型灌区 2011 年实际灌溉面积的 25.0％、31.6％、43.4％；2011 年粮田实际灌溉面积分别为 0.50 亿亩、0.70 亿亩、0.47 亿亩，各占全国大型灌区 2011 年粮田实际灌溉面积的 30.0％、42.1％、27.9％，详见图 4－1－5 和表 4－1－9。

表 4-1-9　　　东、中、西部地区大型灌区数量与灌溉面积

地区	数量/处	设计灌溉面积/万亩	灌溉面积/万亩	2011 年实际灌溉面积/万亩	2011 年粮田实际灌溉面积/万亩
全国	456	34644.9	27823.8	24510.4	16752.7
东部地区	142	8981.5	7114.7	6146.6	5025.7
中部地区	173	12258.1	9052.6	7730.9	7046.0
西部地区	141	13405.3	11656.6	10632.9	4681.0

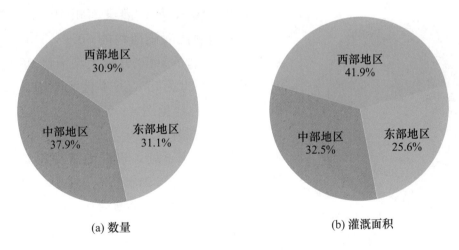

(a) 数量　　　　　　　　　　　　　　(b) 灌溉面积

图 4-1-5　东、中、西部地区大型灌区数量与灌溉面积分布

在不同规模大型灌区分布中，设计灌溉面积在 500 万亩及以上、150 万（含）～500 万亩、50 万（含）～150 万亩的大型灌区灌溉面积都是西部地区较大，中部地区其次，东部地区较小。设计灌溉面积 30 万（含）～50 万亩大型灌区灌溉面积，东、中、西部地区约各占 1/3，详见图 4－1－6。

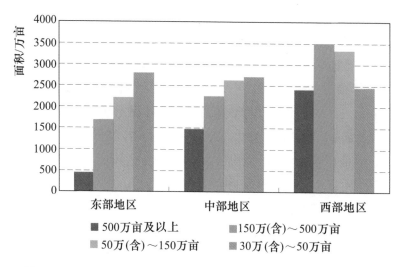

图 4-1-6　东、中、西部地区不同规模大型灌区灌溉面积分布

（一）东部地区

大型灌区 142 处，设计灌溉面积共计 0.90 亿亩，灌溉面积 0.71 亿亩。其中，设计灌溉面积 500 万亩及以上大型灌区 1 处（山东位山灌区），灌溉面积 440.84 万亩，占本区大型灌区灌溉面积的 6.2%；设计灌溉面积 150 万（含）~500 万亩大型灌区 10 处，灌溉面积 1684.69 万亩，占本区大型灌区灌溉面积的 23.7%；设计灌溉面积 50 万（含）~150 万亩大型灌区 35 处，灌溉面积 2205.15 万亩，占本区大型灌区灌溉面积的 30.9%；设计灌溉面积 30 万（含）~50 万亩大型灌区 96 处，灌溉面积 2784.03 万亩，占本区大型灌区灌溉面积的 39.2%，详见图 4-1-7。

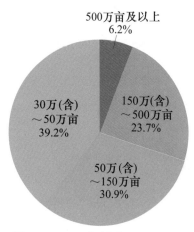

图 4-1-7　东部地区不同规模大型灌区灌溉面积占比

（二）中部地区

大型灌区 173 处，设计灌溉面积共计 1.23 亿亩，灌溉面积 0.91 亿亩。其中，设计灌溉面积 500 万亩及以上大型灌区 2 处（安徽的淠史杭灌区、河南省赵口引黄灌区），灌溉面积 1477.30 万亩，占中部地区大型灌区灌溉面积的 16.3%；设计灌溉面积 150 万（含）~500 万亩大型灌区 13 处，灌溉面积 2255.69 万亩，占中部地区大型灌区灌溉面积的 25.0%；设计灌溉面积 50 万（含）~150 万亩大型灌区 48 处，灌溉面积 2627.01 万亩，占中部地区大型灌区灌溉面积的 29.0%；设计灌溉面积 30 万（含）~50 万亩大型灌区 110 处，灌溉面积 2692.56 万亩，占中部地区大型灌区灌溉面积的 29.7%，详见图 4-1-8。

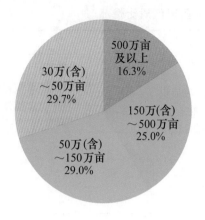

图4-1-8 中部地区不同规模
大型灌区灌溉面积占比

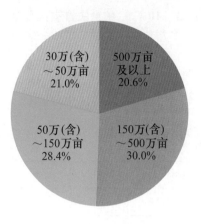

图4-1-9 西部地区不同规模
大型灌区灌溉面积占比

（三）西部地区

大型灌区141处，设计灌溉面积共计1.34亿亩，灌溉面积1.17亿亩。其中，设计灌溉面积500万亩及以上大型灌区3处（四川都江堰灌区、内蒙古河套灌区、新疆叶尔羌河灌区），灌溉面积2407.54万亩，占西部地区大型灌区灌溉面积的20.6%；设计灌溉面积150万（含）～500万亩大型灌区13处，灌溉面积3485.26万亩，占西部地区大型灌区灌溉面积的30.0%；设计灌溉面积50万（含）～150万亩大型灌区52处，灌溉面积3315.78万亩，占西部地区大型灌区灌溉面积的28.4%；设计灌溉面积30万（含）～50万亩大型灌区73处，灌溉面积2447.98万亩，占西部地区大型灌区灌溉面积的21.0%，详见图4-1-9。

四、粮食主产省

13个粮食主产省共有大型灌区306处，占全国大型灌区数量的67.1%；灌溉面积1.76亿亩，占全国大型灌区灌溉面积的63.3%；其中，耕地灌溉面积1.68亿亩，占全国大型灌区耕地灌溉面积的65.9%；2011年实际灌溉面积为1.53亿亩，其中，粮田实际灌溉面积为1.28亿亩，占全国大型灌区粮田实际灌溉面积的76.4%，详见表4-1-10。

其中，设计灌溉面积500万亩及以上大型灌区5处，灌溉面积3665.19万亩；设计灌溉面积150万（含）～500万亩大型灌区22处，灌溉面积3908.13万亩；设计灌溉面积50万（含）～150万亩大型灌区85处，灌溉面积4864.45万亩；设计灌溉面积30万（含）～50万亩大型灌区194处，灌溉面积5173.06万亩。

表 4-1-10　　　　　粮食主产省大型灌区与全国大型灌区对比情况

区　域	数量/处	设计灌溉面积/亿亩	灌溉面积/亿亩	耕地灌溉面积/亿亩	2011年实际灌溉面积/亿亩	耕地实际灌溉面积/亿亩	粮田实际灌溉面积/亿亩
13 个粮食主产省	306	2.32	1.76	1.68	1.53	1.46	1.28
全国	456	3.46	2.78	2.55	2.45	2.26	1.68
占全国比例/%	67.1	67.1	63.3	65.9	62.2	64.9	76.4

第二节　渠（沟）系工程

一、灌溉渠道及建筑物

本节分别介绍大型灌区的灌溉渠道及建筑物、灌排结合渠道及建筑物和排水沟及建筑物三部分普查成果内容，并对大型灌区渠系工程状况进行简要分析。

（一）全国总体情况

全国大型灌区 0.2m³/s 以上灌溉渠道共有 38.38 万条，长度 51.95 万 km，其中衬砌长度 14.72 万 km（2000 年以后衬砌长度 3.74 万 km），占渠道总长度的 28.3%；渠系建筑物数量共计 147.75 万座，其中水闸 58.75 万座、渡槽 3.55 万座、跌水陡坡 1.09 万座、倒虹吸 3654 座、隧洞 7229 座、涵洞 32.06 万座、农桥 49.66 万座、量水建筑物 1.55 万座；此外，还有泵站 3.36 万座。

1. 1m³/s 及以上灌溉渠道及建筑物

1m³/s 及以上的灌溉渠道共 2.37 万条，长度 14.77 万 km，其中衬砌长度 6.09 万 km（2000 年以后衬砌长度 3.74 万 km），占 41.2%；渠系建筑物数量共计 42.08 万座，其中水闸 14.40 万座、渡槽 1.50 万座、跌水陡坡 1.09 万座、倒虹吸 3654 座、隧洞 7229 座、涵洞 6.43 万座、农桥 16.02 万座、量水建筑物 1.55 万座；此外，还有泵站 1.19 万座。

（1）100m³/s 及以上灌溉渠道及建筑物。100m³/s 及以上灌溉渠道 62 条，长度 1750.4km，其中衬砌长度 523.2km（2000 年以后衬砌长度 208.9km），占 29.9%；渠系建筑物数量共计 1595 座，其中水闸 651 座、渡槽 50 座、跌水陡坡 44 座、倒虹吸 18 座、隧洞 8 座、涵洞 180 座、农桥 524 座、量水建筑物 120 座；此外，还有泵站 231 座。

（2）20（含）～100m³/s 灌溉渠道及建筑物。20（含）～100m³/s 灌溉渠道共 880 条，长度 1.85 万 km，其中衬砌长度 0.89 万 km（2000 年以后衬砌长度 0.55 万 km），占 47.8%；渠系建筑物数量共计 3.23 万座，其中水闸 1.02 万座、渡槽 1174 座、跌水陡坡 934 座、倒虹吸 319 座、隧洞 464 座、涵洞 3511 座、农桥 1.28 万座、量水建筑物 2818 座；此外，还有泵站 1934 座。

（3）5（含）～20m³/s 灌溉渠道及建筑物。5（含）～20m³/s 灌溉渠道共 2946 条，长度 3.80 万 km，其中衬砌长度 1.72 万 km（2000 年以后衬砌长度 1.05 万 km），占 45.2%；渠系建筑物数量共计 9.22 万座，其中水闸 2.92 万座、渡槽 4288 座、跌水陡坡 2293 座、倒虹吸 762 座、隧洞 2369 座、涵洞 1.25 万座、农桥 3.66 万座、量水建筑物 4226 座；此外，还有泵站 3759 座。

（4）1（含）～5m³/s 灌溉渠道及建筑物。1（含）～5m³/s 灌溉渠道共 1.98 万条，长度 8.95 万 km，其中衬砌长度 3.43 万 km（2000 年以后衬砌长度 2.12 万 km），占 38.3%；渠系建筑物数量共计 29.48 万座，其中水闸 10.40 万座、渡槽 9460 座、跌水陡坡 7668 座、倒虹吸 2555 座、隧洞 4388 座、涵洞 4.82 万座、农桥 11.02 万座、量水建筑物 8311 座；此外，还有泵站 5989 座。

2. 0.2（含）～1m³/s 的灌溉渠道及建筑物

0.2（含）～1m³/s 的灌溉渠道共 36.01 万条，长度 37.17 万 km，其中衬砌长度 8.63 万 km，占 23.2%；渠系建筑物数量共计 105.67 万座，其中水闸 44.35 万座、渡槽 2.05 万座、涵洞 25.63 万座、农桥 33.64 万座；此外，还有泵站 2.16 万座。

（1）0.5（含）～1m³/s 灌溉渠道及建筑物。0.5（含）～1m³/s 灌溉渠道共 8.95 万条，长度 12.69 万 km，其中衬砌长度 3.18 万 km，占 25.0%；渠系建筑物数量共计 35.18 万座，其中水闸 14.07 万座、渡槽 9248 座、涵洞 8.33 万座、农桥 11.86 万座；此外，还有泵站 8149 座。

（2）0.2（含）～0.5m³/s 灌溉渠道及建筑物。0.2（含）～0.5m³/s 灌溉渠道共 27.06 万条，长度 24.48 万 km，其中衬砌长度 5.45 万 km，占 22.3%；渠系建筑物数量共计 70.49 万座，其中水闸 30.29 万座、渡槽 1.13 万座、涵洞 17.30 万座、农桥 21.78 万座；此外，还有泵站 1.35 万座，详见表 4-2-1 和表 4-2-2。

表 4-2-1　　　　大型灌区不同规模灌溉渠道长度及衬砌情况

渠道规模	渠道条数/条	渠道长度/km	衬砌长度/km	占渠道长度的比例/%	2000 年以后衬砌长度/km	占衬砌长度的比例/%
100m³/s 及以上	62	1750.4	523.2	29.9	208.9	39.9
20（含）～100m³/s	880	18515.6	8854.4	47.8	5459.5	61.7
5（含）～20m³/s	2946	38013.8	17194.8	45.2	10506.2	61.1
1（含）～5m³/s	19847	89453.3	34288.5	38.3	21188.6	61.8
小计	23735	147733.1	60860.9	41.2	37363.2	61.4
0.5（含）～1m³/s	89478	126930.7	31778.0	25.0	—	—
0.2（含）～0.5m³/s	270578	244811.3	54518.6	22.3	—	—
小计	360056	371742.0	86296.6	23.2	—	—
全国	383791	519475.1	147157.5	28.3	37363.2	25.4

表 4-2-2　　　　大型灌区不同规模灌溉渠道上的建筑物　　　　单位：座

渠道规模	渠系建筑物数量	水闸	渡槽	跌水陡坡	倒虹吸	隧洞	涵洞	农桥	量水建筑物	泵站
100m³/s 及以上	1595	651	50	44	18	8	180	524	120	231
20（含）～100m³/s	32268	10248	1174	934	319	464	3511	12800	2818	1934
5（含）～20m³/s	92178	29170	4288	2293	762	2369	12474	36596	4226	3759
1（含）～5m³/s	294772	103959	9460	7668	2555	4388	48182	110249	8311	5989
小计	420813	144028	14972	10939	3654	7229	64347	160169	15475	11913
0.5（含）～1m³/s	351817	140654	9248	—	—	—	83312	118603	—	8149
0.2（含）～0.5m³/s	704911	302850	11293	—	—	—	172989	217779	—	13497
小计	1056728	443504	20541	—	—	—	256301	336382	—	21646
全国	1477541	587532	35513	10939	3654	7229	320648	496551	15475	33559

（二）省级行政区

0.2m³/s 及以上渠道总长度较长的有新疆、湖北、甘肃，分别为 12.36 万 km、5.27 万 km、4.71 万 km，各占全国大型灌区同类渠道总长度的 23.8%、10.2%、9.1%；渠道总长度较短的有北京、西藏、天津，分别为 9.2km、279.3km、638.2km，各占全国大型灌区同类渠道总长度的 0.002%、0.05%、0.12%。上海、重庆、贵州、青海无大型灌区，故无相应的渠道及建筑物，以下不再赘述。

渠道衬砌长度较长的有新疆、甘肃、江苏，分别为 3.93 万 km、1.99 万 km、1.07 万 km，各占全国大型灌区同类渠道衬砌总长度的 26.7%、13.5%、7.3%；衬砌总长度较短的有北京、西藏、福建，分别为 2.6km、265.9km、346.8km，各占全国大型灌区同类渠道衬砌总长度的 0.002%、0.2%、0.2%。

渠道衬砌长度占同类渠道总长度比例较高的有西藏、浙江、天津，分别为 95.2%、72.3%、72.1%，比例较低的有安徽、江西、河北，分别为 9.0%、12.5%、12.7%。

渠系建筑物数量较多的有新疆、甘肃、湖北，分别为 32.76 万座、20.04 万座、13.97 万座，各占全国大型灌区同类渠系建筑物数量的 22.2%、13.6%、9.5%；渠系建筑物数量较少的有北京、天津、西藏，分别为 30 座、542 座、779 座，各占全国大型灌区同类渠系建筑物数量的 0.002%、0.04%、0.05%。

泵站数量较多的有湖北、江苏、四川，分别为 1.13 万座、7869 座、2003 座，各占全国大型灌区同类渠道上泵站数量的 33.6%、23.4%、6.0%；泵站数量较少的有西藏、海南、天津，分别为 14 座、14 座、49 座，各占全国大型灌区同类渠道上泵站数量的 0.04%、0.04%、0.15%，详见表 4 - 2 - 3 和表 4 - 2 - 4。

表 4 - 2 - 3 　　　　　　　　　　大型灌区灌溉渠道

省级行政区	渠道条数 /条	渠道长度 /km	衬砌长度 /km	占渠道总长度的比例 /%	2000 年以后衬砌长度 /km	占衬砌长度的比例 /%
全国	383791	519475.1	147157.5	28.3	37363.2	25.4
北京	37	9.2	2.6	28.3	2.0	76.9
天津	1117	638.2	460.2	72.1	0.0	0.0

省级行政区	渠道条数 /条	渠道长度 /km	衬砌长度 /km	占渠道总 长度的比例 /%	2000年以后 衬砌长度 /km	占衬砌长度 的比例 /%
河北	16277	17548.0	2229.2	12.7	1108.2	49.7
山西	4144	6663.8	2464.7	37.0	691.8	28.1
内蒙古	24327	36628.3	5943.0	16.2	1864.0	31.4
辽宁	23048	15754.3	2026.1	12.9	561.3	27.7
吉林	908	2785.9	802.0	28.8	504.9	63.0
黑龙江	2341	5507.2	980.4	17.8	585.9	59.8
江苏	39211	41128.6	10681.9	26.0	1173.6	11.0
浙江	6659	4730.8	3419.7	72.3	281.7	8.2
安徽	13285	22420.6	2008.3	9.0	619.6	30.9
福建	158	832.9	346.8	41.6	53.4	15.4
江西	7870	12031.8	1503.6	12.5	674.5	44.9
山东	17585	22646.0	4816.8	21.3	1950.9	40.5
河南	12378	21203.3	5711.7	26.9	1723.5	30.2
湖北	46550	52730.9	7727.6	14.7	1622.2	21.0
湖南	5522	17791.2	5100.7	28.7	1560.8	30.6
广东	1412	4588.5	789.6	17.2	192.4	24.4
广西	2145	5806.2	1910.4	32.9	837.8	43.9
海南	884	1689.9	1039.6	61.5	421.4	40.5
四川	11910	24675.9	10265.9	41.6	2021.0	19.7
云南	2390	5226.6	3099.4	59.3	1255.6	40.5
西藏	45	279.3	265.9	95.2	208.3	78.3
陕西	3426	9842.1	6992.8	71.0	1413.5	20.2
甘肃	67357	47110.4	19884.4	42.2	2876.1	14.5
宁夏	12442	15632.3	7373.7	47.2	2124.9	28.8
新疆	60363	123572.9	39310.5	31.8	11033.9	28.1

表4-2-4　　　　　　　　　大型灌区灌溉渠道上的建筑物　　　　　　　　单位：座

省级行政区	渠系建筑物数量	水闸	渡槽	跌水陡坡	倒虹吸	隧洞	涵洞	农桥	量水建筑物	泵站
全国	1477541	587532	35513	10939	3654	7229	320648	496551	15475	33559
北京	30	9					14	7		
天津	542	200	100				71	171		49
河北	40951	20106	1560	920	139	708	3142	13524	852	872
山西	19001	8316	424	367	96	52	785	8084	877	129
内蒙古	92378	51899	1350	127	5	10	5896	31113	1978	260
辽宁	27052	13188	720	218	240	50	7393	5055	188	631
吉林	2253	875	54	28	39		224	1002	31	149
黑龙江	7392	3206	256	212	42	17	2252	1328	79	192
江苏	125575	27498	4588	20	267	89	60260	32774	79	7869
浙江	12060	2314	285	27	40	62	7374	1928	30	449
安徽	87629	21737	3235	1053	176	141	39427	21650	210	1479
福建	1242	306	85	2	4	3	131	690	21	63
江西	23957	7893	1251	478	146	126	6400	7609	54	1798
山东	43069	13481	1363	375	246	80	5348	21556	620	950
河南	67798	22958	1230	1124	535	359	7137	33699	756	285
湖北	139664	18056	3011	535	305	700	81356	35265	436	11274
湖南	49942	11983	1498	260	317	1208	12685	21717	274	1119
广东	15522	1920	499	382	76	39	6315	6144	147	76
广西	9466	3057	329	112	29	17	1091	4605	226	63
海南	5923	1009	136	63	16	5	485	3975	234	14
四川	62339	8982	2997	265	131	2768	10251	36502	443	2003
云南	11582	3106	666	77	47	220	3451	3027	988	248
西藏	779	263	124	2	6		63	170	151	14
陕西	39811	15264	797	1555	428	181	1758	19309	519	435
甘肃	200413	123645	2445	1083	106	284	1466	70102	1282	366
宁夏	63610	27185	1900	309	33	52	3539	29193	1399	776
新疆	327561	179076	4610	1345	185	58	52334	86352	3601	1996

1. 1m³/s 及以上的灌溉渠道及建筑物

1m³/s 及以上的灌溉渠道总长度较长的有新疆、内蒙古、湖北，分别为 3.57 万 km、1.23 万 km、1.23 万 km，各占全国大型灌区同类渠道总长度的 24.2%、8.3%、8.3%；渠道总长度较短的有北京、西藏、福建，分别为 7.9km、208.3km、287km，各占全国大型灌区同类渠道总长度的 0.01%、0.14%、0.19%。天津市里自沽大型灌区无该规模的灌溉渠道，其骨干渠道均属灌排结合渠道。

渠道衬砌长度较长的有新疆、甘肃、四川，分别为 1.93 万 km、6858.6km、4315.4km，各占全国大型灌区同类渠道衬砌总长度的 31.7%、11.3%、7.1%；衬砌总长度较短的有北京、福建、西藏，分别为 2.0km、124.1km、208.3km，各占全国大型灌区同类渠道衬砌总长度的 0.003%、0.20%、0.34%。

渠道衬砌长度占同类渠道总长度比例较高的有西藏、海南、陕西，分别为 100%、89.9%、81.8%，比例较低的有安徽、辽宁、湖北，分别为 13.2%、13.6%、15.6%。

渠系建筑物数量较多的有新疆、湖北、安徽，分别为 8.11 万座、3.61 万座、3.36 万座，各占全国大型灌区同类渠系建筑物数量的 19.3%、8.6%、8.0%；渠系建筑物数量较少的有北京、西藏、福建，分别为 14 座、650 座、671 座，各占全国大型灌区同类渠系建筑物数量的 0.003%、0.15%、0.16%。

泵站数量较多的有湖北、江苏、安徽，分别为 3096 座、1544 座、969 座，各占全国大型灌区同类渠道上泵站数量的 26.0%、13.0%、8.1%；泵站数量较少的有西藏、海南、福建，分别为 12 座、14 座、37 座，各占全国大型灌区同类渠道上泵站数量的 0.10%、0.12%、0.31%，详见表 4-2-5 和表 4-2-6。

表 4-2-5　　　　　　　　大型灌区 1m³/s 及以上灌溉渠道

省级行政区	渠道条数/条	渠道长度/km	衬砌长度/km	占渠道长度的比例/%	2000 年以后衬砌长度/km	占衬砌长度的比例/%
全国	23735	147733.1	60860.9	41.2	37363.2	61.4
北京	2	7.9	2.0	25.3	2.0	100.0
河北	1109	6260.8	1613.5	25.8	1108.2	68.7

省级行政区	渠道条数/条	渠道长度/km	衬砌长度/km	占渠道长度的比例/%	2000年以后衬砌长度/km	占衬砌长度的比例/%
山西	200	2052.5	1273.1	62.0	691.8	54.3
内蒙古	2360	12304.7	2046.9	16.6	1864.0	91.1
辽宁	2162	4780.5	650.5	13.6	561.3	86.3
吉林	252	1592.6	541.6	34.0	504.9	93.2
黑龙江	330	2494.4	608.8	24.4	585.9	96.2
江苏	2192	7386.8	1437.8	19.5	1173.6	81.6
浙江	99	702.8	448.9	63.9	281.7	62.8
安徽	738	6077.7	801.7	13.2	619.6	77.3
福建	17	287.0	124.1	43.2	53.4	43.0
江西	478	3467.6	952.8	27.5	674.5	70.8
山东	1185	7554.7	2928.7	38.8	1950.9	66.6
河南	954	8763.5	2689.1	30.7	1723.5	64.1
湖北	1916	12251.4	1908.1	15.6	1622.2	85.0
湖南	631	6124.3	2726.8	44.5	1560.8	57.2
广东	188	2010.9	541.3	26.9	192.4	35.5
广西	161	1654.0	1038.0	62.8	837.8	80.7
海南	49	707.4	636.0	89.9	421.4	66.3
四川	465	5952.8	4315.4	72.5	2021.0	46.8
云南	201	2323.3	1688.9	72.7	1255.6	74.3
西藏	9	208.3	208.3	100.0	208.3	100.0
陕西	365	3525.5	2885.4	81.8	1413.5	49.0
甘肃	1979	8562.5	6858.6	80.1	2876.1	41.9
宁夏	759	4973.0	2630.3	52.9	2124.9	80.8
新疆	4934	35706.2	19304.3	54.1	11033.9	57.2

表 4－2－6　　　大型灌区 1m³/s 及以上灌溉渠道上的建筑物　　　单位：座

省级行政区	渠系建筑物数量	水闸	渡槽	跌水陡坡	倒虹吸	隧洞	涵洞	农桥	量水建筑物	泵站
全国	420813	144028	14972	10939	3654	7229	64347	160169	15475	11913
北京	14	7						7		
河北	17410	5863	1007	920	139	708	1036	6885	852	438
山西	7394	2498	197	367	96	52	356	2951	877	76
内蒙古	20119	9708	440	127	5	10	891	6960	1978	70
辽宁	10030	4297	450	218	240	50	1290	3297	188	350
吉林	1465	516	48	28	39		131	672	31	129
黑龙江	3359	1349	118	212	42	17	587	955	79	69
江苏	21568	5680	747	20	267	89	7318	7368	79	1544
浙江	2679	571	218	27	40	62	762	969	30	81
安徽	33591	9314	661	1053	176	141	13096	8940	210	969
福建	671	139	40	2	4	3	33	429	21	37
江西	10906	3896	544	478	146	126	1725	3937	54	668
山东	18539	5577	749	375	246	80	1359	9533	620	662
河南	26198	8449	671	1124	535	359	2565	11739	756	241
湖北	36079	7018	786	535	305	700	11776	14523	436	3096
湖南	22679	5762	939	260	317	1208	3763	10156	274	718
广东	6280	1072	264	382	76	39	2043	2257	147	43
广西	4558	1614	170	112	29	17	646	1744	226	48
海南	1723	502	70	63	16	5	184	649	234	14
四川	24126	4732	1565	265	131	2768	2765	11457	443	839
云南	7241	1980	492	77	47	220	1640	1797	988	75
西藏	650	226	102	2	6		54	109	151	12
陕西	13206	2988	305	1555	428	181	486	6744	519	288
甘肃	32880	16085	1619	1083	106	284	674	11747	1282	217
宁夏	16348	5522	633	309	33	52	1132	7268	1399	597
新疆	81100	38663	2137	1345	185	58	8035	27076	3601	632

（1）100m³/s 及以上的灌溉渠道及建筑物。100m³/s 及以上灌溉渠道数量较少，仅有 14 个省级行政区大型灌区有该规模渠道，其中总长度较长的有内蒙古、新疆、安徽，分别为 499.8km、283.8km、217.1km，各占全国大型灌区同类渠道总长度的 28.6%、16.2%、12.4%；渠道衬砌长度较长的有山东、安徽、新疆，分别为 111.5km、110.9km、84.0km，各占全国大型灌区同类渠道衬砌总长度的 21.3%、21.2%、16.1%；渠道衬砌长度占该类渠道总长度比例较高的有海南、四川、陕西，均为 100%，较低的有内蒙古、河北、宁夏，分别为 3.0%、4.7%、5.4%；江苏 100m³/s 及以上灌溉渠道未进行衬砌。渠系建筑物数量较多的有安徽、河南、江西，分别为 342 座、312 座、156 座，各占全国大型灌区同类渠系建筑物数量的 21.4%、19.6%、9.8%；泵站数量较多的有安徽、湖北、江西，分别为 111 座、78 座、17 座，各占全国大型灌区同类渠道上泵站数量的 48.1%、33.8%、7.4%，详见图 4 - 2 - 1 和附表 A2 - 1 - 1、附表 A2 - 1 - 2。

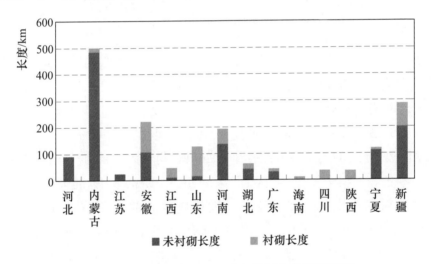

图 4 - 2 - 1　大型灌区 100m³/s 及以上的灌溉渠道

（2）20（含）～100m³/s 灌溉渠道及建筑物。20（含）～100m³/s 灌溉渠道总长度较长的有新疆、内蒙古、山东，分别为 4589.3km、2365.9km、1795.5km，各占全国大型灌区同类渠道总长度的 24.8%、12.8%、9.7%；渠道衬砌长度较长的有新疆、山东、陕西，分别为 2599.0km、1030.6km、631.5km，各占全国大型灌区同类渠道衬砌总长度的 29.4%、11.6%、7.1%；渠道衬砌长度占同类渠道总长度比例较高的有四川、甘肃、陕西，分别为 100%、100%、99%，比例较低的有内蒙古、辽宁、江苏，分别为 20.7%、21.6%、24.4%。渠系建筑物数量较多的有新疆、河南、安徽，分别为 4518 座、4028 座、3033 座，各占全国大型灌区同类渠系建筑物数量的

14.0%、12.5%、9.4%；泵站数量较多的有湖北、安徽、四川，分别为 353座、311座、223座，各占全国大型灌区同类渠道上泵站数量的 18.3%、16.1%、11.5%，详见图 4-2-2 和附表 A2-1-3、附表 A2-1-4。

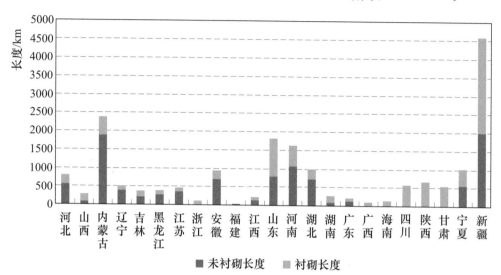

图 4-2-2　大型灌区 20（含）～100m³/s 的灌溉渠道

（3）5（含）～20m³/s 灌溉渠道及建筑物。5（含）～20m³/s 灌溉渠道总长度较长的有新疆、湖北、内蒙古，分别为 9114.1km、3886.1km、2609.4km，各占全国大型灌区同类渠道总长度的 24.0%、10.2%、6.9%；渠道衬砌长度较长的有新疆、甘肃、四川，分别为 5471.3km、1594.5km、1280.1km，各占全国大型灌区同类渠道衬砌总长度的 31.8%、9.3%、7.4%；渠道衬砌长度占同类渠道总长度比例较高的有西藏、甘肃、海南，分别为 100%、91.5%、90.6%，较低的有辽宁、安徽、内蒙古，分别为14.4%、14.6%、14.6%。渠系建筑物数量较多的有新疆、湖北、四川，分别为 1.37 万座、1.05 万座、7133座，各占全国大型灌区同类渠系建筑物数量的14.9%、11.4%、7.7%；泵站数量较多的有湖北、四川、江苏，分别为 1067座、342座、306座，各占全国大型灌区同类渠道上泵站数量的 28.4%、9.1%、8.1%，详见图 4-2-3 和附表 A2-1-5、附表 A2-1-6。

（4）1（含）～5m³/s 灌溉渠道及建筑物。1（含）～5m³/s 灌溉渠道总长度较长的有新疆、湖北、内蒙古，分别为 2.17 万 km、7321.5km、6829.6km，各占全国大型灌区同类渠道总长度的 24.3%、8.2%、7.6%；渠道衬砌长度较长的有新疆、甘肃、四川，分别为 1.12 万 km、4740.4km、2435.5km，各占全国大型灌区同类渠道衬砌总长度的 32.5%、13.8%、7.1%；渠道衬砌长度占同类渠道总长度比例较高的有西藏、海南、陕西，分别为 100%、

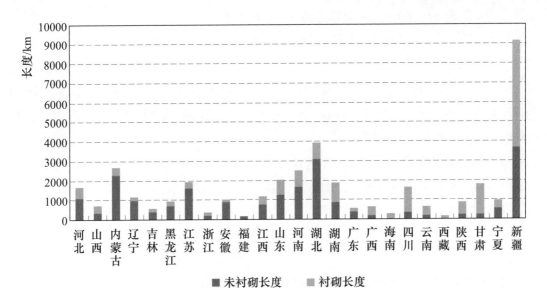

图 4-2-3　大型灌区 5（含）～20m³/s 的灌溉渠道

90.3%、76.5%，比例较低的有安徽、湖北、辽宁，分别为 7.7%、10.1%、12.1%。渠系建筑物数量较多的有新疆、甘肃、安徽，分别为 6.27 万座、2.82 万座、2.50 万座，各占全国大型灌区同类渠系建筑物数量的 21.3%、9.6%、8.5%；泵站数量较多的有湖北、江苏、新疆，分别为 1598 座、1077 座、453 座，各占全国大型灌区同类渠道上泵站数量的 26.7%、18.0%、7.6%，详见图 4-2-4 和附表 A2-1-7、附表 A2-1-8。

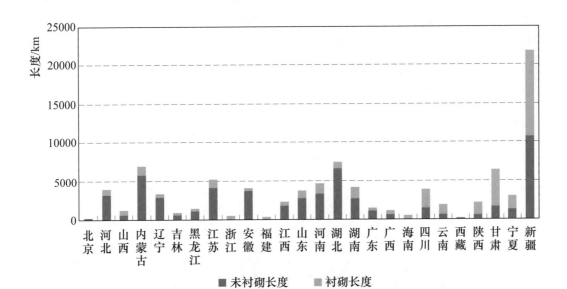

图 4-2-4　大型灌区 1（含）～5m³/s 的灌溉渠道

2.0.2（含）～1m³/s 的灌溉渠道及建筑物

0.2（含）～1m³/s 的灌溉渠道总长度较长的有新疆、湖北、甘肃，分别为 8.79 万 km、4.05 万 km、3.85 万 km，各占全国大型灌区同类渠道总长度的 23.6%、10.9%、10.4%；渠道总长度较短的有北京、西藏、福建，分别为 1.3km、71.0km、545.9km，各占全国大型灌区同类渠道总长度的 0.0003%、0.02%、0.15%。

渠道衬砌长度较长的有新疆、甘肃、江苏，分别为 20.00 万 km、1.30 万 km、9244.1km，各占全国大型灌区同类渠道衬砌总长度的 23.2%、15.1%、10.7%；衬砌总长度较短的有北京、西藏、福建，分别为 0.6km、57.6km、222.7km，各占全国大型灌区同类渠道衬砌总长度的 0.001%、0.07%、0.26%。

渠道衬砌长度占同类渠道总长度比例较高的有西藏、浙江、天津，分别为 81.1%、73.8%、72.1%；渠道衬砌长度占同类渠道总长度比例较低的有河北、江西、安徽，分别为 5.5%、6.4%、7.4%。

渠系建筑物数量较多的有新疆、甘肃、江苏，分别为 24.65 万座、16.75 万座、10.40 万座，各占全国大型灌区同类渠系建筑物数量的 23.3%、15.9%、9.8%；渠系建筑物数量较少的有北京、西藏、天津，分别为 16 座、129 座、542 座，各占全国大型灌区同类渠系建筑物数量的 0.002%、0.01%、0.05%。

泵站数量较多的有湖北、江苏、新疆，分别为 8178 座、6325 座、1364 座，各占全国大型灌区同类渠道上泵站数量的 37.8%、29.2%、6.3%；泵站数量较少的有西藏、广西、吉林，分别为 2 座、15 座、20 座，各占全国大型灌区同类渠道上泵站数量的 0.01%、0.07%、0.09%，详见表 4-2-7 和表 4-2-8。

表 4-2-7 大型灌区 0.2（含）～1m³/s 的灌溉渠道

省级行政区	渠道条数 /条	渠道长度 /km	衬砌长度 /km	衬砌长度占渠道长度比例 /%
全国	360056	371742.0	86296.6	23.2
北京	35	1.3	0.6	46.2
天津	1117	638.2	460.2	72.1
河北	15168	11287.2	615.7	5.5
山西	3944	4611.3	1191.6	25.8
内蒙古	21967	24323.6	3896.1	16.0

省级行政区	渠道条数 /条	渠道长度 /km	衬砌长度 /km	衬砌长度占渠道长度比例 /%
辽宁	20886	10973.8	1375.6	12.5
吉林	656	1193.3	260.4	21.8
黑龙江	2011	3012.8	371.6	12.3
江苏	37019	33741.8	9244.1	27.4
浙江	6560	4028.0	2970.8	73.8
安徽	12547	16342.9	1206.6	7.4
福建	141	545.9	222.7	40.8
江西	7392	8564.2	550.8	6.4
山东	16400	15091.3	1888.1	12.5
河南	11424	12439.8	3022.6	24.3
湖北	44634	40479.5	5819.5	14.4
湖南	4891	11666.9	2373.9	20.3
广东	1224	2577.6	248.3	9.6
广西	1984	4152.2	872.4	21.0
海南	835	982.5	403.6	41.1
四川	11445	18723.1	5950.5	31.8
云南	2189	2903.3	1410.5	48.6
西藏	36	71.0	57.6	81.1
陕西	3061	6316.6	4107.4	65.0
甘肃	65378	38547.9	13025.8	33.8
宁夏	11683	10659.3	4743.4	44.5
新疆	55429	87866.7	20006.2	22.8

表 4-2-8　大型灌区 0.2（含）～1m³/s 的灌溉渠道上的建筑物　　单位：座

省级行政区	渠系建筑 物数量	水闸	渡槽	涵洞	农桥	泵站
全国	1056728	443504	20541	256301	336382	21646
北京	16	2	0	14	0	0
天津	542	200	100	71	171	49
河北	23541	14243	553	2106	6639	434

省级行政区	渠系建筑物数量	水闸	渡槽	涵洞	农桥	泵站
山西	11607	5818	227	429	5133	53
内蒙古	72259	42191	910	5005	24153	190
辽宁	17022	8891	270	6103	1758	281
吉林	788	359	6	93	330	20
黑龙江	4033	1857	138	1665	373	123
江苏	104007	21818	3841	52942	25406	6325
浙江	9381	1743	67	6612	959	368
安徽	54038	12423	2574	26331	12710	510
福建	571	167	45	98	261	26
江西	13051	3997	707	4675	3672	1130
山东	24530	7904	614	3989	12023	288
河南	41600	14509	559	4572	21960	44
湖北	103585	11038	2225	69580	20742	8178
湖南	27263	6221	559	8922	11561	401
广东	9242	848	235	4272	3887	33
广西	4908	1443	159	445	2861	15
海南	4200	507	66	301	3326	
四川	38213	4250	1432	7486	25045	1164
云南	4341	1126	174	1811	1230	173
西藏	129	37	22	9	61	2
陕西	26605	12276	492	1272	12565	147
甘肃	167533	107560	826	792	58355	149
宁夏	47262	21663	1267	2407	21925	179
新疆	246461	140413	2473	44299	59276	1364

（1）0.5（含）～1m³/s 灌溉渠道及建筑物。0.5（含）～1m³/s 灌溉渠道总长度较长的有新疆、湖北、江苏，分别为 2.90 万 km、1.46 万 km、1.42 万 km，各占全国大型灌区同类渠道总长度的 22.9％、11.5％、11.2％；渠道衬砌长度较长的有新疆、甘肃、江苏，分别为 7860.3km、5699.0km、

4016.8km，各占全国大型灌区同类渠道衬砌总长度的 24.7%、17.9%、12.6%；渠道衬砌长度占同类渠道总长度比例较高的有西藏、陕西、浙江，分别为 80.7%、66.4%、65.8%，比例较低的有江西、辽宁、河北，分别为 5.1%、8.0%、8.4%。渠系建筑物数量较多的有新疆、甘肃、江苏，分别为 7.33 万座、5.18 万座、3.92 万座，各占全国大型灌区同类渠系建筑物数量的 20.8%、14.7%、11.2%；泵站数量较多的有湖北、江苏、四川，分别为 3007 座、2117 座、537 座，各占全国大型灌区同类渠道上泵站数量的 36.9%、26.0%、6.6%，详见图 4-2-5 和附表 A2-1-9、附表 A2-1-10。

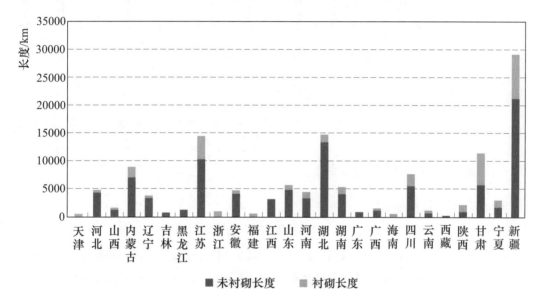

图 4-2-5　大型灌区 0.5（含）～1m³/s 的灌溉渠道

（2）0.2（含）～0.5m³/s 灌溉渠道及建筑物。0.2（含）～0.5m³/s 灌溉渠道总长度较长的有新疆、甘肃、湖北，分别为 5.89 万 km、2.73 万 km、2.59 万 km，各占全国大型灌区同类渠道总长度的 24.0%、11.1%、10.6%；渠道衬砌长度较长的有新疆、甘肃、江苏，分别为 1.21 万 km、7326.8km、5227.3km，各占全国大型灌区同类渠道衬砌总长度的 22.3%、13.4%、9.6%；渠道衬砌长度占同类渠道总长度比例较高的有天津、西藏、浙江，分别为 94.9%、81.3%、75.4%，比例较低的有河北、安徽、江西，分别为 3.5%、6.6%、7.2%。渠系建筑物数量较多的有新疆、甘肃、湖北，分别为 17.31 万座、11.57 万座、6.49 万座，各占全国大型灌区同类渠系建筑物数量的 24.6%、16.4%、9.2%；泵站数量较多的有湖北、江苏、新疆，分别为 5171 座、4208 座、921 座，各占全国大型灌区同类渠道上泵站数量的 38.3%、31.2%、6.8%，详见图 4-2-6 和附表 A2-1-11、附表 A2-1-12。

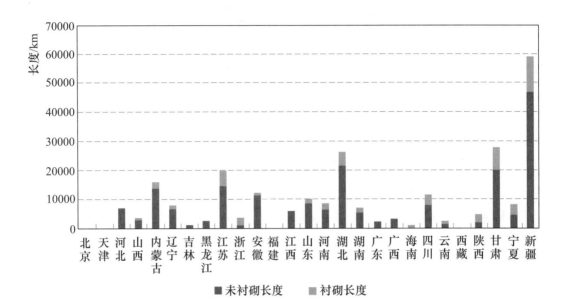

图 4-2-6　大型灌区 0.2（含）～0.5m³/s 的灌溉渠道

二、灌排结合渠道及建筑物

（一）全国总体情况

全国大型灌区共有 0.2m³/s 以上灌排结合渠道 16.72 万条，长度 20.85 万 km，其中衬砌长度 2.77 万 km（2000 年以后衬砌长度 6939.7km）；渠系建筑物数量共计 48.78 万座，其中水闸 8.65 万座、渡槽 1.22 万座、跌水陡坡 2712 座、倒虹吸 904 座、隧洞 1574 座、涵洞 18.24 万座、农桥 19.91 万座、量水建筑物 2419 座；此外，还有泵站 2.62 万座。

1. 1m³/s 及以上灌排结合渠道及建筑物

1m³/s 及以上的灌排结合渠道共 1.62 万条，长度 6.76 万 km，其中衬砌长度 1.04 万 km（2000 年以后衬砌长度 6939.7km）；渠系建筑物数量共计 15.81 万座，其中水闸 3.39 万座、渡槽 4282 座、跌水陡坡 2712 座、倒虹吸 904 座、隧洞 1574 座、涵洞 3.26 万座、农桥 7.96 万座、量水建筑物 2419 座；此外，还有泵站 1.57 万座。

（1）100m³/s 及以上灌排结合渠道及建筑物。100m³/s 及以上灌排结合渠道共 70 条，长度 1496.5km，其中衬砌长度 183.5km（2000 年以后衬砌长度 97.0km）；渠系建筑物数量共计 1684 座，其中水闸 727 座、渡槽 12 座、跌水陡坡 42 座、倒虹吸 15 座、隧洞 0 座、涵洞 282 座、农桥 602 座、量水建筑物 4 座；此外，还有泵站 229 座。

（2）20（含）～100m³/s 灌排结合渠道及建筑物。20（含）～100m³/s 灌

排结合渠道共 820 条，长度 8464.6km，其中衬砌长度 1463km（2000 年以后衬砌长度 1017.2km）；渠系建筑物数量共计 1.24 万座，其中水闸 2817 座、渡槽 274 座、跌水陡坡 177 座、倒虹吸 145 座、隧洞 78 座、涵洞 1708 座、农桥 6879 座、量水建筑物 276 座；此外，还有泵站 2266 座。

（3）5（含）～20m³/s 灌排结合渠道及建筑物。5（含）～20m³/s 灌排结合渠道共 5550 条，长度 2.62 万 km，其中衬砌长度 3551.3km（2000 年以后衬砌长度 2413.5km）；渠系建筑物数量共计 5.77 万座，其中水闸 1.22 万座、渡槽 1729 座、跌水陡坡 679 座、倒虹吸 281 座、隧洞 563 座、涵洞 1.37 万座、农桥 2.79 万座、量水建筑物 651 座；此外，还有泵站 7370 座。

（4）1（含）～5m³/s 灌排结合渠道及建筑物。1（含）～5m³/s 灌排结合渠道共 9762 条，长度 3.14 万 km，其中衬砌长度 5191.8km（2000 年以后衬砌长度 3412.0km）；渠系建筑物数量共计 8.64 万座，其中水闸 1.82 万座、渡槽 2267 座、跌水陡坡 1814 座、倒虹吸 463 座、隧洞 933 座、涵洞 1.69 万座、农桥 4.43 万座、量水建筑物 1488 座；此外，还有泵站 5844 座。

2. 0.2（含）～1m³/s 的灌排结合道及建筑物

0.2（含）～1m³/s 灌排结合渠道共 15.10 万条，长度 14.09 万 km，其中衬砌长度 1.73 万 km；渠系建筑物数量共计 32.97 万座，其中水闸 5.26 万座、渡槽 7888 座、涵洞 14.97 万座、农桥 11.95 万座；此外，还有泵站 1.05 万座。

（1）0.5（含）～1m³/s 灌排结合渠道及建筑物。0.5（含）～1m³/s 灌排结合渠道共 6.01 万条，长度 6.53 万 km，其中衬砌长度 6611.9km；渠系建筑物数量共计 14.91 万座，其中水闸 2.26 万座、渡槽 3592 座、涵洞 6.83 万座、农桥 5.46 万座；此外，还有泵站 6589 座。

（2）0.2（含）～0.5m³/s 灌排结合渠道及建筑物。0.2（含）～0.5m³/s 灌排结合渠道共 9.09 万条，长度 7.56 万 km，其中衬砌长度 1.07 万 km；渠系建筑物数量共计 18.06 万座，其中水闸 3.00 万座、渡槽 4296 座、涵洞 8.14 万座、农桥 6.49 万座；此外，还有泵站 3892 座，详见表 4-2-9 和表 4-2-10。

（二）省级行政区

0.2m³/s 及以上灌排结合渠道总长度较长的有湖北、山东、四川，分别为 5.26 万 km、3.43 万 km、2.52 万 km，各占全国大型灌区同类渠道总长度的 25.2%、16.5%、12.1%；总长度较短的有甘肃、吉林、陕西，分别为 156.1km、205km、300.5km，各占全国大型灌区同类渠道总长度的 0.07%、0.10%、0.14%。西藏、宁夏大型灌区渠道均为纯灌溉渠道。

表4-2-9 大型灌区不同规模灌排结合渠道长度及衬砌情况

渠道规模	渠道条数 /条	渠道长度 /km	衬砌长度 /km	2000年以后衬砌长度 /km
100m³/s及以上	70	1496.5	183.5	97.0
20（含）~100m³/s	820	8464.6	1463	1017.2
5（含）~20m³/s	5550	26187.4	3551.3	2413.5
1（含）~5m³/s	9762	31409.6	5191.8	3412.0
小计	16202	67558.1	10389.6	6939.7
0.5（含）~1m³/s	60085	65288.2	6611.9	—
0.2（含）~0.5m³/s	90889	75608.7	10663.1	—
小计	150974	140896.9	17275	—
全国	167176	208455.0	27664.6	6939.7

表4-2-10 大型灌区不同规模灌排结合渠道上的建筑物 单位：座

渠道规模	渠系建筑物数量	水闸	渡槽	跌水陡坡	倒虹吸	隧洞	涵洞	农桥	量水建筑物	泵站
100m³/s 及以上	1684	727	12	42	15	0	282	602	4	229
20（含）~100m³/s	12354	2817	274	177	145	78	1708	6879	276	2266
5（含）~20m³/s	57667	12199	1729	679	281	563	13695	27870	651	7370
1（含）~5m³/s	86354	18173	2267	1814	463	933	16944	44272	1488	5844
小计	158059	33916	4282	2712	904	1574	32629	79623	2419	15709
0.5（含）~1m³/s	149109	22623	3592	—	—	—	68325	54569	—	6589
0.2（含）~0.5m³/s	180625	29963	4296	—	—	—	81424	64942	—	3892
小计	329734	52586	7888	—	—	—	149749	119511	—	10481
全国	487793	86502	12170	2712	904	1574	182378	199134	2419	26190

　　渠道衬砌长度较长的有四川、云南、湖北，分别为 9990.1km、3231km、3213.7km，各占全国大型灌区同类渠道衬砌总长度的 36.1％、11.7％、11.6％；衬砌总长度较短的有吉林、北京、辽宁，分别为 28.9km、35.7km、39km，各占全国大型灌区同类渠道衬砌总长度的 0.10％、0.13％、0.14％。天津大型灌区灌排结合渠道未进行衬砌。

　　渠系建筑物数量较多的有湖北、四川、山东，分别为 13.74 万座、6.91 万座、5.52 万座，各占全国大型灌区同类渠系建筑物数量的 28.2％、14.2％、11.3％；渠系建筑物数量较少的有吉林、甘肃、陕西，分别为 164 座、556 座、841 座，各占全国大型灌区同类渠系建筑物数量的 0.03％、0.11％、0.17％。

　　泵站数量较多的有湖北、江苏、浙江，分别为 9065 座、4425 座、3646 座，各占全国大型灌区同类渠道上泵站数量的 34.6％、16.9％、13.9％；泵站数量较少的有新疆、山西、黑龙江，分别为 1 座、5 座、9 座，详见表 4-2-11和表 4-2-12。

表 4-2-11　　　　　　　　　　　大型灌区灌排结合渠道

省级行政区	渠道条数 /条	渠道长度 /km	衬砌长度 /km	2000 年以后衬砌长度 /km
全国	167176	208455.0	27664.6	6939.7
北京	423	886.0	35.7	4.0
天津	658	1266.3	0	0
河北	3569	4389.3	257.2	167.3
山西	95	517.2	281.1	103.6
内蒙古	395	967.2	330.7	37.1
辽宁	2305	1871.3	39.0	7.1
吉林	18	205.0	28.9	28.9
黑龙江	1659	2608.0	55.6	28.9
江苏	9778	11577.4	900.6	70.2
浙江	6839	7289.4	2699.0	850.0
安徽	7933	12170.0	340.7	71.1
福建	650	1124.5	436.5	187.4
江西	3998	8345.1	676.3	182.7

省级行政区	渠道条数 /条	渠道长度 /km	衬砌长度 /km	2000 年以后衬砌长度 /km
山东	24471	34301.5	1036.0	537.2
河南	13559	19893.8	827.5	417.1
湖北	57359	52602.5	3213.7	518.3
湖南	4446	9421.3	1467.5	250.3
广东	1853	2227.4	342.3	40.2
广西	773	2847.5	793.0	518.7
海南	408	463.1	194.2	0
四川	16531	25174.2	9990.1	2321.0
云南	8889	6852.5	3231.0	413.7
陕西	110	300.5	142.3	36.4
甘肃	96	156.1	48.4	31.7
新疆	361	997.9	297.3	116.8

注　西藏、宁夏无该规模渠道。

表 4-2-12　　　　　大型灌区灌排结合渠道上的建筑物　　　　　单位：座

省级 行政区	渠系建筑 物数量	水闸	渡槽	跌水 陡坡	倒虹吸	隧洞	涵洞	农桥	量水 建筑物	泵站
全国	487793	86502	12170	2712	904	1574	182378	199134	2419	26190
北京	1672	225	10		1	1	487	948		103
天津	1033	149	41				270	569	4	356
河北	7359	2432	213	294	166	15	1179	2030	1030	149
山西	2048	931	118	101	7	2	54	749	86	5
内蒙古	1908	1269	1	1	2		254	299	82	
辽宁	7011	4624	113	1	7	9	1611	636	10	280
吉林	164	38	3	3	3		9	103	5	10
黑龙江	2319	424	66	19	1	153	1326	330		9
江苏	27025	3868	1845	99	8	6	12258	8940	1	4425
浙江	10108	937	44	119	12	11	3623	5321	41	3646

省级 行政区	渠系建筑 物数量	水闸	渡槽	跌水 陡坡	倒虹吸	隧洞	涵洞	农桥	量水 建筑物	泵站
安徽	35672	10846	971	52	16	10	15555	8208	14	1044
福建	1867	379	46	9	39	3	191	1194	6	21
江西	11088	2561	576	35	78	44	3903	3877	14	1129
山东	55166	5584	262	83	76	22	13605	35289	245	2422
河南	30783	4183	214	55	34	198	2833	23247	19	108
湖北	137409	13606	2825	10	208	192	93082	27423	63	9065
湖南	33001	9391	780	98	85	304	6816	15469	58	898
广东	3950	1002	73	159	18	8	1789	882	19	28
广西	7440	2976	367	49	53	15	495	3416	69	58
海南	1142	82	13				42	1005		
四川	69142	5754	3194	1454	72	556	9539	48229	344	1856
云南	37196	13804	257	15	12	25	13184	9650	249	563
陕西	841	249	25	41	6		86	419	15	14
甘肃	556	311	26	1			19	199		
新疆	1893	877	87	14			168	702	45	1

注 西藏、宁夏无该规模渠道。

1. 1m³/s 及以上的灌排结合渠道及建筑物

1m³/s 及以上的灌排结合渠道总长度较长的有湖北、山东、河南，分别为 1.64 万 km、1.13 万 km、7086.6km，各占全国大型灌区同类渠道总长度的 24.3%、16.8%、10.5%；渠道总长度较短的有甘肃、陕西、吉林，分别为 57.2km、106.2km、181.9km，各占全国大型灌区同类渠道总长度的 0.08%、0.16%、0.27%。

渠道衬砌长度较长的有四川、浙江、云南，分别为 3929.7km、1112.1km、662.2km，各占全国大型灌区同类渠道衬砌总长度的 37.8%、10.7%、6.4%；衬砌总长度较短的有辽宁、黑龙江、吉林，分别为 12.3km、28.9km、28.9km，各占全国大型灌区同类渠道衬砌总长度的 0.12%、0.28%、0.28%。天津大型灌区 1m³/s 及以上的灌排结合渠道未进行衬砌。

渠系建筑物数量较多的有湖北、四川、山东，分别为 3.47 万座、2.55 万座、1.82 万座，各占全国大型灌区同类渠系建筑物数量的 21.9%、16.2%、11.5%；渠系建筑物数量较少的有甘肃、吉林、陕西，分别为 55 座、160 座、

252 座，各占全国大型灌区同类渠系建筑物数量的 0.03％、0.10％、0.16％。

泵站数量较多的有湖北、江苏、浙江，分别为 5065 座、4014 座、2232 座，各占全国大型灌区同类渠道上泵站数量的 32.2％、25.6％、14.2％；泵站数量较少的有山西、陕西、黑龙江，分别为 5 座、9 座、9 座，详见表 4-2-13 和表 4-2-14。

表 4-2-13　　　　　大型灌区 1m³/s 及以上灌排结合渠道

省级行政区	渠道条数/条	渠道长度/km	衬砌长度/km	2000 年以后衬砌长度/km
全国	16202	67558.1	10389.6	6939.7
北京	121	585.7	35.7	4.0
天津	203	675.3	0	0
河北	429	1948.7	238.6	167.3
山西	31	430.6	238.2	103.6
内蒙古	27	297.3	37.1	37.1
辽宁	271	858.2	12.3	7.1
吉林	9	181.9	28.9	28.9
黑龙江	95	632.4	28.9	28.9
江苏	1470	5199.3	82.8	70.2
浙江	1510	3766.3	1112.1	850.0
安徽	583	2684.4	98.6	71.1
福建	109	546.0	244.4	187.4
江西	182	1533.9	282.6	182.7
山东	2749	11347.8	566.7	537.2
河南	738	7086.6	620.0	417.1
湖北	5385	16437.6	575.6	518.3
湖南	604	2718.3	468.5	250.3
广东	53	457.7	112.5	40.2
广西	118	1246.7	653.3	518.7
四川	935	6729.7	3929.7	2321.0
云南	530	1457.2	662.2	413.7
陕西	10	106.2	59.7	36.4
甘肃	3	57.2	48.4	31.7
新疆	37	573.1	252.8	116.8

注　海南、西藏、宁夏无该规模渠道。

表 4-2-14　　大型灌区 1m³/s 及以上灌排结合渠道上的建筑物　　　单位：座

省级行政区	渠系建筑物数量	水闸	渡槽	跌水陡坡	倒虹吸	隧洞	涵洞	农桥	量水建筑物	泵站
全国	158059	33916	4282	2712	904	1574	32629	79623	2419	15709
北京	1049	206	10		1	1	56	775		103
天津	672	82	35				132	419	4	313
河北	4611	899	130	294	166	15	461	1616	1030	103
山西	1675	683	118	101	7	2	25	653	86	5
内蒙古	277	114	1	1	2		18	59	82	
辽宁	5385	4360	84	1	7	9	357	557	10	261
吉林	160	38	3	3	3		9	99	5	10
黑龙江	576	144	16	19	1	153	124	119		9
江苏	8774	641	288	99	8	6	2513	5218	1	4014
浙江	5368	425	19	119	12	11	202	4539	41	2232
安徽	8196	1945	214	52	16	10	3111	2834	14	778
福建	1314	232	19	9	39	3	96	910	6	18
江西	3537	1061	155	35	78	44	735	1415	14	513
山东	18159	2238	88	83	76	22	2108	13299	245	466
河南	11292	2252	152	55	34	198	602	7980	19	106
湖北	34680	6587	784	10	208	192	15437	11399	63	5065
湖南	11292	3144	222	98	85	304	1978	5403	58	473
广东	1935	955	49	159	18	8	286	441	19	24
广西	5986	2594	319	49	53	15	329	2558	69	36
四川	25532	2915	1461	1454	72	556	1693	17037	344	882
云南	6177	1776	42	15	12	25	2322	1736	249	289
陕西	252	24	5	41	6		12	149	15	9
甘肃	55	21	26	1				7		
新疆	1105	580	42	14			23	401	45	

注　海南、西藏、宁夏无该规模渠道。

（1）100m³/s 及以上的灌排结合渠道及建筑物。100m³/s 及以上灌排结合渠道数量较少，仅有 13 个省级行政区有该规模渠道，其中总长度较长的有河南、安徽、江苏，分别为 453.3km、276.3km、201.5km，各占全国大型灌区同类渠道总长度的 30.3%、18.5%、13.5%；四川的灌排结合渠道衬砌长度最长，为 127.1km，占全国大型灌区同类渠道衬砌总长度的 69.3%，其次为河北、安徽，分别为 15.2km、15.0km，各占全国大型灌区同类渠道衬砌总长度的 8.3%、8.2%。渠系建筑物数量较多的有安徽、湖北、河南，分别为 446 座、349 座、285 座，各占全国大型灌区同类渠系建筑物数量的 24.4%、21.7%、16.4%；泵站数量较多的有江苏、湖北、河南，分别为 78 座、66 座、29 座，各占全国大型灌区同类渠道上泵站数量的 34.1%、28.8%、12.7%，详见图 4-2-7 和附表 A2-2-1、附表 A2-2-2。

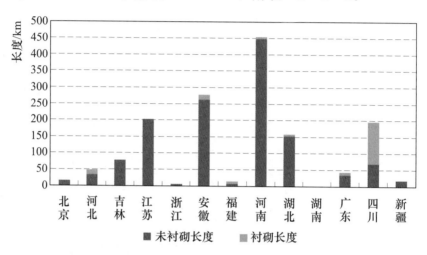

图 4-2-7　大型灌区 100m³/s 及以上的灌排结合渠道

（2）20（含）～100m³/s 灌排结合渠道及建筑物。20（含）～100m³/s 灌排结合渠道总长度较长的有河南、山东、湖北，分别为 1717.2km、1460.8km、1099.3km，各占全国大型灌区同类渠道总长度的 20.3%、17.3%、13.0%；渠道衬砌长度较长的有四川、山东、河南，分别为 387.2km、206.4km、148.3km，各占全国大型灌区同类渠道衬砌总长度的 26.5%、14.1%、10.1%；吉林、天津、黑龙江等 3 个省级行政区该类型渠道未衬砌。渠系建筑物数量较多的有湖北、河南、山东，分别为 2148 座、2023 座、1952 座，各占全国大型灌区同类渠系建筑物数量的 17.4%、16.4%、15.8%；泵站数量较多的有江苏、湖北、安徽，分别为 624 座、502 座、273 座，各占全国大型灌区同类渠道上泵站数量的 27.5%、22.2%、12.0%，详见图 4-2-8 和附表 A2-2-3、附表 A2-2-4。

（3）5（含）～20m³/s 灌排结合渠道及建筑物。5（含）～20m³/s 灌排结合渠道总长度较长的有湖北、山东、江苏，分别为 7549.0km、4855.3km、2835.7km，各占全国大型灌区同类渠道总长度的 28.8%、18.5%、10.8%；渠道衬砌长度较长的有四川、浙江、广西，分别为 917.2km、740.5km、

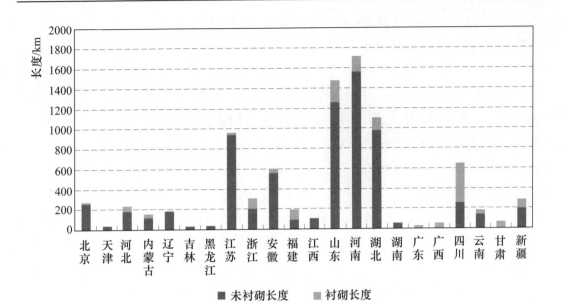

图 4-2-8　大型灌区 20（含）～100m³/s 的灌排结合渠道

282.6km，各占全国大型灌区同类渠道衬砌总长度的 25.8%、20.9%、8.0%；甘肃、内蒙古、天津等 3 个省级行政区大型灌区该类型渠道未衬砌。渠系建筑物数量较多的有湖北、山东、四川，分别为 1.61 万座、7159 座、5036 座，各占全国大型灌区同类渠系建筑物数量的 27.9%、12.4%、8.7%；泵站数量较多的有湖北、江苏、浙江，分别为 2646 座、2462 座、733 座，各占全国大型灌区同类渠道上泵站数量的 35.9%、33.4%、9.9%，详见图 4-2-9 和附表 A2-2-5、附表 A2-2-6。

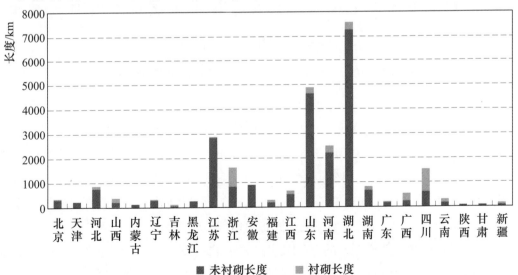

图 4-2-9　大型灌区 5（含）～20m³/s 的灌排结合渠道

（4）1（含）～5m³/s 灌排结合渠道及建筑物。1（含）～5m³/s 灌排结合渠道总长度较长的有湖北、山东、四川，分别为 7630.7km、5031.7km、4413.7km，各占全国大型灌区同类渠道总长度的 24.3％、16.0％、14.1％；渠道衬砌长度较长的有四川、云南、湖南，分别为 2498.2km、520.0km、339.1km，各占全国大型灌区同类渠道衬砌总长度的 48.1％、10.0％、6.5％；吉林、天津大型灌区该类型渠道未衬砌。渠系建筑物数量较多的有四川、湖北、山东，分别为 1.93 万座、1.61 万座、9048 座，各占全国大型灌区同类渠系建筑物数量的 22.4％、18.6％、10.5％；泵站数量较多的有湖北、浙江、江苏，分别为 1851 座、1258 座、850 座，各占全国大型灌区同类渠道上泵站数量的 31.7％、21.5％、14.5％，详见图 4 - 2 - 10 和附表 A2 - 2 - 7、附表 A2 - 2 - 8。

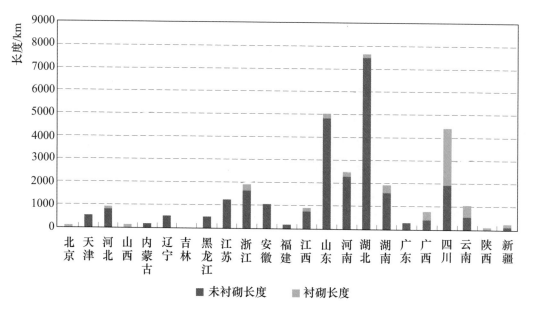

图 4 - 2 - 10　大型灌区 1（含）～5m³/s 的灌排结合渠道

2. 0.2（含）～1m³/s 的灌排结合渠道及建筑物

0.2（含）～1m³/s 的灌排结合渠道总长度较长的有湖北、山东、四川，分别为 3.62 万 km、2.30 万 km、1.84 万 km，各占全国大型灌区同类渠道总长度的 25.7％、16.3％、13.1％；渠道总长度较短的有吉林、山西、甘肃，分别为 23.1km、86.6km、98.9km，各占全国大型灌区同类渠道总长度的 0.02％、0.06％、0.07％。西藏、宁夏无该类型渠道。

渠道衬砌长度较长的有四川、湖北、云南，分别为 6060.4km、2638.1km、2568.8km，各占全国大型灌区同类渠道衬砌总长度的 35.1％、15.3％、14.9％；衬砌总长度较短的有河北、辽宁、黑龙江，分别为

18.6km、26.7km、26.7km，各占全国大型灌区同类渠道衬砌总长度的0.1%、0.2%、0.2%。北京、天津、吉林、甘肃大型灌区该类型渠道未进行衬砌。

渠系建筑物数量较多的有湖北、四川、山东，分别为 10.27 万座、4.36万座、3.70 万座，各占全国大型灌区同类渠系建筑物数量的 31.2%、13.2%、11.2%；渠系建筑物数量较少的有吉林、天津、山西，分别为 4 座、361 座、373 座，各占全国大型灌区同类渠系建筑物数量的 0.001%、0.11%、0.11%。

泵站数量较多的有湖北、山东、浙江，分别为 4000 座、1956 座、1414 座，各占全国大型灌区同类渠道上泵站数量的 38.2%、18.7%、13.5%；泵站数量较少的有新疆、河南、福建，分别为 1 座、2 座、3 座，各占全国大型灌区同类渠道上泵站数量的 0.01%、0.02%、0.03%，北京、山西、内蒙古、吉林、黑龙江、海南、甘肃该类型渠道上无泵站，详见表 4-2-15 和表 4-2-16。

表 4-2-15 　　　大型灌区 0.2（含）～1m³/s 的灌排结合渠道

省级行政区	渠道条数/条	渠道长度/km	衬砌长度/km
全国	150974	140896.9	17275.0
北京	302	300.3	
天津	455	591.0	
河北	3140	2440.6	18.6
山西	64	86.6	42.9
内蒙古	368	669.9	293.6
辽宁	2034	1013.1	26.7
吉林	9	23.1	
黑龙江	1564	1975.6	26.7
江苏	8308	6378.1	817.8
浙江	5329	3523.1	1586.9
安徽	7350	9485.6	242.1
福建	541	578.5	192.1
江西	3816	6811.2	393.7
山东	21722	22953.7	469.3
河南	12821	12807.2	207.5
湖北	51974	36164.9	2638.1
湖南	3842	6703.0	999.0
广东	1800	1769.7	229.8

省级行政区	渠道条数/条	渠道长度/km	衬砌长度/km
广西	655	1600.8	139.7
海南	408	463.1	194.2
四川	15596	18444.5	6060.4
云南	8359	5395.3	2568.8
陕西	100	194.3	82.6
甘肃	93	98.9	
新疆	324	424.8	44.5

注 西藏、宁夏无该规模渠道。

表 4-2-16　　　大型灌区 0.2（含）～1m³/s 的灌排结合
渠道上的建筑物　　　　单位：座

省级行政区	渠系建筑物数量	水闸	渡槽	涵洞	农桥	泵站
全国	329734	52586	7888	149749	119511	10481
北京	623	19		431	173	
天津	361	67	6	138	150	43
河北	2748	1533	83	718	414	46
山西	373	248		29	96	
内蒙古	1631	1155		236	240	
辽宁	1626	264	29	1254	79	19
吉林	4				4	
黑龙江	1743	280	50	1202	211	
江苏	18251	3227	1557	9745	3722	411
浙江	4740	512	25	3421	782	1414
安徽	27476	8901	757	12444	5374	266
福建	553	147	27	95	284	3
江西	7551	1500	421	3168	2462	616
山东	37007	3346	174	11497	21990	1956
河南	19491	1931	62	2231	15267	2
湖北	102729	7019	2041	77645	16024	4000
湖南	21709	6247	558	4838	10066	425
广东	2015	47	24	1503	441	4

省级行政区	渠系建筑 物数量	水闸	渡槽	涵洞	农桥	泵站
广西	1454	382	48	166	858	22
海南	1142	82	13	42	1005	
四川	43610	2839	1733	7846	31192	974
云南	31019	12028	215	10862	7914	274
陕西	589	225	20	74	270	5
甘肃	501	290		19	192	
新疆	788	297	45	145	301	1

注 西藏、宁夏无该规模渠道。

（1）0.5（含）～1m³/s 灌排结合渠道及建筑物。0.5（含）～1m³/s 灌排结合渠道总长度较长的有湖北、山东、河南，分别为 1.69 万 km、1.40 万 km、5997.4km，各占全国大型灌区同类渠道总长度的 25.8%、21.4%、9.2%；渠道衬砌长度较长的有四川、湖北、浙江，分别为 1716.5km、1016.3km、1006.5km，各占全国大型灌区同类渠道衬砌总长度的 26.0%、15.4%、15.2%；天津、北京、甘肃、吉林等 4 个省级行政区大型灌区该类型渠道未衬砌。渠系建筑物数量较多的有湖北、山东、云南，分别为 5.10 万座、2.14 万座、1.25 万座，各占全国大型灌区同类渠系建筑物数量的 34.2%、14.3%、8.4%；泵站数量较多的有湖北、山东、浙江，分别为 2507 座、1305 座、1137 座，各占全国大型灌区同类渠道上泵站数量的 38.0%、19.8%、17.3%，以上分析详见图 4-2-11 和附表 A2-2-9、附表 A2-2-10。

（2）0.2（含）～0.5m³/s 灌排结合渠道及建筑物。0.2（含）～0.5m³/s 灌排结合渠道总长度较长的有湖北、四川、山东，分别为 1.93 万 km、1.39 万 km、8968.6km，各占全国大型灌区同类渠道总长度的 25.5%、18.4%、11.9%；渠道衬砌长度较长的有四川、云南、湖北，分别为 4343.9km、1672.6km、1621.8km，各占全国大型灌区同类渠道衬砌总长度的 40.7%、15.7%、15.2%；黑龙江、天津、甘肃、北京、吉林等 5 个省级行政区大型灌区该类型渠道未衬砌。渠系建筑物数量较多的有湖北、四川、云南，分别为 5.18 万座、3.11 万座、1.85 万座，各占全国大型灌区同类渠系建筑物数量的 28.7%、17.2%、10.3%；泵站数量较多的有湖北、四川、山东，分别为 1493 座、676 座、651 座，各占全国大型灌区同类渠道上泵站数量的 38.4%、17.4%、16.7%，详见图 4-2-12 和附表 A2-2-11、附表 A2-2-12。

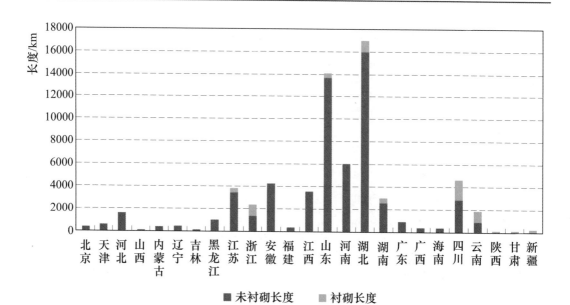

图 4-2-11 大型灌区 0.5（含）～1m³/s 的灌排结合渠道

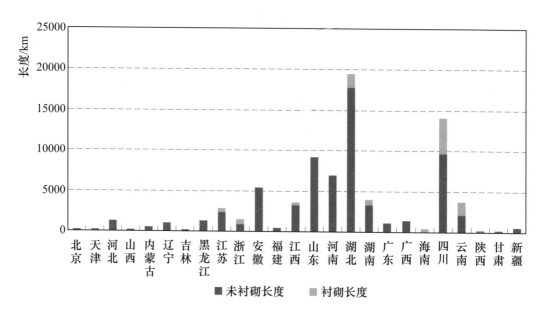

图 4-2-12 大型灌区 0.2（含）～0.5m³/s 的灌排结合渠道

三、排水沟及建筑物

（一）全国总体情况

全国大型灌区共有 0.6m³/s 以上排水沟 19.19 万条，长度 22.66 万 km；排水沟系建筑物数量共计 36.77 万座，其中水闸 3.07 万座、涵洞 18.92 万座、农桥 14.78 万座；此外，还有泵站 1.01 万座。

1. 3m³/s 及以上的排水沟及建筑物

3m³/s 及以上的排水沟共 1.25 万条，长度 5.70 万 km；排水沟系建筑物数量共计 9.08 万座，其中水闸 1.20 万座、涵洞 2.51 万座、农桥 5.38 万座；此外，还有泵站 7210 座。

（1）200m³/s 及以上的排水沟及建筑物。200m³/s 及以上排水沟共 32 条，长度 794.3km；排水沟系建筑物数量共计 766 座，其中水闸 77 座、涵洞 136 座、农桥 553 座；此外，还有泵站 82 座。

（2）50（含）～200m³/s 的排水沟及建筑物。50（含）～200m³/s 排水沟共 350 条，长度 4392.4km；排水沟系建筑物数量共计 4379 座，其中水闸 654 座、涵洞 808 座、农桥 2917 座；此外，还有泵站 432 座。

（3）10（含）～50m³/s 的排水沟及建筑物。10（含）～50m³/s 排水沟共 3500 条，长度 2.14 万 km；排水沟系建筑物数量共计 3.12 万座，其中水闸 3752 座、涵洞 7686 座、农桥 1.98 万座；此外，还有泵站 2616 座。

（4）3（含）～10m³/s 的排水沟及建筑物。3（含）～10m³/s 排水沟共 8666 条，长度 3.04 万 km；排水沟系建筑物数量共计 5.45 万座，其中水闸 7483 座、涵洞 1.65 万座、农桥 3.05 万座；此外，还有泵站 4080 座。

2. 0.6（含）～3m³/s 的排水沟及建筑物

0.6（含）～3m³/s 排水沟共 17.94 万条，长度 16.96 万 km；排水沟系建筑物数量共计 27.69 万座，其中水闸 1.88 万座、涵洞 16.41 万座、农桥 9.40 万座；此外，还有泵站 2897 座。

（1）1（含）～3m³/s 的排水沟及建筑物。1（含）～3m³/s 排水沟共 4.56 万条，长度 6.25 万 km；排水沟系建筑物数量共计 9.72 万座，其中水闸 8819 座、涵洞 4.87 万座、农桥 3.97 万座；此外，还有泵站 1836 座。

（2）0.6（含）～1m³/s 的排水沟及建筑物。0.6（含）～1m³/s 排水沟共 13.38 万条，长度 10.71 万 km；排水沟系建筑物数量共计 17.97 万座，其中水闸 9945 座、涵洞 11.55 万座、农桥 5.43 万座；此外，还有泵站 1061 座，详见表 4-2-17。

表 4-2-17　　　　　大型灌区不同规模排水沟及建筑物

排水沟规模	排水沟条数/条	排水沟长度/km	排水沟系建筑物数量/座	水闸/座	涵洞/座	农桥/座	泵站/座
200m³/s 及以上	32	794.3	766	77	136	553	82
50（含）～200m³/s	350	4392.4	4379	654	808	2917	432
10（含）～50m³/s	3500	21449.4	31229	3752	7686	19791	2616

排水沟规模	排水沟条数/条	排水沟长度/km	排水沟系建筑物数量/座	水闸/座	涵洞/座	农桥/座	泵站/座
3（含）～10m³/s	8666	30378.8	54465	7483	16455	30527	4080
小计	12548	57014.9	90839	11966	25085	53788	7210
1（含）～3m³/s	45554	62497.5	97183	8819	48652	39712	1836
0.6（含）～1m³/s	133847	107097.8	179726	9945	115463	54318	1061
小计	179401	169595.3	276909	18764	164115	94030	2897
全国	191949	226610.2	367748	30730	189200	147818	10107

（二）省级行政区

0.6m³/s 以上排水沟总长度较长的有江苏、湖北、山东，分别为 4.91 万 km、4.13 万 km、2.61 万 km，各占全国大型灌区同类排水沟总长度的 21.7%、18.2%、11.5%；排水沟长度较短的有西藏、福建、北京，分别为 15.6km、322.3km、524.5km，各占全国大型灌区同类排水沟总长度的 0.01%、0.14%、0.23%。

排水沟系建筑物数量较多的有江苏、湖北、山东，分别为 11.98 万座、8.02 万座、3.07 万座，各占全国大型灌区同类排水沟系建筑物数量的 32.6%、21.8%、8.4%；排水沟系建筑物数量较少的有西藏、天津、福建，分别为 7 座、91 座、633 座，各占全国大型灌区同类排水沟系建筑物数量的 0.002%、0.02%、0.17%。

泵站数量较多的有江苏、湖北、安徽，分别为 4063 座、3005 座、471 座，各占全国大型灌区同类排水沟上泵站数量的 40.2%、29.7%、4.7%；泵站数量较少的有广东、山西、北京，分别为 2 座、3 座、3 座，各占全国大型灌区同类排水沟上泵站数量的 0.02%、0.03%、0.03%，详见表 4-2-18。

1. 3m³/s 及以上的排水沟及建筑物

3m³/s 及以上的排水沟总长度较长的有江苏、湖北、河南，分别为 1.16 万 km、6532.9km、6524.1km，各占全国大型灌区同类排水沟总长度的 20.3%、11.5%、11.4%；排水沟长度较短的有海南、甘肃、浙江，分别为 98.4km、193.5km、211.4km，各占全国大型灌区同类排水沟总长度的 0.17%、0.34%、0.37%。

排水沟系建筑物数量较多的有江苏、湖北、安徽，分别为 2.11 万座、1.52 万座、9493 座，各占全国大型灌区同类排水沟系建筑物数量的 23.3%、16.7%、

10.5%；排水沟系建筑物数量较少的有海南、广东、甘肃，分别为120座、290座、319座，各占全国大型灌区同类排水沟系建筑物数量的0.13%、0.32%、0.35%。

泵站数量较多的有江苏、湖北、安徽，分别为3313座、1682座、363座，各占全国大型灌区同类排水沟上泵站数量的46.0%、23.3%、5.0%；泵站数量较少的有山西、广东、北京，分别为1座、2座、2座，天津、海南、西藏大型灌区的排水沟上无泵站，详见表4-2-19。

表4-2-18　　　　　　　　　大型灌区排水沟及建筑物

省级行政区	排水沟条数/条	排水沟长度/km	排水沟系建筑物数量/座	水闸/座	涵洞/座	农桥/座	泵站/座
全国	191949	226610.2	367748	30730	189200	147818	10107
北京	424	524.5	1350	95	559	696	3
天津	563	600.9	91	21	55	15	
河北	1987	3906.3	4452	641	995	2816	92
山西	656	1229.7	1167	158	189	820	3
内蒙古	1404	3675.0	3471	1206	505	1760	76
辽宁	11897	9368.5	8618	1918	3322	3378	211
吉林	312	1775.2	1060	83	363	614	48
黑龙江	731	3043.6	1535	178	776	581	32
江苏	73273	49125.2	119779	4940	86656	28183	4063
浙江	3256	2063.9	4747	95	3913	739	169
安徽	9462	13430.3	25718	3003	9301	13414	471
福建	84	322.3	633	143	37	453	12
江西	2436	9823.7	8625	1987	3543	3095	398
山东	23774	26140.5	30740	1399	5515	23826	62
河南	5874	13212.4	18872	1024	1300	16548	27
湖北	31387	41301.7	80197	7050	55309	17838	3005
湖南	3562	7404.9	17872	5037	4312	8523	384
广东	304	668.4	1267	120	410	737	2
广西	139	711.5	793	52	17	724	23
海南	768	1131.5	2814	64	17	2733	
四川	2134	10611.9	6383	430	854	5099	328
云南	231	806.5	1315	377	376	562	160
西藏	3	15.6	7	1		6	
陕西	238	1012.3	2019	67	174	1778	16
甘肃	462	682.1	993	125	407	461	53
宁夏	8455	9197.8	14049	283	4445	9321	435
新疆	8133	14824.0	9181	233	5850	3098	34

表 4 - 2 - 19　　　　　大型灌区 3m³/s 及以上排水沟及建筑物

省级行政区	排水沟条数/条	排水沟长度/km	排水沟系建筑物数量/座	水闸/座	涵洞/座	农桥/座	泵站/座
全国	12548	57014.9	90839	11966	25085	53788	7210
北京	94	282.5	615	88	62	465	2
河北	289	2061.7	3164	281	409	2474	45
山西	54	502.2	476	38	27	411	1
内蒙古	36	802.8	470	63	185	222	20
辽宁	526	2135.7	2444	348	672	1424	195
吉林	93	802.9	351	23	17	311	36
黑龙江	217	1669.2	829	131	304	394	31
江苏	3936	11600.6	21149	1811	7281	12057	3313
浙江	96	211.4	524	37	104	383	158
安徽	926	5226.6	9493	1325	2868	5300	363
福建	51	257.2	592	121	29	442	12
江西	461	1552.6	4114	1086	1485	1543	271
山东	1431	5957.6	8253	617	1039	6597	58
河南	744	6524.1	7388	620	397	6371	25
湖北	2048	6532.9	15185	2517	7580	5088	1682
湖南	561	2569.8	6158	1917	861	3380	315
广东	50	217.3	290	63	33	194	2
广西	86	616.6	600	43	6	551	23
海南	26	98.4	120	35	8	77	
四川	204	1417.3	2697	282	278	2137	126
云南	82	562.9	976	261	315	400	144
陕西	59	522.6	1097	28	115	954	16
甘肃	47	193.5	319	76	100	143	53
宁夏	210	2060.1	2260	62	444	1754	304
新疆	221	2636.4	1275	93	466	716	15

（1）200m³/s 及以上的排水沟及建筑物。200m³/s 及以上排水沟总长度较长的有河南、安徽、山东，分别为 329.9km、139.2km、94.8km，各占全国大型灌区同类排水沟总长度的 41.5%、17.5%、11.9%；排水沟系建筑物数

量较多的有河南、安徽、山东，分别为290座、257座、71座，各占全国大型灌区同类排水沟系建筑物数量的37.9%、33.6%、9.3%；泵站数量较多的有湖北、河南、云南，分别为43座、13座、12座，各占全国大型灌区同类排水沟上泵站数量的52.4%、15.9%、14.6%，详见图4-2-13和附表A2-3-1。

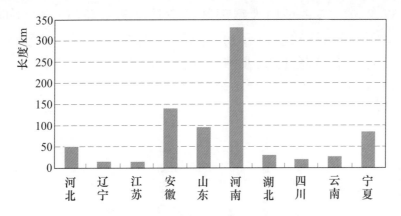

图4-2-13 大型灌区200m³/s及以上的排水沟长度

（2）50（含）～200m³/s的排水沟及建筑物。50（含）～200m³/s排水沟总长度较长的有河南、安徽、山东，分别为1557.6km、606.1km、331.8km，各占全国大型灌区同类排水沟总长度的35.5%、13.8%、7.6%；排水沟系建筑物数量较多的有河南、安徽、河北，分别为1379座、682座、488座，各占全国大型灌区同类排水沟系建筑物数量的31.5%、15.6%、11.1%；泵站数量较多的有江苏、湖北、安徽，分别为127座、80座、67座，各占全国大型灌区同类排水沟上泵站数量的29.4%、18.5%、15.5%，详见图4-2-14和附表A2-3-2。

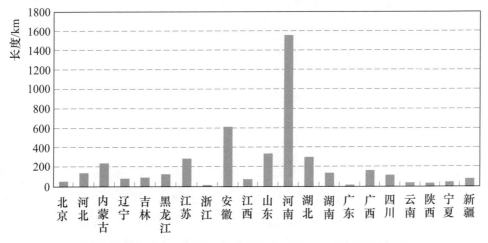

图4-2-14 大型灌区50（含）～200m³/s的排水沟长度

（3）10（含）～50m³/s的排水沟及建筑物。10（含）～50m³/s排水沟总长度较长的有江苏、河南、山东，分别为4149.8km、3183.2km、2465.6km，各占全国大型灌区同类排水沟总长度的19.6％、14.8％、11.5％；排水沟系建筑物数量较多的有江苏、湖北、河南，分别为6552座、4659座、3802座，各占全国大型灌区同类排水沟系建筑物数量的21.0％、14.9％、12.2％；泵站数量较多的有江苏、湖北、宁夏，分别为1321座、495座、180座，各占全国大型灌区同类排水沟上泵站数量的50.5％、18.9％、6.9％，详见图4-2-15和附表A2-3-3。

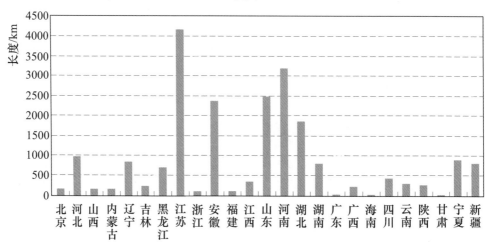

图4-2-15　大型灌区10（含）～50m³/s的排水沟长度

（4）3（含）～10m³/s的排水沟及建筑物。3（含）～10m³/s排水沟总长度较长的有江苏、湖北、山东，分别为7156.3km、4364.2km、3065.4km，各占全国大型灌区同类排水沟总长度的23.6％、14.4％、10.1％；排水沟系建筑物数量较多的有江苏、湖北、安徽，分别为1.43万座、1.01万座、5036座，各占全国大型灌区同类排水沟系建筑物数量的26.2％、18.6％、9.3％；泵站数量较多的有江苏、湖北、江西，分别为1854座、1064座、206座，各占全国大型灌区同类排水沟上泵站数量的45.4％、26.1％、5.0％，详见图4-2-16和附表A2-3-4。

2. 0.6（含）～3m³/s的排水沟及建筑物

0.6（含）～3m³/s的排水沟总长度较长的有江苏、湖北、山东，分别为3.75万km、3.48万km、2.02万km，各占全国大型灌区同类排水沟总长度的22.1％、20.5％、11.9％；排水沟长度较短的有西藏、福建、广西，分别为15.6km、65.1km、94.9km，各占全国大型灌区同类排水沟总长度的0.01％、0.04％、0.06％。

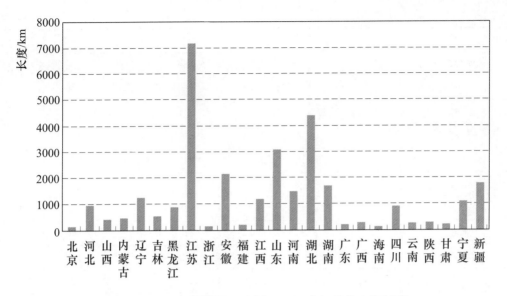

图 4-2-16　大型灌区 3（含）～10m³/s 的排水沟长度

排水沟系建筑物数量较多的有江苏、湖北、山东，分别为 9.86 万座、6.50 万座、2.25 万座，各占全国大型灌区同类排水沟系建筑物数量的 35.6%、23.5%、8.1%；排水沟系建筑物数量较少的有西藏、福建、天津，分别为 7 座、41 座、91 座，各占全国大型灌区同类排水沟系建筑物数量的 0.003%、0.01%、0.03%。

泵站数量较多的有湖北、江苏、四川，分别为 1323 座、750 座、202 座，各占全国大型灌区同类排水沟上泵站数量的 45.7%、25.9%、7.0%；泵站数量较少的有黑龙江、北京、河南，分别为 1 座、1 座、2 座，天津、福建、广东、广西、海南、西藏、陕西、甘肃该类型排水沟上无泵站，详见表 4-2-20。

表 4-2-20　　大型灌区 0.6（含）～3m³/s 排水沟及建筑物

省级行政区	排水沟条数/条	排水沟长度/km	排水沟系建筑物数量/座	水闸/座	涵洞/座	农桥/座	泵站/座
全国	179401	169595.3	276909	18764	164115	94030	2897
北京	330	242.0	735	7	497	231	1
天津	563	600.9	91	21	55	15	
河北	1698	1844.6	1288	360	586	342	47
山西	602	727.5	691	120	162	409	2
内蒙古	1368	2872.2	3001	1143	320	1538	56
辽宁	11371	7232.8	6174	1570	2650	1954	16

续表

省级行政区	排水沟条数/条	排水沟长度/km	排水沟系建筑物数量/座	水闸/座	涵洞/座	农桥/座	泵站/座
吉林	219	972.3	709	60	346	303	12
黑龙江	514	1374.4	706	47	472	187	1
江苏	69337	37524.6	98630	3129	79375	16126	750
浙江	3160	1852.5	4223	58	3809	356	11
安徽	8536	8203.7	16225	1678	6433	8114	108
福建	33	65.1	41	22	8	11	
江西	1975	8271.1	4511	901	2058	1552	127
山东	22343	20182.9	22487	782	4476	17229	4
河南	5130	6688.3	11484	404	903	10177	2
湖北	29339	34768.8	65012	4533	47729	12750	1323
湖南	3001	4835.1	11714	3120	3451	5143	69
广东	254	451.1	977	57	377	543	
广西	53	94.9	193	9	11	173	
海南	742	1033.1	2694	29	9	2656	
四川	1930	9194.6	3686	148	576	2962	202
云南	149	243.6	339	116	61	162	16
西藏	3	15.6	7	1		6	
陕西	179	489.7	922	39	59	824	
甘肃	415	488.6	674	49	307	318	
宁夏	8245	7137.7	11789	221	4001	7567	131
新疆	7912	12187.6	7906	140	5384	2382	19

（1）1（含）～3m^3/s 的排水沟及建筑物。1（含）～3m^3/s 排水沟总长度较长的有江苏、湖北、山东，分别为 1.33 万 km、1.04 万 km、7838.7km，各占全国大型灌区同类排水沟总长度的 21.2%、16.6%、12.5%；排水沟系建筑物数量较多的有湖北、江苏、山东，分别为 2.76 万座、2.54 万座、7615座，各占全国大型灌区同类排水沟系建筑物数量的 28.4%、26.2%、7.8%；泵站数量较多的有湖北、江苏、四川，分别为 662 座、572 座、159 座，各占全国大型灌区同类排水沟上泵站数量的 36.1%、31.2%、8.7%，详见图 4－2－17 和附表 A2－3－5。

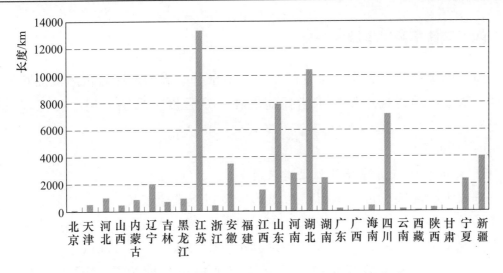

图 4-2-17　大型灌区 1（含）～3m³/s 的排水沟长度

（2）0.6（含）～1m³/s 的排水沟及建筑物。0.6（含）～1m³/s 排水沟总长度较长的有湖北、江苏、山东，分别为 2.44 万 km、2.43 万 km、1.23 万 km，各占全国大型灌区同类排水沟总长度的 22.79%、22.66%、11.53%；排水沟系建筑物数量较多的有江苏、湖北、山东，分别为 7.32 万座、3.74 万座、1.49 万座，各占全国大型灌区同类排水沟系建筑物数量的 40.8%、20.8%、8.3%，福建大型灌区 0.6（含）～1m³/s 排水沟没有建筑物；泵站数量较多的有湖北、江苏、江西，分别为 661 座、178 座、53 座，各占全国大型灌区同类排水沟上泵站数量的 62.3%、16.8%、5.0%，详见图 4-2-18 和附表 A2-3-6。

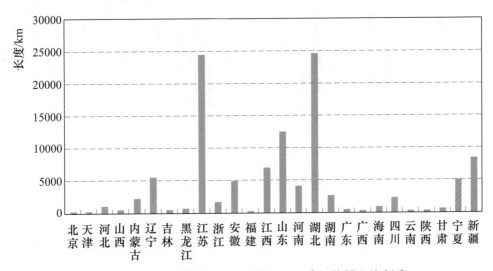

图 4-2-18　大型灌区 0.6（含）～1m³/s 的排水沟长度

四、灌区渠系工程状况分析

灌区的灌排渠系是灌区工程的主要组成部分，大型灌区万亩灌溉面积渠道长度、灌溉渠道衬砌率等技术指标能够在一定程度上反映大型灌区工程设施状况。

（一）渠道

1. 大型灌区万亩灌溉面积渠道长度

全国大型灌区万亩灌溉面积 $0.2m^3/s$ 及以上渠道长度为 26.16km。湖北、天津、甘肃渠道长度较长，分别为 50.25km、45.56km、44.45km；陕西、吉林、西藏渠道长度较短，分别为 12.40km、13.07km、14.17km。

其中，全国万亩灌溉面积 $1m^3/s$ 及以上渠道长度为 7.74km。天津、湖北、广东渠道长度较长，分别为 16.16km、13.69km、13.18km；陕西、山西、安徽渠道长度较短，分别为 4.44km、5.20km、5.34km。

全国万亩灌溉面积 0.2（含）～$1m^3/s$ 渠道长度为 18.42km。湖北、甘肃、天津渠道长度较长，分别为 36.56km、36.34km、29.41km；西藏、吉林、北京渠道长度较短，分别为 3.60m、5.32km、5.45km，详见图 4-2-19 和表 4-2-21。

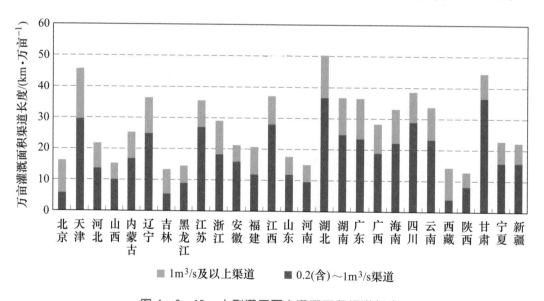

图 4-2-19　大型灌区万亩灌溉面积渠道长度

2. 灌溉渠道衬砌长度占灌溉渠道总长度的比例

全国大型灌区 $0.2m^3/s$ 及以上灌溉渠道衬砌长度占灌溉渠道总长度的比例为 28.3％。西藏、浙江、天津渠道衬砌比例较大，分别为 95.2％、72.3％、72.1％；安徽、江西、河北渠道衬砌比例较小，分别为 9.0％、12.5％、12.7％。

表 4 - 2 - 21　　　　　　　　大型灌区万亩灌溉面积渠道长度　　　　　　单位：km

省级行政区	0.2m³/s 及以上	1m³/s 及以上	0.2（含）～1m³/s
全国	26.16	7.74	18.42
北京	16.17	10.72	5.45
天津	45.56	16.16	29.41
河北	21.63	8.10	13.54
山西	15.04	5.20	9.84
内蒙古	25.18	8.44	16.74
辽宁	36.29	11.61	24.68
吉林	13.07	7.76	5.32
黑龙江	14.24	5.49	8.75
江苏	35.37	8.45	26.92
浙江	28.88	10.74	18.14
安徽	21.07	5.34	15.73
福建	20.44	8.70	11.74
江西	37.03	9.09	27.94
山东	17.45	5.79	11.66
河南	14.98	5.78	9.21
湖北	50.25	13.69	36.56
湖南	36.51	11.86	24.65
广东	36.40	13.18	23.22
广西	28.06	9.41	18.66
海南	32.90	10.81	22.09
四川	38.65	9.83	28.81
云南	33.55	10.50	23.05
西藏	14.17	10.57	3.60
陕西	12.40	4.44	7.96
甘肃	44.45	8.11	36.34
宁夏	22.64	7.20	15.44
新疆	22.19	6.46	15.73

其中，全国 1m³/s 及以上的灌溉渠道衬砌长度占同类渠道总长度的比例为 41.2％，衬砌长度的 61.4％为 2000 年以后衬砌。西藏、海南、陕西渠道衬砌比例较大，分别为 100％、89.9％、81.8％；安徽、辽宁、湖北渠道衬砌比例较小，分别为 13.2％、13.6％、15.6％。

全国 0.2（含）～1m³/s 的灌溉渠道衬砌长度占同类渠道总长度的比例为 23.2％。西藏、浙江、天津渠道衬砌比例较大，分别为 81.1％、73.8％、72.1％；河北、江西、安徽渠道衬砌比例较小，分别为 5.5％、6.4％、7.4％，详见图 4-2-20 和表 4-2-22。

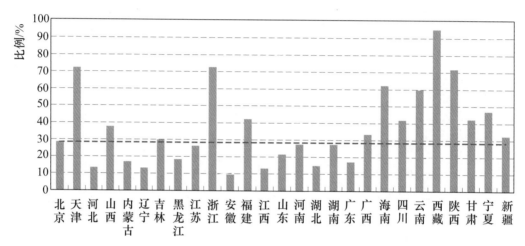

图 4-2-20 大型灌区 0.2m³/s 及以上的灌溉渠道衬砌长度
占灌溉渠道总长度的比例

表 4-2-22　　大型灌区灌溉渠道衬砌长度灌溉渠道总长度比例　　　　　　　　　％

省级行政区	0.2m³/s 及以上	1m³/s 及以上	2000 年以后衬砌长度占衬砌总长度的比例	0.2（含）～1m³/s
全国	28.33	41.20	61.39	23.21
北京	28.26	25.32	100.00	46.15
天津	72.11			72.11
河北	12.70	25.77	68.68	5.45
山西	36.99	62.03	54.34	25.84
内蒙古	16.23	16.64	91.06	16.02
辽宁	12.86	13.61	86.29	12.54

省级行政区	0.2m³/s 及以上	1m³/s 及以上	2000 年以后衬砌长度占衬砌总长度的比例	0.2（含）～1m³/s
吉林	28.79	34.01	93.22	21.82
黑龙江	17.80	24.41	96.24	12.33
江苏	25.97	19.46	81.62	27.40
浙江	72.29	63.87	62.75	73.75
安徽	8.96	13.19	77.29	7.38
福建	41.64	43.24	43.03	40.80
江西	12.50	27.48	70.79	6.43
山东	21.27	38.77	66.61	12.51
河南	26.94	30.69	64.09	24.30
湖北	14.65	15.57	85.02	14.38
湖南	28.67	44.52	57.24	20.35
广东	17.21	26.92	35.54	9.63
广西	32.90	62.76	80.71	21.01
海南	61.52	89.91	66.26	41.08
四川	41.60	72.49	46.83	31.78
云南	59.30	72.69	74.34	48.58
西藏	95.20	100.00	100.00	81.13
陕西	71.05	81.84	48.99	65.03
甘肃	42.21	80.10	41.93	33.79
宁夏	47.17	52.89	80.79	44.50
新疆	31.81	54.06	57.16	22.77

（二）灌溉渠道建筑物

1. 配水建筑物

全国大型灌区 0.2m³/s 及以上的渠道单位长度配水建筑物数量为 0.93 座/km。甘肃、宁夏、陕西单位长度配水建筑物数量较多，分别为 2.62 座/km、1.74 座/km、1.53 座/km；天津、北京、浙江单位长度配水建筑物数量较少，分别为 0.18 座/km、0.26 座/km、0.27 座/km。

其中，全国$1m^3/s$及以上的渠道单位长度配水建筑物数量为0.83座/km。甘肃、辽宁、广西单位长度配水建筑物数量较多，分别为1.87座/km、1.54座/km、1.45座/km；天津、浙江、吉林单位长度配水建筑物数量较少，分别为0.12座/km、0.22座/km、0.31座/km。

全国0.2（含）～$1m^3/s$渠道单位长度配水建筑物数量为0.97座/km。甘肃、宁夏、陕西渠道单位长度配水建筑物数量较多，分别为2.79座/km、2.03座/km、1.92座/km；北京、四川、广东单位长度配水建筑物数量较少，分别为0.07座/km、0.19座/km、0.21座/km，详见表4-2-23。

2. 量水建筑物

本次普查仅对$1m^3/s$及以上渠道量水建筑物进行了调查，因此该部分的量水建筑物数量特指大型灌区$1m^3/s$及以上渠道的量水建筑物数量。全国大型灌区万亩灌溉面积量水建筑物数量为0.64座。西藏、海南、云南数量较大，分别为7.66座、3.58座、3.44座；江苏、天津、江西数量较小，分别为0.05座、0.10座、0.12座，详见表4-2-24。

表4-2-23　　　　　大型灌区渠道单位长度配水建筑物数量　　　　单位：座/km

省级行政区	渠道单位长度配水建筑物数量	$1m^3/s$及以上渠道	0.2（含）～$1m^3/s$渠道
全国	0.93	0.83	0.97
北京	0.26	0.36	0.07
天津	0.18	0.12	0.22
河北	1.03	0.82	1.15
山西	1.29	1.28	1.29
内蒙古	1.41	0.78	1.73
辽宁	1.01	1.54	0.76
吉林	0.31	0.31	0.30
黑龙江	0.45	0.48	0.43
江苏	0.60	0.50	0.62
浙江	0.27	0.22	0.30
安徽	0.94	1.28	0.83
福建	0.35	0.45	0.28
江西	0.51	0.99	0.36
山东	0.33	0.41	0.30
河南	0.66	0.68	0.65

省级行政区	渠道单位长度配水建筑物数量	$1m^3/s$ 及以上渠道	0.2（含）～$1m^3/s$ 渠道
湖北	0.30	0.47	0.24
湖南	0.79	1.01	0.68
广东	0.43	0.82	0.21
广西	0.70	1.45	0.32
海南	0.51	0.71	0.41
四川	0.30	0.60	0.19
云南	1.40	0.99	1.59
西藏	0.94	1.08	0.52
陕西	1.53	0.83	1.92
甘肃	2.62	1.87	2.79
宁夏	1.74	1.11	2.03
新疆	1.44	1.08	1.59

表 4－2－24　　　　　大型灌区万亩灌溉面积量水建筑物数量　　　　单位：座

省级行政区	$1m^3/s$ 及以上渠道	省级行政区	$1m^3/s$ 及以上渠道
全国	0.64	河南	0.28
天津	0.10	湖北	0.24
河北	1.86	湖南	0.45
山西	2.02	广东	0.89
内蒙古	1.38	广西	0.96
辽宁	0.41	海南	3.58
吉林	0.16	四川	0.61
黑龙江	0.14	云南	3.44
江苏	0.05	西藏	7.66
浙江	0.17	陕西	0.65
安徽	0.14	甘肃	1.21
福建	0.28	宁夏	2.03
江西	0.12	新疆	0.65
山东	0.27		

注　北京市大型灌区在 $1m^3/s$ 及以上渠道上无量水建筑物。

第三节　灌区隶属关系与水价

本节主要介绍大型灌区的隶属关系、专管人员数量、水价、用水户协会等普查成果，并对大型灌区专管人员数量、用水户管理情况进行简要分析。

一、灌区隶属关系

按管理单位类型划分，由事业单位管理的大型灌区446处，由企业等其他类型单位管理的大型灌区有10处；按管理单位隶属关系划分，隶属于省级的灌区47处，地级的灌区149处，县级的灌区255处，乡镇级的灌区3处，其他隶属关系的灌区2处，详见图4-3-1和表4-3-1。

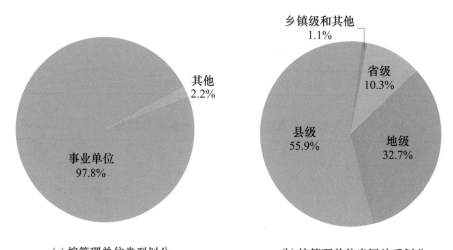

(a) 按管理单位类型划分　　　　　(b) 按管理单位隶属关系划分

图4-3-1　大型灌区管理单位类型及隶属关系

表4-3-1　　　大型灌区管理单位类型、隶属及专管人员数量

省级行政区	合计数量/处	管理单位类型/处		隶属关系/处					专管人员数量/人
		事业单位	其他	省	地	县	乡	其他	
全国	456	446	10	47	149	255	3	2	91083
北京	1	1				1			61
天津	1	1							82
河北	21	20	1	1	8	11		1	3342
山西	11	11		1	10				3100

续表

省级行政区	合计数量/处	管理单位类型/处		隶属关系/处					专管人员数量/人
		事业单位	其他	省	地	县	乡	其他	
内蒙古	14	13	1	1	2	11			4966
辽宁	11	11			1	10			5558
吉林	10	10			4	6			1576
黑龙江	25	20	5	1	3	20	1		1853
江苏	35	34	1		3	32			2097
浙江	12	12			4	8			475
安徽	10	10		3	5	2			3674
福建	4	4			2	2			483
江西	18	18		1	8	9			1337
山东	53	53		1	20	32			4149
河南	37	37		7	15	15			5410
湖北	40	40		3	9	28			3193
湖南	22	22		4	11	7			3359
广东	3	3			3				913
广西	11	11			7	4			1525
海南	1	1		1					480
四川	10	9	1	5	3	2			5411
云南	12	12			4	8			1302
西藏	1	1				1			32
陕西	12	12		5	7				9412
甘肃	23	23		4	2	17			6303
宁夏	5	5		5					3167
新疆	53	52	1	4	18	28	2	1	17823

二、专管人员数量

大型灌区共有专管人员 9.11 万人，每万亩专管人员数量平均为 3.3 人。

其中，陕西、辽宁人数较多，分别为 11.5 人、11.4 人；北京、浙江人数较少，均为 1.1 人。省级行政区万亩灌溉面积专管人员数量详见表 4-3-2。

表 4-3-2　　　　　大型灌区万亩灌溉面积专管人员数量　　　　　单位：人

省级行政区	数量	省级行政区	数量
全国	3.3	山东	1.3
北京	1.1	河南	2.0
天津	2.0	湖北	1.5
河北	3.3	湖南	4.5
山西	6.5	广东	4.9
内蒙古	3.3	广西	4.9
辽宁	11.4	海南	7.3
吉林	6.9	四川	4.2
黑龙江	3.3	云南	3.6
江苏	1.4	西藏	1.6
浙江	1.1	陕西	11.5
安徽	2.2	甘肃	5.9
福建	5.0	宁夏	4.6
江西	2.4	新疆	3.2

三、水价情况

全国已核定成本水价的大型灌区 344 处，占大型灌区总数的 75.4%。其中，核定成本水价在 0.05 元/m³ 以下的灌区 87 处、灌溉面积 4674.69 万亩，在 0.05（含）～0.1 元/m³ 之间的灌区 82 处、灌溉面积 6245.99 万亩，在 0.1 元/m³（含）及以上的灌区 175 处、灌溉面积 9533.29 万亩，详见图 4-3-2。

大型灌区中有执行水价的灌区 416 处，占大型灌区总数的 91.2%，其中，执行水价在 0.05 元/m³ 以下的灌区 182 处、灌溉面积 1.03 亿亩，在 0.05（含）～0.1 元/m³ 之间的灌区 126 处、灌溉面积 9259.58 万亩，在 0.1 元/m³ 及以上的灌区 108 处、灌溉面积 6775.09 万亩，详见图 4-3-3。

四、用水户协会

全国大型灌区共有用水户协会 1.21 万处，管理灌溉面积 0.89 亿亩。河南、新疆、甘肃用水户协会数量较多，分别为 2363 处、1730 处、1387 处；海南、福建、西藏较少，分别为 12 处、2 处、1 处。

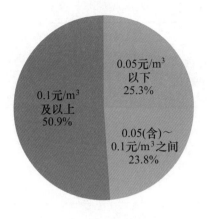

(a) 核定成本水价灌区数量占比

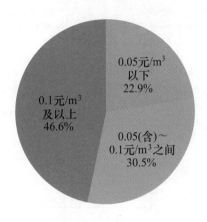

(b) 核定成本水价灌区灌溉面积占比

图 4-3-2　大型灌区核定成本水价情况

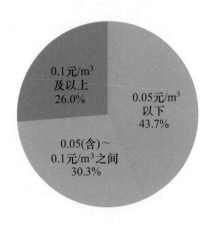

(a) 执行水价灌区数量占比

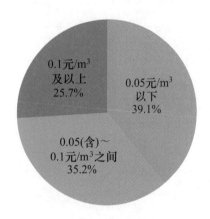

(b) 执行水价灌区灌溉面积占比

图 4-3-3　大型灌区执行水价情况

新疆、湖北、河南用水户协会管理灌溉面积较大，分别为 1558.54 万亩、1060.23 万亩、805.10 万亩，海南、西藏、福建较小，分别为 3.90 万亩、0.41 万亩、0.13 万亩。

大型灌区用水户协会管理面积占大型灌区灌溉面积平均为 31.8%。其中，宁夏、甘肃、江西占比较大，分别为 78.7%、75.3%、58.5%。福建、西藏、海南、安徽占比均较小，分别为 0.1%、2.1%、6.0%、7.0%。

大型灌区平均单个用水户协会管理灌溉面积 0.73 万亩。平均单个用水户协会管理面积较大的有浙江、江苏、辽宁，分别为 3.27 万亩、2.30 万亩、1.94 万亩，详见表 4-3-3。

表 4 - 3 - 3　　　　　　　　　大型灌区用水协会情况

省级行政区	大型灌区灌溉面积/万亩	用水协会数量/个	用水协会管理面积/万亩	占大型灌区灌溉面积比例/%	平均单个用水户协会管理灌溉面积/万亩
全国	27823.83	12099	8857.69	31.8	0.73
北京	55.36	15	18.59	33.6	1.24
天津	41.80	32	8.88	21.2	0.28
河北	1014.14	187	295.70	29.2	1.58
山西	477.33	265	140.40	29.4	0.53
内蒙古	1492.82	402	751.01	50.3	1.87
辽宁	485.73	83	161.16	33.2	1.94
吉林	228.76	43	27.29	11.9	0.63
黑龙江	570.01	122	185.84	32.6	1.52
江苏	1490.24	148	340.16	22.8	2.30
浙江	416.24	18	58.84	14.1	3.27
安徽	1641.76	343	115.61	7.0	0.34
福建	95.79	2	0.13	0.1	0.06
江西	550.34	468	322.02	58.5	0.69
山东	3262.75	404	502.87	15.4	1.24
河南	2742.68	2363	805.10	29.4	0.34
湖北	2096.34	893	1060.23	50.6	1.19
湖南	745.34	433	147.39	19.8	0.34
广西	308.37	392	91.31	29.6	0.23
海南	65.43	12	3.90	6.0	0.32
四川	1289.93	892	475.39	36.9	0.53
云南	360.05	387	133.29	37.0	0.34
西藏	19.71	1	0.41	2.1	0.41
陕西	817.65	307	310.00	37.9	1.01
甘肃	1063.48	1387	800.22	75.3	0.58
宁夏	690.42	770	543.42	78.7	0.71
新疆	5614.13	1730	1558.54	27.8	0.90

注　广东省无用水户协会。

第五章 中 型 灌 区

本章主要介绍设计灌溉面积 1 万（含）～30 万亩中型灌区数量、规模、渠（沟）系及其建筑物、灌区管理等普查成果，并对中型灌区分布、工程状况、灌区隶属关系与水价等进行简要分析。

第一节 灌区数量与规模

一、全国总体情况

全国共有中型灌区 7293 处，设计灌溉面积 3.00 亿亩，灌溉面积 2.23 亿亩，占全国灌溉面积的 22.3%。灌区内的耕地灌溉面积 2.04 亿亩，占中型灌区灌溉面积的 91.9%。2011 年实际灌溉面积 1.83 亿亩，其中耕地实际灌溉面积 1.68 亿亩（粮田实际灌溉面积 1.37 亿亩），园林草地等实际灌溉面积 0.14 亿亩。全国中型灌区分布情况详见附图 B-2-3。

按灌区规模划分，设计灌溉面积 5 万（含）～30 万亩的中型灌区 1865 处，设计灌溉面积共计 1.93 亿亩，灌溉面积 1.43 亿亩，占中型灌区灌溉面积的 64.1%；1 万（含）～5 万亩中型灌区 5428 处，设计灌溉面积共计 1.07 亿亩，灌溉面积 0.80 亿亩，占中型灌区灌溉面积的 35.9%，详见图 5-1-1 和表 5-1-1。

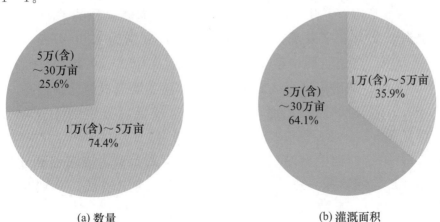

(a) 数量

(b) 灌溉面积

图 5-1-1 不同规模中型灌区数量与灌溉面积占比

表 5-1-1　　　　　　　　　中型灌区数量及灌溉面积

规　　　模	数量 /处	设计灌溉面积 /万亩	灌溉面积 /万亩	2011 年实际灌溉面积 /万亩
合计	7293	29953.78	22251.45	18270.43
1 万（含）～5 万亩	5428	10721.53	7992.56	6287.23
5 万（含）～30 万亩	1865	19232.25	14258.89	11983.20

跨省中型灌区共有 2 处，分别为吉林的新安灌区和湖北的邢川水库灌区，见表 5-1-2。

表 5-1-2　　　　　　　　　跨省中型灌区情况

灌区名称	设计灌溉面积 /万亩	灌区范围	灌溉面积 /万亩
新安灌区	9.81	吉林	6.62
		黑龙江	0.46
		小计	7.08
邢川水库灌区	3.40	湖北	2.00
		河南	0.05
		小计	2.05

二、省级行政区

湖南、湖北、安徽中型灌区数量较多，分别为 661 处、517 处、488 处；上海、北京、宁夏数量最少，分别为 1 处、10 处、23 处。

新疆、江苏、湖南中型灌区灌溉面积较大，分别为 2784.31 万亩、1950.75 万亩、1731.51 万亩，各占全国中型灌区灌溉面积的 12.5%、8.8%、7.8%；上海、北京、宁夏灌区灌溉面积较少，分别为 4.00 万亩、32.89 万亩、83.19 万亩，各占全国中型灌区灌溉面积的 0.02%、0.15%、0.37%。

青海、天津、湖南中型灌区灌溉面积占本区灌溉面积的比例较高，分别为 65.4%、50.9%、37.0%；上海、河北、北京较低，分别为 1.5%、9.2%、9.5%，详见图 5-1-2、图 5-1-3 和图 5-1-4。

西藏、广东、江西中型灌区 2011 年实际灌溉面积占灌溉面积比例较高，分别为 99.1%、92.3%、92.3%；贵州、吉林、辽宁较低，分别为 57.0%、60.5%、64.6%。

江苏、湖南、安徽中型灌区 2011 年粮田实际灌溉面积较大，分别为

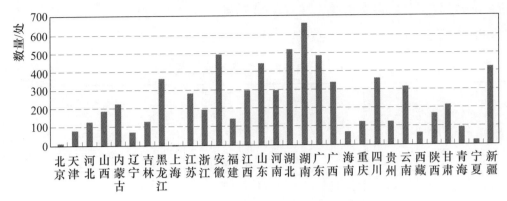

图 5-1-2　省级行政区中型灌区数量

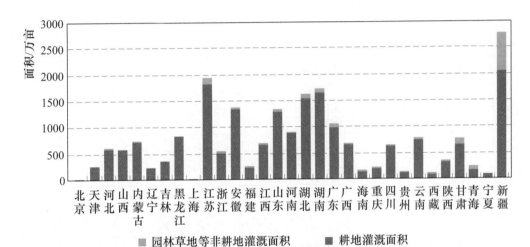

图 5-1-3　省级行政区中型灌区灌溉面积

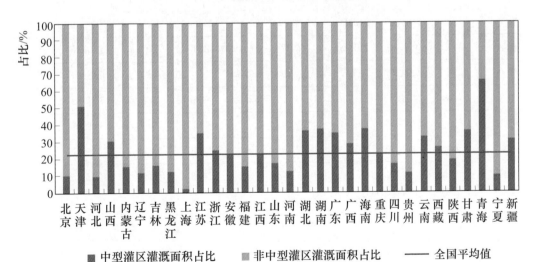

图 5-1-4　省级行政区中型灌区灌溉面积占比

1434.00 万亩、1229.00 万亩、1084.36 万亩；上海、北京、宁夏较小，分别为 2.80 万亩、13.13 万亩、59.85 万亩，详见表 5-1-3。

表 5-1-3　　　　　　　　2011 年中型灌区数量和灌溉面积

省级行政区	数量/处	设计灌溉面积/万亩	灌溉面积/万亩	耕地灌溉面积/万亩	园林草地等非耕地灌溉面积/万亩	2011 年实际灌溉面积/万亩	耕地实际灌溉面积/万亩	粮田实际灌溉面积/万亩	园林草地等非耕地实际灌溉面积/万亩
全国	7293	29953.78	22251.45	20445.12	1806.33	18270.43	16823.25	13737.74	1447.18
北京	10	33.90	32.89	23.30	9.59	26.01	18.82	13.13	7.19
天津	79	248.71	245.52	239.62	5.90	201.11	195.75	136.60	5.35
河北	130	842.40	617.77	587.59	30.18	456.98	440.81	394.82	16.18
山西	184	826.55	595.67	579.40	16.27	438.36	426.65	366.27	11.70
内蒙古	225	1003.31	746.15	720.70	25.45	610.17	591.58	529.27	18.59
辽宁	70	273.52	224.98	222.18	2.80	145.34	143.76	142.11	1.58
吉林	127	549.96	352.51	345.57	6.94	213.44	210.52	206.02	2.92
黑龙江	361	1347.47	825.53	825.27	0.26	749.27	749.14	701.77	0.12
上海	1	4.00	4.00	4.00		3.50	3.50	2.80	
江苏	284	2202.36	1950.75	1827.66	123.09	1661.17	1565.75	1434.00	95.42
浙江	194	753.71	544.92	501.00	43.91	491.24	455.46	372.52	35.78
安徽	488	1751.91	1373.82	1351.99	21.83	1186.75	1172.54	1084.36	14.21
福建	143	367.39	263.80	239.27	24.53	223.46	207.47	175.15	15.99
江西	296	985.28	711.76	682.19	29.57	657.00	630.37	589.07	26.63
山东	444	2101.16	1353.81	1290.14	63.67	966.71	928.69	753.61	38.02
河南	296	1362.93	914.47	893.64	20.83	676.13	661.79	644.59	14.34
湖北	517	2101.91	1633.49	1552.55	80.93	1298.85	1243.87	1029.33	54.98
湖南	661	2407.92	1731.51	1654.87	76.64	1433.11	1386.86	1229.00	46.25
广东	485	1481.58	1061.52	973.77	87.75	980.04	901.52	779.70	78.53
广西	341	1190.22	691.58	671.76	19.82	500.66	486.55	411.64	14.11
海南	67	257.03	171.40	140.20	31.20	141.05	115.09	91.96	25.95
重庆	123	372.69	225.83	218.25	7.58	150.95	146.56	126.20	4.40
四川	360	1093.48	661.62	622.76	38.86	468.01	445.11	390.30	22.90

省级行政区	数量/处	设计灌溉面积/万亩	灌溉面积/万亩	耕地灌溉面积/万亩	园林草地等非耕地灌溉面积/万亩	2011年实际灌溉面积/万亩	耕地实际灌溉面积/万亩	粮田实际灌溉面积/万亩	园林草地等非耕地实际灌溉面积/万亩
贵州	116	225.33	140.17	138.71	1.46	79.95	79.47	71.65	0.48
云南	319	1073.08	794.70	756.51	38.19	672.67	638.60	511.24	34.07
西藏	61	200.50	130.76	79.65	51.11	129.64	79.09	64.13	50.54
陕西	168	573.81	357.13	327.76	29.37	234.56	219.06	194.22	15.50
甘肃	208	762.92	771.34	661.99	109.35	663.14	569.39	369.19	93.75
青海	89	285.34	254.56	166.75	87.81	209.39	141.43	115.55	67.96
宁夏	23	86.68	83.19	81.82	1.37	66.60	65.69	59.85	0.91
新疆	423	3186.71	2784.31	2064.24	720.07	2535.18	1902.38	747.67	632.81

注 在计算灌区数量时,对于跨省灌区只计入主要受益省级行政区的灌区数量中,但各受益省级行政区的灌溉面积,仍然分别计入所在省级行政区。

(一) 5万 (含) ～30万亩中型灌区

新疆、湖南、湖北该规模灌区数量较多,分别为199处、160处、142处;新疆、江苏、湖北灌溉面积较大,分别为2344.82万亩、1674.51万亩、1051.56万亩,各占全国该规模灌区灌溉面积的16.4%、11.7%、7.4%。

江苏、湖南和湖北该规模灌区粮田实际灌溉面积较大,分别为1226.57万亩、698.07万亩、692.14万亩,详见表5-1-4。

表5-1-4　　5万 (含) ～30万亩的中型灌区数量和灌溉面积

省级行政区	数量/处	设计灌溉面积/万亩	灌溉面积/万亩	耕地灌溉面积/万亩	园林草地等非耕地灌溉面积/万亩	2011年实际灌溉面积/万亩	耕地实际灌溉面积/万亩	粮田实际灌溉面积/万亩	园林草地等非耕地实际灌溉面积/万亩
全国	1865	19232.25	14258.89	13035.73	1223.17	11983.20	10988.21	8729.34	994.99
北京	1	20.00	23.85	17.80	6.05	21.08	16.24	11.63	4.84
天津	12	85.75	83.55	81.50	2.05	75.42	73.37	60.69	2.05
河北	59	685.37	505.48	480.31	25.17	402.20	387.45	350.77	14.75
山西	46	520.34	341.56	331.77	9.80	271.53	263.38	222.10	8.15

省级行政区	数量/处	设计灌溉面积/万亩	灌溉面积/万亩	耕地灌溉面积/万亩	园林草地等非耕地灌溉面积/万亩	2011年实际灌溉面积/万亩	耕地实际灌溉面积/万亩	粮田实际灌溉面积/万亩	园林草地等非耕地实际灌溉面积/万亩
内蒙古	60	664.21	499.45	485.22	14.24	431.08	420.01	370.90	11.07
辽宁	19	170.51	144.03	142.78	1.25	96.98	95.91	95.33	1.07
吉林	28	369.67	201.65	194.75	6.90	120.33	117.43	115.72	2.91
黑龙江	87	789.07	411.44	411.44		369.12	369.12	341.78	
江苏	130	1898.00	1674.51	1568.18	106.33	1418.44	1337.74	1226.57	80.70
浙江	40	483.93	333.42	306.85	26.57	298.78	277.31	214.29	21.47
安徽	108	1007.52	762.74	753.04	9.71	670.26	664.16	613.07	6.10
福建	18	146.30	85.77	80.25	5.52	78.20	74.80	62.18	3.40
江西	90	640.31	479.00	469.44	9.57	435.79	428.29	401.30	7.49
山东	130	1476.14	949.38	911.96	37.41	720.19	693.23	550.40	26.96
河南	94	966.99	654.00	642.06	11.94	511.76	502.82	494.29	8.95
湖北	142	1367.81	1051.56	1007.33	44.23	882.99	853.88	692.14	29.11
湖南	160	1389.13	994.86	956.61	38.25	829.23	806.77	698.07	22.47
广东	81	711.52	488.81	458.34	30.48	452.59	424.74	370.09	27.85
广西	76	633.91	346.32	339.41	6.90	249.63	244.95	199.56	4.68
海南	13	154.27	104.57	82.96	21.61	84.15	66.32	52.73	17.83
重庆	26	179.42	89.53	85.43	4.10	61.21	58.15	48.91	3.06
四川	70	550.30	313.59	298.45	15.13	207.39	199.52	177.61	7.87
贵州	4	26.46	14.47	14.47		9.27	9.27	9.27	
云南	61	562.51	413.70	393.05	20.66	350.26	330.27	266.08	19.99
西藏	9	88.97	50.58	36.04	14.54	50.58	36.04	31.67	14.54
陕西	29	287.26	183.21	170.56	12.64	128.42	121.73	107.18	6.69
甘肃	52	497.54	540.34	460.04	80.31	477.67	409.39	246.70	68.27
青海	19	138.99	125.55	72.63	52.92	99.89	59.71	43.98	40.19
宁夏	2	37.86	47.16	46.49	0.67	41.53	41.27	40.43	0.26
新疆	199	2682.18	2344.82	1736.60	608.22	2137.23	1604.95	613.91	532.27

注　上海无该规模中型灌区。

（二）1万（含）～5万亩灌区

湖南、广东、安徽该规模灌区数量较多，分别为501处、404处、380处；湖南、安徽、湖北灌溉面积较大，分别为736.65万亩、611.08万亩、581.93万亩，各占全国该规模灌区灌溉面积的9.2%、7.6%、7.3%。

湖南、安徽、广东该规模灌区粮田实际灌溉面积较大，分别为530.93万亩、471.28万亩、409.61万亩，有2333处灌区2011年实际灌溉面积全部为粮田，详见表5-1-5。

表5-1-5　　　1万（含）～5万亩的中型灌区数量和灌溉面积

省级行政区	灌区数量/处	设计灌溉面积/万亩	灌溉面积/万亩	耕地灌溉面积/万亩	园林草地等非耕地灌溉面积/万亩	2011年实际灌溉面积/万亩	耕地实际灌溉面积/万亩	粮田实际灌溉面积/万亩	园林草地等非耕地实际灌溉面积/万亩
全国	5428	10721.53	7992.56	7409.39	583.16	6287.23	5835.04	5008.40	452.18
北京	9	13.90	9.04	5.50	3.54	4.93	2.58	1.50	2.35
天津	67	162.96	161.97	158.12	3.84	125.68	122.38	75.91	3.30
河北	71	157.03	112.29	107.28	5.00	54.78	53.35	44.05	1.43
山西	138	306.22	254.11	247.63	6.47	166.82	163.27	144.17	3.55
内蒙古	165	339.10	246.70	235.48	11.22	179.09	171.57	158.37	7.52
辽宁	51	103.01	80.95	79.40	1.55	48.36	47.85	46.79	0.51
吉林	99	180.30	150.87	150.82	0.04	93.11	93.09	90.31	0.02
黑龙江	274	558.40	414.09	413.83	0.26	380.14	380.02	359.99	0.12
上海	1	4.00	4.00	4.00		3.50	3.50	2.80	
江苏	154	304.36	276.24	259.48	16.77	242.73	228.01	207.43	14.72
浙江	154	269.77	211.50	194.16	17.34	192.46	178.15	158.24	14.31
安徽	380	744.40	611.08	598.96	12.13	516.49	508.37	471.28	8.11
福建	125	221.09	178.02	159.02	19.01	145.27	132.67	112.98	12.59
江西	206	344.96	232.76	212.76	20.00	221.21	202.08	187.76	19.14
山东	314	625.02	404.43	378.18	26.26	246.52	235.46	203.21	11.06
河南	202	395.93	260.48	251.58	8.89	164.37	158.97	150.30	5.40
湖北	375	734.11	581.93	545.22	36.71	415.85	389.98	337.19	25.87

省级行政区	灌区数量/处	设计灌溉面积/万亩	灌溉面积/万亩	耕地灌溉面积/万亩	园林草地等非耕地灌溉面积/万亩	2011年实际灌溉面积/万亩	耕地实际灌溉面积/万亩	粮田实际灌溉面积/万亩	园林草地等非耕地实际灌溉面积/万亩
湖南	501	1018.80	736.65	698.26	38.39	603.88	580.09	530.93	23.79
广东	404	770.06	572.71	515.44	57.27	527.45	476.77	409.61	50.67
广西	265	556.31	345.26	332.35	12.91	251.03	241.60	212.08	9.43
海南	54	102.76	66.83	57.24	9.58	56.89	48.77	39.23	8.12
重庆	97	193.27	136.30	132.82	3.48	89.74	88.41	77.29	1.33
四川	290	543.17	348.04	324.31	23.73	260.62	245.59	212.69	15.03
贵州	112	198.87	125.70	124.24	1.46	70.67	70.20	62.38	0.48
云南	258	510.57	380.99	363.46	17.53	322.41	308.33	245.16	14.08
西藏	52	111.53	80.18	43.61	36.57	79.06	43.05	32.46	36.01
陕西	139	286.55	173.93	157.20	16.73	106.15	97.33	87.04	8.81
甘肃	156	265.38	231.00	201.96	29.04	185.48	160.00	122.49	25.48
青海	70	146.35	129.01	94.12	34.89	109.49	81.72	71.58	27.77
宁夏	21	48.82	36.03	35.33	0.70	25.07	24.42	19.42	0.65
新疆	224	504.53	439.49	327.65	111.84	397.96	297.42	133.76	100.53

三、东、中、西部地区

东、中、西部地区中型灌区数量分别为1907处、2930处、2456处，分别占全国中型灌区数量的26.1%、40.2%、33.7%。东、中、西部地区中型灌区灌溉面积分别为6471.34万亩、8138.77万亩、7641.34万亩，分别占全国中型灌区灌溉面积的29.1%、36.6%、34.3%。中部地区中型灌区数量最多且灌溉面积最大，西部地区次之，东部地区最小。

设计灌溉面积5万（含）～30万亩的灌区中，西部地区灌溉面积最大，中部地区次之，东部地区较小。设计灌溉面积1万（含）～5万亩中型灌区中，中部地区灌溉面积最大，西部地区次之，东部地区最小。详见图5-1-5、图5-1-6和表5-1-6。

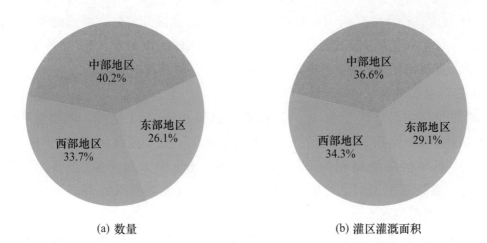

(a) 数量　　　　　　　　　　(b) 灌区灌溉面积

图 5-1-5　东、中、西部地区灌区数量与灌区灌溉面积

表 5-1-6　　　　　　东、中、西部地区中型灌区分布情况

地区	数量/处	设计灌溉面积/万亩	灌溉面积/万亩	2011 年实际灌溉面积/万亩	2011 年粮田实际灌溉面积/万亩
东部	1907	8565.77	6471.34	5296.61	4296.40
中部	2930	11333.95	8138.77	6652.90	5850.41
西部	2456	10054.06	7641.34	6320.92	3590.91
全国	7293	29953.78	22251.45	18270.43	13737.72

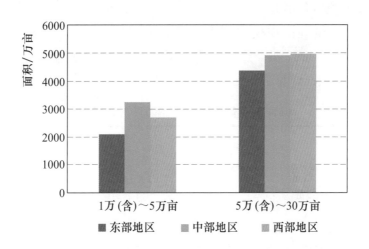

图 5-1-6　东、中、西部地区中型灌区不同规模灌区灌溉面积分布

（一）东部地区

东部地区中型灌区 1907 处，设计灌溉面积共计 8565.77 万亩，灌溉面积

6471.34 万亩。设计灌溉面积 5 万（含）～30 万亩灌区 503 处，灌溉面积 4393.37 万亩，占本区中型灌区灌溉面积的 67.9%；设计灌溉面积 1 万（含）～5 万亩灌区 1404 处，灌溉面积 2077.97 万亩，占本区中型灌区灌溉面积的 32.1%。

（二）中部地区

中部地区中型灌区 2930 处，设计灌溉面积共计 1.13 亿亩，灌溉面积 0.81 亿亩。设计灌溉面积 5 万（含）～30 万亩灌区 755 处，灌溉面积 4896.80 万亩，占本区中型灌区灌溉面积的 60.2%；设计灌溉面积 1 万（含）～5 万亩灌区 2175 处，灌溉面积 3241.97 万亩，占本区中型灌区灌溉面积的 39.8%。

（三）西部地区

西部地区中型灌区 2456 处，设计灌溉面积共计 1.01 亿亩，灌溉面积 0.76 亿亩。设计灌溉面积 5 万（含）～30 万亩灌区 607 处，灌溉面积 4968.72 万亩，占本区中型灌区灌溉面积的 65.0%；设计灌溉面积 1 万（含）～5 万亩灌区 1849 处，灌溉面积 2672.62 万亩，占本区中型灌区灌溉面积的 35.0%。

四、粮食主产省

13 个粮食主产省共有中型灌区 4259 处，占全国中型灌区数量的 58.4%；灌溉面积 1.31 亿亩，占全国中型灌区灌溉面积的 58.9%；耕地灌溉面积 1.26 亿亩，占全国中型灌区耕地灌溉面积的 61.5%；粮食主产省中型灌区 2011 年实际灌溉面积为 1.05 亿亩，其中，粮田实际灌溉面积为 0.91 亿亩，占全国中型灌区粮田实际灌溉面积的 66.4%。

其中，设计灌溉面积 5 万（含）～30 万亩灌区 1177 处，灌溉面积 8641.67 万亩，占全国该规模中型灌区灌溉面积的 60.6%；设计灌溉面积 1 万（含）～5 万亩灌区 3082 处，灌溉面积 4456.50 万亩，占全国该规模中型灌区灌溉面积的 55.8%，详见表 5-1-7。

表 5-1-7　　　　　　粮食主产省与全国中型灌区对比情况

项　目	数量/处	设计灌溉面积/亿亩	灌溉面积/亿亩	耕地灌溉面积/亿亩	2011 年实际灌溉面积/亿亩	耕地实际灌溉面积/亿亩	粮田实际灌溉面积/亿亩
13 个粮食主产省	4259	1.80	1.31	1.26	1.05	1.02	0.91
全国	7293	3.00	2.23	2.04	1.83	1.68	1.37
占全国比例/%	58.4	60.2	58.9	61.5	57.6	60.5	66.4

第二节　渠（沟）系工程

本节分别介绍中型灌区的灌溉渠道及建筑物、灌排结合渠道及建筑物和排水沟及建筑物三部分普查成果内容，并对中型灌区渠系工程状况进行简要分析。

一、灌溉渠道及建筑物

（一）全国总体情况

全国中型灌区共有 0.2m³/s 及以上的灌溉渠道 35.97 万条，长度 48.68 万km，其中衬砌长度 15.18 万 km（2000 年以后衬砌长度 2.64 万 km），占渠道总长度的 31.2%；渠系建筑物数量共计 135.38 万座，其中水闸 45.49 万座、渡槽 4.88 万座、跌水陡坡 1.43 万座、倒虹吸 5240 座、隧洞 1.39 万座、涵洞 32.83 万座、农桥 48.20 万座、量水建筑物 6257 座；此外，还有泵站 4.05 万座。

1. 1m³/s 及以上灌溉渠道及建筑物

1m³/s 及以上灌溉渠道 1.99 万条，总长度 13.68 万 km，其中，衬砌长度 5.55 万 km（2000 年以后渠道衬砌长度 2.64 万 km），占 40.6%；渠系建筑物 37.36 万座，其中水闸 10.00 万座、渡槽 2.09 万座、跌水陡坡 1.43 万座、倒虹吸 5240 座、隧洞 1.39 万座、涵洞 6.34 万座、农桥 14.96 万座、量水建筑物 6257 座；此外，还有泵站 1.18 万座。

（1）100m³/s 及以上灌溉渠道及建筑物。100m³/s 及以上灌溉渠道共 11 条，长度 89.1km，其中，衬砌长度 0.2km（为 2000 年之前衬砌），占 0.22%；渠系建筑物数量共计 56 座，其中，水闸 15 座、跌水陡坡 1 座、涵洞 3 座、农桥 35 座、量水建筑物 2 座，无渡槽、倒虹吸、隧洞、泵站等建筑物。

（2）20（含）～100m³/s 灌溉渠道及建筑物。20（含）～100m³/s 灌溉渠道共 244 条，总长 3202.1km，其中，已衬砌 1173.2km（2000 年以后衬砌长度 801.9km），占 36.6%；渠系建筑物数量共计 5275 座，其中，水闸 1899 座、渡槽 220 座、跌水陡坡 568 座、倒虹吸 60 座、隧洞 62 座、涵洞 332 座、农桥 2040 座、量水建筑物 94 座；此外，还有泵站 226 座。

（3）5（含）～20m³/s 灌溉渠道及建筑物。5（含）～20m³/s 灌溉渠道共 2387 条，总长 2.70 万 km，其中，已衬砌 1.06 万 km（2000 年以后衬砌长度

0.47 万 km），占 39.4%；渠系建筑物数量共计 6.47 万座，其中水闸 1.75 万座、渡槽 3697 座、跌水陡坡 2523 座、倒虹吸 752 座、隧洞 2227 座、涵洞 8704 座、农桥 2.76 万座、量水建筑物 1701 座；此外，还有泵站 2611 座。

（4）1（含）～5m³/s 灌溉渠道及建筑物。1（含）～5m³/s 灌溉渠道共 1.73 万条，总长 10.65 万 km，其中，已衬砌 4.37 万 km（2000 年以后衬砌长度 2.09 万 km），占 41.1%；渠系建筑物数量共计 30.36 万座，其中水闸 8.06 万座、渡槽 1.70 万座、跌水陡坡 1.12 万座、倒虹吸 4428 座、隧洞 1.16 万座、涵洞 5.44 万座、农桥 11.99 万座、量水建筑物 4460 座；此外，还有泵站 8964 座。

2. 0.2（含）～1m³/s 灌溉渠道及建筑物

0.2（含）～1m³/s 灌溉渠道共 33.97 万条，长度 35.01 万 km，其中衬砌长度 9.63 万 km，占 27.5%；渠系建筑物数量共计 98.02 万座，其中水闸 35.49 万座、渡槽 2.79 万座、涵洞 26.49 万座、农桥 33.25 万座；此外，还有泵站 2.87 万座。

（1）0.5（含）～1m³/s 灌溉渠道及建筑物。0.5（含）～1m³/s 灌溉渠道共 8.93 万条，总长 12.31 万 km，其中已衬砌 3.48 万 km，占 28.3%；渠系建筑物数量共计 35.61 万座，其中水闸 12.21 万座、渡槽 1.38 万座、涵洞 9.22 万座、农桥 12.81 万座；此外，还有泵站 1.11 万座。

（2）0.2（含）～0.5m³/s 灌溉渠道及建筑物。0.2（含）～0.5m³/s 灌溉渠道共 25.04 万条，总长 22.69 万 km，其中已衬砌 6.15 万 km，占 27.1%；渠系建筑物数量共计 62.41 万座，其中水闸 23.28 万座、渡槽 1.41 万座、涵洞 17.27 万座、农桥 20.44 万座；此外，还有泵站 1.76 万座，详见表 5-2-1 和表 5-2-2。

表 5-2-1　　　　中型灌区不同规模灌溉渠道长度及衬砌情况

渠道规模	渠道条数/条	渠道长度/km	衬砌长度/km	占渠道长度的比例/%	2000 年以后衬砌长度/km	占衬砌长度的比例/%
100m³/s 及以上	11	89.1	0.2	0.2		
20（含）～100m³/s	244	3202.1	1173.2	36.6	801.9	68.4
5（含）～20m³/s	2387	26951.7	10607.8	39.4	4714.4	44.4
1（含）～5m³/s	17301	106526.9	43745.7	41.1	20920.4	47.8
小计	19943	136769.8	55526.9	40.6	26436.7	47.6

续表

渠道规模	渠道条数/条	渠道长度/km	衬砌长度/km	占渠道长度的比例/%	2000年以后衬砌长度/km	占衬砌长度的比例/%
0.5（含）～1m³/s	89297	123123.7	34796.3	28.3		
0.2（含）～0.5m³/s	250420	226928.6	61502.4	27.1		
小计	339717	350052.3	96298.7	27.5		
合计	359660	486822.1	151825.6	31.2	26436.7	17.4

表5-2-2　　　　　　　中型灌区不同规模灌溉渠道上的建筑物　　　　　单位：座

渠道规模	渠系建筑物数量	水闸	渡槽	跌水陡坡	倒虹吸	隧洞	涵洞	农桥	量水建筑物	泵站
100m³/s及以上	56	15		1			3	35	2	
20（含）～100m³/s	5275	1899	220	568	60	62	332	2040	94	226
5（含）～20m³/s	64653	17486	3697	2523	752	2227	8704	27563	1701	2611
1（含）～5m³/s	303639	80632	17006	11189	4428	11620	54378	119926	4460	8964
小计	373623	100032	20923	14281	5240	13909	63417	149564	6257	11801
0.5（含）～1m³/s	356107	122088	13790				92168	128061		11081
0.2（含）～0.5m³/s	624071	232824	14089				172738	204420		17599
小计	980178	354912	27879				264906	332481		28680
合计	1353801	454944	48802	14281	5240	13909	328323	482045	6257	40481

（二）省级行政区

0.2m³/s及以上渠道总长度较长的有湖南、新疆、江苏，分别为6.14万km、5.96万km、5.24万km，各占全国中型灌区同类渠道总长度的12.6%、12.2%、10.8%；渠道总长度较短的有北京、上海、宁夏，分别为123.7km、

186.9km、1521.9km，各占全国中型灌区同类渠道总长度的 0.03％、0.04％、0.31％。

渠道衬砌长度较长的有新疆、甘肃、湖南，分别为 2.90 万 km、1.40 万 km、1.23 万 km，各占全国中型灌区同类渠道衬砌总长度的 19.1％、9.2％、8.1％；衬砌总长度较短的有北京、上海、辽宁，分别为 88.4km、186.9km、691.5km，各占全国中型灌区同类渠道衬砌总长度的 0.06％、0.12％、0.46％。

渠道衬砌长度占渠道总长度比例较高的有上海、贵州、北京，分别为100％、76.2％、71.5％，比例较低的有安徽、黑龙江、江西，分别为 7.5％、8.9％、14.5％。

渠系建筑物数量较多的有江苏、湖南、甘肃，分别为 18.11 万座、17.88 万座、17.27 万座，各占全国中型灌区同类渠系建筑物数量的 13.4％、13.2％、12.8％；建筑物数量较少的有北京、上海、天津，分别为 157 座、250 座、3520 座，各占全国中型灌区同类渠系建筑物数量的 0.01％、0.02％、0.26％。

泵站数量较多的有江苏、湖北、湖南，分别为 7813 座、7560 座、7404座，各占全国中型灌区同类渠道上泵站数量的 19.3％、18.7％、18.3％；泵站数量较少的有北京、海南、西藏，分别为 5 座、12 座、28 座，详见表 5-2-3 和表 5-2-4。

表 5-2-3　　　　　　　　　中型灌区 0.2m³/s 及以上灌溉渠道

省级行政区	渠道条数 /条	渠道长度 /km	衬砌长度 /km	占渠道长度 的比例 /％	2000 年以后 衬砌长度 /km	占衬砌长度 的比例 /％
全国	359660	486822.1	151825.6	31.2	26436.7	17.4
北京	28	123.7	88.4	71.5	9.2	10.4
天津	4976	4852.9	749.3	15.4	24.8	3.3
河北	3506	7992.3	2355.9	29.5	459.0	19.5
山西	8599	13410.1	5544.0	41.3	518.5	9.4
内蒙古	9366	13024.4	2419.9	18.6	527.3	21.8
辽宁	4190	3741.8	691.5	18.5	267.5	38.7
吉林	2604	5818.3	949.8	16.3	481.6	50.7

省级行政区	渠道条数 /条	渠道长度 /km	衬砌长度 /km	占渠道长度 的比例 /%	2000年以后 衬砌长度 /km	占衬砌长度 的比例 /%
黑龙江	5803	12636.4	1130.7	8.9	415.2	36.7
上海	243	186.9	186.9	100.0	27.9	14.9
江苏	76522	52362.6	9875.2	18.9	705.1	7.1
浙江	8171	6665.5	4695.3	70.4	831.3	17.7
安徽	10440	16381.0	1235.5	7.5	314.8	25.5
福建	1152	4790.7	2072.8	43.3	616.0	29.7
江西	12241	18442.4	2678.8	14.5	478.4	17.9
山东	11648	16037.2	3839.0	23.9	357.0	9.3
河南	5384	10293.5	3612.3	35.1	555.4	15.4
湖北	29487	36272.0	5971.5	16.5	759.8	12.7
湖南	52915	61385.3	12270.8	20.0	1722.5	14.0
广东	10905	20041.3	3870.2	19.3	740.5	19.1
广西	10982	24065.7	6028.2	25.0	1536.8	25.5
海南	1601	4066.9	2711.0	66.7	596.7	22.0
重庆	960	5283.2	3106.4	58.8	1024.9	33.0
四川	5522	19036.7	8287.0	43.5	1256.0	15.2
贵州	787	4687.6	3572.7	76.2	658.2	18.4
云南	4946	18028.0	10016.8	55.6	2259.7	22.6
西藏	511	1737.9	1154.1	66.4	310.2	26.9
陕西	4362	9093.7	4784.1	52.6	631.8	13.2
甘肃	25704	28142.8	14006.8	49.8	1749.7	12.5
青海	2213	7138.6	4123.2	57.8	989.7	24.0
宁夏	965	1521.9	822.8	54.1	370.3	45.0
新疆	42927	59560.8	28974.7	48.6	5240.9	18.1

表 5 - 2 - 4　　　中型灌区 0.2m³/s 及以上灌溉渠道上的建筑物　　　　单位：座

省级行政区	渠系建筑物数量	水闸	渡槽	跌水陡坡	倒虹吸	隧洞	涵洞	农桥	量水建筑物	泵站
全国	1353801	454944	48802	14281	5240	13909	328323	482045	6257	40481
北京	157	63	21	6	4	1	24	38		5
天津	3520	1344	113		3	1	1677	382		316
河北	24868	8034	1084	1609	197	608	2204	10875	257	1414
山西	42221	18595	1137	2192	152	350	1670	17664	461	420
内蒙古	24477	12764	337	229	59	21	2235	8776	56	228
辽宁	9145	3662	416	94	71	17	2578	2304	3	287
吉林	7915	2644	316	252	101	20	1527	3036	19	278
黑龙江	14671	4430	705	366	61	19	5965	3055	70	294
上海	250	250								
江苏	181091	28476	6478	26	146	40	99823	46101	1	7813
浙江	27521	2991	707	43	180	376	11781	11328	115	1893
安徽	40576	7733	1041	398	154	148	16921	14022	159	1711
福建	8519	2923	864	140	73	208	1886	2349	76	77
江西	52479	10447	2124	161	135	219	13823	25536	34	4226
山东	39140	10549	2100	886	426	388	5275	19149	367	580
河南	32883	10187	1274	710	426	721	4368	14704	493	466
湖北	90991	13581	2273	407	330	1089	37743	35364	204	7560
湖南	178836	47924	7586	712	894	3309	57091	60740	580	7404
广东	38554	8494	2572	327	347	416	10751	15604	43	719
广西	44160	14816	2436	281	331	382	3847	21740	327	322
海南	9643	1229	605	57	11	27	1075	6592	47	12
重庆	9903	972	1153	120	77	1075	2174	4312	20	114
四川	48796	5204	3394	293	223	2553	11830	25167	132	777
贵州	6139	967	625	59	122	310	1062	2954	40	109
云南	32772	6937	2452	114	206	355	10262	12262	184	416
西藏	3871	1152	607	49	5	15	478	1458	107	28
陕西	30359	8658	1049	1236	246	484	2847	15552	287	626
甘肃	172662	111061	2529	1451	103	486	5347	50855	830	848
青海	18046	5526	560	1284	61	191	1214	9202	8	212
宁夏	5828	1301	195	161	11	13	666	3274	207	59
新疆	153808	102030	2049	618	85	67	10179	37650	1130	1267

1. 1m³/s 及以上的灌溉渠道及建筑物

1m³/s 及以上的灌溉渠道共 1.99 万条，长度 13.68 万 km，其中衬砌长度 5.55 万 km（2000 年以后衬砌长度 2.64 万 km）；渠系建筑物数量共计 37.36 万座，其中水闸 10.00 万座、渡槽 2.09 万座、跌水陡坡 1.43 万座、倒虹吸 5240 座、隧洞 1.39 万座、涵洞 6.34 万座、农桥 14.96 万座、量水建筑物 6257 座；此外，还有泵站 1.18 万座。

渠道总长度较长的有新疆、湖南、湖北，分别为 1.75 万 km、1.52 万 km、0.99 万 km，各占全国中型灌区同类渠道总长度的 12.8%、11.1%、7.2%；渠道总长度较短的有上海、北京、宁夏，分别为 27.9km、72.5km、571.5km，各占全国中型灌区同类渠道总长度的 0.02%、0.05%、0.42%。

渠道衬砌长度较长的有新疆、湖南、甘肃，分别为 1.03 万 km、4717.0km、4550.9km，各占全国中型灌区同类渠道衬砌总长度的 18.5%、8.5%、8.2%；衬砌总长度较短的有上海、天津、北京，分别为 27.9km、35.0km、39.5km，各占全国中型灌区同类渠道衬砌总长度的 0.05%、0.06%、0.07%。

渠道衬砌长度占同类渠道总长度比例较高的有上海、贵州、青海，分别为 100%、84.2%、79.6%，比例较低的有天津、安徽、黑龙江，分别为 4.3%、9.5%、10.4%。

渠系建筑物数量较多的有湖南、新疆、甘肃，分别为 5.35 万座、2.76 万座、2.45 万座，各占全国中型灌区同类渠系建筑物数量的 14.3%、7.4%、6.6%；渠系建筑物数量较少的有上海、北京、天津，分别为 16 座、98 座、1173 座，各占全国中型灌区同类渠系建筑物数量的 0.004%、0.03%、0.31%。

泵站数量较多的有湖北、湖南、江苏，分别为 2809 座、2113 座、1129 座，各占全国中型灌区同类渠道上泵站数量的 23.8%、17.9%、9.6%；泵站数量较少的有北京、海南、西藏，分别为 3 座、8 座、13 座，各占全国中型灌区同类渠道上泵站数量的 0.01%、0.03%、0.05%，上海中型灌区该规模渠道上无泵站，详见表 5-2-5 和表 5-2-6。

（1）100m³/s 及以上的灌溉渠道及建筑物。100m³/s 及以上灌溉渠道数量较少，只有内蒙古、吉林、山西、新疆等 4 个省级行政区有该规模灌溉渠道，总长度分别为 51km、33km、5km、0.1km，各占全国 100m³/s 及以上的灌溉渠道总长度的 57.2%、37.0%、5.6%、0.11%。建筑物数量分别为：内蒙古 33 座、山西 12 座、吉林 8 座、新疆 3 座，详见图 5-2-1 和附表 A3-1-1、附表 A3-1-2。

表 5－2－5　　　　　　中型灌区 1m³/s 及以上灌溉渠道

省级行政区	渠道条数/条	渠道长度/km	衬砌长度/km	占渠道长度的比例/%	2000年以后衬砌长度/km	占衬砌长度的比例/%
全国	19943	136769.8	55526.9	40.6	26436.7	47.6
北京	12	72.5	39.5	54.5	9.2	23.3
天津	372	810.4	35.0	4.3	24.8	70.9
河北	595	3718.8	1297.8	34.9	459.0	35.4
山西	587	3411.4	1608.9	47.2	518.5	32.2
内蒙古	908	5413.8	765.1	14.1	527.3	68.9
辽宁	424	1414.1	358.3	25.3	267.5	74.7
吉林	391	2369.7	498.8	21.0	481.6	96.6
黑龙江	736	4595.4	480.0	10.4	415.2	86.5
上海	9	27.9	27.9	100.0	27.9	100.0
江苏	1582	4708.9	826.4	17.5	705.1	85.3
浙江	212	1868.9	1337.2	71.6	831.3	62.2
安徽	960	4926.1	469.5	9.5	314.8	67.1
福建	205	2193.2	1070.6	48.8	616.0	57.5
江西	410	3681.0	793.3	21.6	478.4	60.3
山东	938	5444.6	2061.6	37.9	357.0	17.3
河南	624	4555.0	1618.0	35.5	555.4	34.3
湖北	1408	9881.0	1647.4	16.7	759.8	46.1
湖南	2702	15227.4	4717.0	31.0	1722.5	36.5
广东	889	6965.4	1725.9	24.8	740.5	42.9
广西	777	8210.3	3114.3	37.9	1536.8	49.3
海南	145	1623.9	1223.5	75.3	596.7	48.8
重庆	201	2428.3	1895.3	78.1	1024.9	54.1
四川	434	6020.5	3051.1	50.7	1256.0	41.2
贵州	143	1788.4	1506.0	84.2	658.2	43.7
云南	497	6188.5	4409.4	71.3	2259.7	51.2
西藏	46	700.3	393.9	56.2	310.2	78.8
陕西	288	2602.4	1719.2	66.1	631.8	36.7
甘肃	1060	5815.4	4550.9	78.3	1749.7	38.4
青海	144	1988.1	1582.2	79.6	989.7	62.6
宁夏	105	571.5	405.5	71.0	370.3	91.3
新疆	2139	17546.7	10297.4	58.7	5240.9	50.9

表 5-2-6　　　中型灌区 1m³/s 及以上灌溉渠道上的建筑物　　　单位：座

省级行政区	渠系建筑物数量	水闸	渡槽	跌水陡坡	倒虹吸	隧洞	涵洞	农桥	量水建筑物	泵站
全国	373623	100032	20923	14281	5240	13909	63417	149564	6257	11801
北京	98	35	4	6	4	1	16	32		3
天津	1173	532	66		3	1	376	195		203
河北	12664	3564	735	1609	197	608	1068	4626	257	135
山西	12495	3789	592	2192	152	350	631	4328	461	138
内蒙古	7766	3531	240	229	59	21	670	2960	56	181
辽宁	3437	1329	209	94	71	17	589	1125	3	90
吉林	3659	852	203	252	101	20	475	1737	19	127
黑龙江	6468	2087	267	366	61	19	1494	2104	70	193
上海	16	16								
江苏	15296	2695	689	26	146	40	6517	5182	1	1129
浙江	8414	1397	411	43	180	376	981	4911	115	122
安徽	17304	3274	391	398	154	148	6666	6114	159	809
福建	5066	1613	463	140	73	208	1036	1457	76	36
江西	9798	2244	680	161	135	219	2278	4047	34	399
山东	17651	3938	1289	886	426	388	1856	8501	367	429
河南	15888	4405	784	710	426	721	1767	6582	493	294
湖北	22792	5511	877	407	330	1089	4591	9783	204	2809
湖南	53466	11893	2511	712	894	3309	12136	21431	580	2113
广东	18067	4220	1521	327	347	416	3688	7505	43	233
广西	19186	5653	1269	281	331	382	1594	9349	327	138
海南	3682	614	310	57	11	27	436	2180	47	8
重庆	6037	506	644	120	77	1075	1183	2412	20	52
四川	21052	2219	1662	293	223	2553	5003	8967	132	445
贵州	3077	460	318	59	122	310	463	1305	40	56
云南	14406	3322	1397	114	206	355	2927	5901	184	186
西藏	1699	570	306	49	5	15	190	457	107	13
陕西	11822	2980	564	1236	246	484	1552	4473	287	319
甘肃	24512	9995	1216	1451	103	486	1120	9311	830	448
青海	6857	1327	309	1284	61	191	487	3190	8	177
宁夏	2170	490	129	161	11	13	206	953	207	46
新疆	27605	14971	867	618	85	67	1421	8446	1130	470

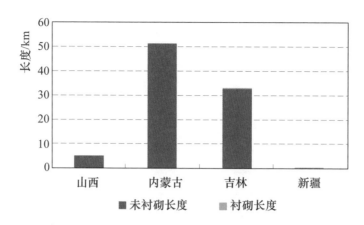

图 5-2-1 中型灌区 100m³/s 及以上的灌溉渠道

（2）20（含）～100m³/s 灌溉渠道及建筑物。20（含）～100m³/s 灌溉渠道总长度较长的有新疆、内蒙古、江苏，分别为 1211.4km、281.3km、264.9km，各占全国中型灌区同类渠道总长度的 37.8%、8.8%、8.3%。渠道衬砌长度较长的有新疆、山东、甘肃，分别为 724km、105km、55km，各占全国中型灌区同类渠道衬砌总长度的 61.7%、9.0%、4.7%；渠道衬砌长度占同类渠道总长度比例较高的有浙江、云南、甘肃，均为 100%。安徽该规模的渠道未衬砌。渠系建筑物数量较多的有河南、新疆、山西，分别为 982座、869座、716座，各占全国中型灌区同类渠系建筑物数量的 18.6%、16.5%、13.6%；泵站数量较多的有湖北、江苏、四川，分别为 76座、63座、30座，各占全国中型灌区同类渠道上泵站数量的 33.6%、27.9%、13.3%，详见图 5-2-2 和附表 A3-1-3、附表 A3-1-4。

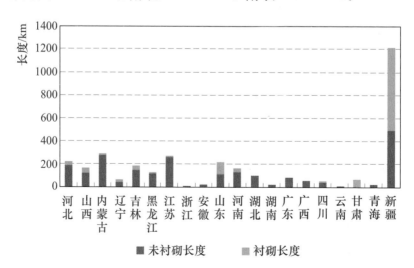

图 5-2-2 中型灌区 20（含）～100m³/s 的灌溉渠道

（3）5（含）～20m³/s灌溉渠道及建筑物。5（含）～20m³/s灌溉渠道总长度长的有新疆、湖北、内蒙古，分别为4853.6km、2389.3km、2154.9km，各占全国中型灌区同类灌溉渠道总长度的18.0%、8.9%、8.0%；渠道衬砌长度较长的有新疆、甘肃、山东，分别为2628.4km、759.1km、703.3km，各占全国中型灌区同类渠道衬砌总长度的24.8%、7.2%、6.6%，西藏该规模渠道未衬砌；渠道衬砌长度占同类渠道总长度比例较高的有上海、重庆、贵州，分别为100%、99.5%、94.8%。渠系建筑物数量较多的有湖南、新疆、湖北，分别为5814座、5673座、5478座，各占全国中型灌区同类渠系建筑物数量的9.0%、8.8%、8.5%；泵站数量较多的有湖北、湖南、江苏，分别为724座、346座、266座，各占全国中型灌区同类渠道上泵站数量的27.7%、13.3%、10.2%，详见图5-2-3和附表A3-1-5、附表A3-1-6。

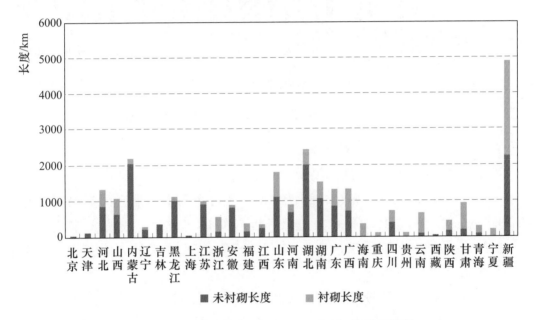

图5-2-3　中型灌区5（含）～20m³/s的灌溉渠道

（4）1（含）～5m³/s灌溉渠道及建筑物。1（含）～5m³/s灌溉渠道总长度较长的有湖南、新疆、湖北，分别为1.37万km、1.15万km、7399.9km，各占全国中型灌区同类灌溉渠道总长度的12.9%、10.8%、7.0%；渠道衬砌长度较长的有新疆、湖南、云南，分别为6944.9km、4265.9km、3841.6km，各占全国中型灌区同类渠道衬砌总长度的15.9%、9.8%、8.8%；渠道衬砌长度占同类渠道总长度比例较高的有上海、贵州、青海，分别为100%、83.8%、79.6%。渠系建筑物数量较多的有湖南、甘肃、新疆，分别为4.76万座、2.23万座、2.11万座，各占全国中型灌区同类渠系建筑物数量的15.7%、7.4%、6.9%；泵站数量较多的有湖北、湖南、江苏，分别为2009

座、1763座、800座，各占全国中型灌区同类渠道上泵站数量的22.4%、19.7%、8.9%，详见图5-2-4和附表A3-1-7、附表A3-1-8。

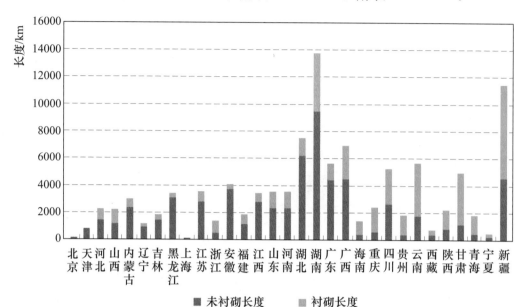

图5-2-4　中型灌区1（含）～5m³/s的灌溉渠道

2. 0.2（含）～1m³/s的灌溉渠道及建筑物

0.2（含）～1m³/s的灌溉渠道总长度较长的有江苏、湖南、新疆，分别为4.77万km、4.62万km、4.20万km，各占全国中型灌区同类渠道总长度的13.6%、13.2%、12.0%；渠道总长度较短的有北京、上海、宁夏，分别为51.2km、159.0km、950.4km，各占全国中型灌区同类渠道总长度的0.01%、0.05%、0.27%。

渠道衬砌总长度较长的有新疆、甘肃、江苏，分别为1.87万km、9455.9km、9048.8km，各占全国中型灌区同类渠道衬砌总长度的19.4%、9.8%、9.4%；衬砌总长度较短的有北京、上海、辽宁，分别为48.9km、159.0km、333.2km，各占全国中型灌区同类渠道衬砌总长度的0.05%、0.17%、0.35%。

渠道衬砌长度占同类渠道总长度比例较高的有上海、北京、西藏，分别为100%、95.5%、73.3%，比例较低的有安徽、黑龙江、江西，分别为6.7%、8.1%、12.8%。

渠系建筑物数量较多的有江苏、甘肃、新疆，分别为16.58万座、14.82万座、12.62万座，各占全国中型灌区同类渠系建筑物数量的16.9%、15.1%、12.9%；渠系建筑物数量较少的有北京、上海、西藏，分别为59座、

234 座、2172 座，各占全国中型灌区同类渠系建筑物数量的 0.01％、0.02％、0.22％。

泵站数量较多的有江苏、湖南、湖北，分别为 6684 座、5291 座、4751 座，各占全国中型灌区同类渠道上泵站数量的 23.3％、18.4％、16.6％；泵站数量较少的有北京、海南、宁夏，分别为 2 座、4 座、13 座，各占全国中型灌区同类渠道上泵站数量的 0.01％、0.01％、0.05％，详见表 5 - 2 - 7 和表 5 - 2 - 8。

表 5 - 2 - 7　　　　中型灌区 0.2（含）～1m³/s 的灌溉渠道

省级行政区	渠道条数 /条	渠道长度 /km	衬砌长度 /km	衬砌长度占渠道总长度的比例 /％
全国	339717	350052.3	96298.7	27.5
北京	16	51.2	48.9	95.5
天津	4604	4042.5	714.3	17.7
河北	2911	4273.5	1058.1	24.8
山西	8012	9998.7	3935.1	39.4
内蒙古	8458	7610.6	1654.8	21.7
辽宁	3766	2327.7	333.2	14.3
吉林	2213	3448.6	451.0	13.1
黑龙江	5067	8041.0	650.7	8.1
上海	234	159.0	159.0	100
江苏	74940	47653.7	9048.8	19.0
浙江	7959	4796.6	3358.1	70.0
安徽	9480	11454.9	766.0	6.7
福建	947	2597.5	1002.2	38.6
江西	11831	14761.4	1885.5	12.8
山东	10710	10592.6	1777.4	16.8
河南	4760	5738.5	1994.3	34.8
湖北	28079	26391.0	4324.1	16.4
湖南	50213	46157.9	7553.8	16.4
广东	10016	13075.9	2144.3	16.4
广西	10205	15855.4	2913.9	18.4
海南	1456	2443.0	1487.5	60.9

续表

省级行政区	渠道条数 /条	渠道长度 /km	衬砌长度 /km	衬砌长度占渠道 总长度的比例 /%
重庆	759	2854.9	1211.1	42.4
四川	5088	13016.2	5235.9	40.2
贵州	644	2899.2	2066.7	71.3
云南	4449	11839.5	5607.4	47.4
西藏	465	1037.6	760.2	73.3
陕西	4074	6491.3	3064.9	47.2
甘肃	24644	22327.4	9455.9	42.4
青海	2069	5150.5	2541	49.3
宁夏	860	950.4	417.3	43.9
新疆	40788	42014.1	18677.3	44.5

表 5-2-8　　中型灌区 0.2（含）～1m³/s 的灌溉渠道上的建筑物　　单位：座

省级行政区	渠系建筑 物数量	水闸	渡槽	涵洞	农桥	泵站
全国	980178	354912	27879	264906	332481	28680
北京	59	28	17	8	6	2
天津	2347	812	47	1301	187	113
河北	12204	4470	349	1136	6249	1279
山西	29726	14806	545	1039	13336	282
内蒙古	16711	9233	97	1565	5816	47
辽宁	5708	2333	207	1989	1179	197
吉林	4256	1792	113	1052	1299	151
黑龙江	8203	2343	438	4471	951	101
上海	234	234				
江苏	165795	25781	5789	93306	40919	6684
浙江	19107	1594	296	10800	6417	1771
安徽	23272	4459	650	10255	7908	902
福建	3453	1310	401	850	892	41

省级行政区	渠系建筑物数量	水闸	渡槽	涵洞	农桥	泵站
江西	42681	8203	1444	11545	21489	3827
山东	21489	6611	811	3419	10648	151
河南	16995	5782	490	2601	8122	172
湖北	68199	8070	1396	33152	25581	4751
湖南	125370	36031	5075	44955	39309	5291
广东	20487	4274	1051	7063	8099	486
广西	24974	9163	1167	2253	12391	184
海南	5961	615	295	639	4412	4
重庆	3866	466	509	991	1900	62
四川	27744	2985	1732	6827	16200	332
贵州	3062	507	307	599	1649	53
云南	18366	3615	1055	7335	6361	230
西藏	2172	582	301	288	1001	15
陕西	18537	5678	485	1295	11079	307
甘肃	148150	101066	1313	4227	41544	400
青海	11189	4199	251	727	6012	35
宁夏	3658	811	66	460	2321	13
新疆	126203	87059	1182	8758	29204	797

（1）0.5（含）～$1m^3/s$ 灌溉渠道及建筑物。0.5（含）～$1m^3/s$ 灌溉渠道总长度较长的有湖南、江苏、新疆，分别为 1.87 万 km、1.59 万 km、1.39 万 km，各占全国中型灌区同类渠道总长度的 15.2%、12.9%、11.3%；渠道衬砌长度较长的有新疆、甘肃、湖南，分别为 5995.7km、3604.9km、3231.9km，各占全国中型灌区同类渠道衬砌总长度的 17.2%、10.4%、9.3%；渠道衬砌长度占同类渠道总长度比例较高的有北京、西藏、贵州，分别为 100%、79.3%、74.8%。渠系建筑物数量较多的有湖南、江苏、甘肃，分别为 6.00 万座、5.69 万座、4.77 万座，各占全国中型灌区同类渠系建筑物数量的 16.9%、16.0%、13.4%；泵站数量较多的有湖南、江西、江苏，分别为 2558 座、2118 座、2018 座，各占全国中型灌区同类渠道上泵站数量的 23.1%、19.1%、18.2%，详见图 5-2-5 和附表 A3-1-9、附表 A3-1-10。

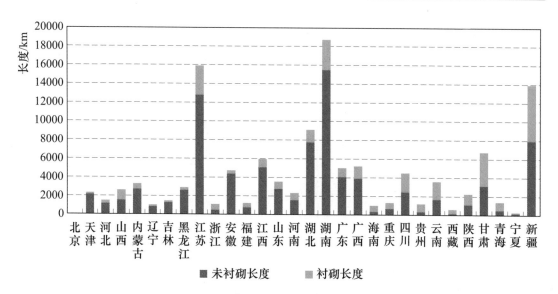

图 5-2-5　中型灌区 0.5（含）~1m³/s 的灌溉渠道

（2）0.2（含）~0.5m³/s 灌溉渠道及建筑物。0.2（含）~0.5m³/s 灌溉渠道总长度较长的有江苏、新疆、湖南，分别为 3.18 万 km、2.81 万 km、2.75 万 km，各占全国中型灌区同类灌溉渠道总长度的 14.0%、12.4%、12.1%；渠道衬砌长度较长的有新疆、江苏、甘肃，分别为 1.27 万 km、5948km、5851km，各占全国中型灌区同类渠道衬砌总长度的 20.6%、9.7%、9.5%；渠道衬砌长度占同类渠道总长度比例较高的有上海、北京、浙江，分别为 100%、92.9%、73.1%。渠系建筑物数量较多的有江苏、甘肃、新疆，分别为 10.89 万座、10.04 万座、8.84 万座，各占全国中型灌区同类渠系建筑物数量的 17.4%、16.1%、14.2%；泵站数量较多的有江苏、湖北、湖南，分别为 4666 座、2883 座、2733 座，各占全国中型灌区同类渠道上泵站数量的 26.5%、16.4%、15.5%，详见图 5-2-6 和附表 A3-1-11、附表 A3-1-12。

二、灌排结合渠道及建筑物

（一）全国总体情况

全国中型灌区共有 0.2m³/s 及以上灌排结合渠道 21.88 万条，长度 23.94 万 km，其中衬砌长度 2.98 万 km（2000 年以后衬砌长度 6228.9km）；渠系建筑物数量共计 57.29 万座，其中水闸 13.11 万座、渡槽 1.37 万座、跌水陡坡 4038 座、倒虹吸 1335 座、隧洞 2957 座、涵洞 20.16 万座、农桥 21.60 万座、量水建筑物 2145 座；此外，还有泵站 4.43 万座。

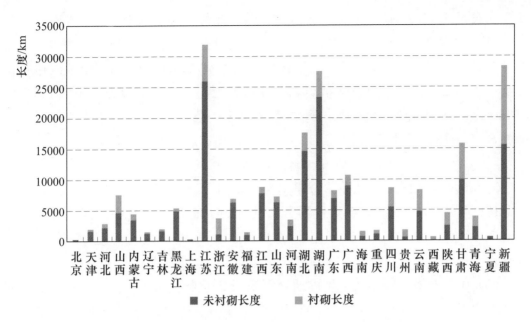

图5-2-6 中型灌区0.2（含）～0.5m³/s的灌溉渠道

1. 1m³/s及以上灌排结合渠道及建筑物

1m³/s及以上的灌排结合渠道共2.29万条，长度8.23万km，其中衬砌长度1.10万km（2000年以后衬砌长度6228.9km）；渠系建筑物数量共计20.44万座，其中水闸4.47万座、渡槽6046座、跌水陡坡4038座、倒虹吸1335座、隧洞2957座、涵洞5.52万座、农桥8.80万座、量水建筑物2145座；此外，还有泵站2.77万座。

（1）100m³/s及以上灌排结合渠道及建筑物。100m³/s及以上灌排结合渠道共59条，长度613.6km，其中，已衬砌34.3km（2000年以后衬砌长度7.4km）；渠系建筑物数量共计706座，其中，水闸162座、渡槽9座、跌水陡坡31座、倒虹吸4座、隧洞1座、涵洞154座、农桥343座、量水建筑物2座；此外，还有泵站264座。

（2）20（含）～100m³/s灌排结合渠道及建筑物。20（含）～100m³/s灌排结合渠道共1361条，长度7432.1km，其中，已衬砌397.5km（2000年以后衬砌长度275.4km）；渠系建筑物数量共计1.23万座，其中，水闸2798座、渡槽266座、跌水陡坡407座、倒虹吸50座、隧洞69座、涵洞2964座、农桥5698座、量水建筑物59座；此外，还有泵站4031座。

（3）5（含）～20m³/s灌排结合渠道及建筑物。5（含）～20m³/s灌排结合渠道共6170条，长度2.56万km，其中，已衬砌2375.8km（2000年以后衬砌长度1416km）；渠系建筑物数量共计5.26万座，其中，水闸1.11万座、渡槽1263座、跌水陡坡912座、倒虹吸212座、隧洞447座、涵洞1.39

万座、农桥 2.42 万座、量水建筑物 512 座；此外，还有泵站 1.06 万座。

（4）1（含）～5m³/s 灌排结合渠道及建筑物。1（含）～5m³/s 灌排结合渠道共 1.53 万条，长度 4.86 万 km，其中，已衬砌 8160.3km（2000 年以后衬砌长度 4530.1km）；渠系建筑物数量共计 13.88 万座，其中，水闸 3.07 万座、渡槽 4508 座、跌水陡坡 2688 座、倒虹吸 1069 座、隧洞 2440 座、涵洞 3.81 万座、农桥 5.78 万座、量水建筑物 1572 座；此外，还有泵站 1.28 万座。

2. 0.2（含）～1m³/s 的灌排结合渠道及建筑物

0.2（含）～1m³/s 灌排结合渠道共 19.60 万条，长度 15.71 万 km，其中衬砌长度 1.88 万 km；渠系建筑物数量共计 36.85 万座，其中水闸 8.64 万座、渡槽 7698 座、涵洞 14.65 万座、农桥 12.80 万座；此外，还有泵站 1.65 万座。

（1）0.5（含）～1m³/s 灌排结合渠道及建筑物。0.5（含）～1m³/s 灌排结合渠道共 7.70 万条，长度 6.83 万 km，其中，已衬砌 6930.6km；渠系建筑物数量共计 17.21 万座，其中，水闸 4.01 万座、渡槽 3869 座、涵洞 6.10 万座、农桥 6.71 万座；此外，还有泵站 8469 座。

（2）0.2（含）～0.5m³/s 灌排结合渠道及建筑物。0.2（含）～0.5m³/s 灌排结合渠道共 11.90 万条，长度 8.88 万 km，其中，已衬砌 1.19 万 km；渠系建筑物数量共计 19.64 万座，其中，水闸 4.62 万座、渡槽 3829 座、涵洞 8.55 万座、农桥 6.09 万座；此外，还有泵站 8058 座，详见表 5-2-9 和表 5-2-10。

表 5-2-9　　　中型灌区不同规模灌排结合渠道长度及衬砌情况

渠道规模	渠道条数 /条	渠道长度 /km	衬砌长度 /km	2000 年以后衬砌长度 /km
100m³/s 及以上	59	613.6	34.3	7.4
20（含）～100m³/s	1361	7432.1	397.5	275.4
5（含）～20m³/s	6170	25605.1	2375.8	1416.0
1（含）～5m³/s	15277	48628.0	8160.3	4530.1
小计	22867	82278.8	10967.9	6228.9
0.5（含）～1m³/s	76978	68335.0	6930.6	
0.2（含）～0.5m³/s	118996	88763.6	11872.2	
小计	195974	157098.6	18802.8	
合计	218841	239377.4	29770.7	6228.9

表 5-2-10　　　　　中型灌区不同规模灌排结合渠道上的建筑物　　　　单位：座

渠道规模	渠系建筑物数量	水闸	渡槽	跌水陡坡	倒虹吸	隧洞	涵洞	农桥	量水建筑物	泵站
$100\text{m}^3/\text{s}$ 及以上	706	162	9	31	4	1	154	343	2	264
20（含）～ $100\text{m}^3/\text{s}$	12311	2798	266	407	50	69	2964	5698	59	4031
5（含）～ $20\text{m}^3/\text{s}$	52550	11109	1263	912	212	447	13929	24166	512	10608
1（含）～ $5\text{m}^3/\text{s}$	138821	30670	4508	2688	1069	2440	38104	57770	1572	12844
小计	204388	44739	6046	4038	1335	2957	55151	87977	2145	27747
0.5（含）～ $1\text{m}^3/\text{s}$	172113	40118	3869				61005	67121		8469
0.2（含）～ $0.5\text{m}^3/\text{s}$	196417	46243	3829				85475	60870		8058
小计	368530	86361	7698				146480	127991		16527
合计	572918	131100	13744	4038	1335	2957	201631	215968	2145	44274

（二）省级行政区

$0.2\text{m}^3/\text{s}$ 及以上渠道总长度较长的有湖南、湖北、江苏，分别为 5.90 万km、3.38 万 km、2.87 万 km，各占全国中型灌区同类渠道总长度的 24.7%、14.1%、12.0%；渠道总长度较短的有青海、贵州、北京，分别为 15.7km、105.0km、106.4km，各占全国中型灌区同类渠道总长度的 0.01%、0.04%、0.04%。上海、宁夏没有灌排结合渠道。

渠道衬砌长度较长的有湖南、云南、四川，分别为 6718.4km、3559.8km、2209.8km，各占全国中型灌区同类渠道衬砌总长度的 22.6%、12.0%、7.4%；衬砌长度较短的有青海、天津、北京，分别为 6.7km、26.5km、31.5km，各占全国中型灌区同类渠道衬砌总长度的 0.02%、0.09%、0.11%。

渠系建筑物数量较多的有湖南、湖北、江苏，分别为 18.68 万座、8.19 万座、6.26 万座，各占全国中型灌区同类渠系建筑物数量的 32.6%、14.3%、10.9%；渠系建筑物数量较少的有青海、北京、贵州，分别为 33 座、50 座、

117 座，各占全国中型灌区同类渠系建筑物数量的 0.01％、0.01％、0.02％。

泵站数量较多的有江苏、湖南、湖北，分别为 1.19 万座、1.15 万座、1.00 万座，各占全国中型灌区同类渠道上泵站数量的 26.8％、25.9％、22.7％；泵站数量较少的有重庆、海南、内蒙古，均为 1 座，贵州、青海、新疆渠道上无泵站，详见表 5-2-11 和表 5-2-12。

表 5-2-11　　　　　中型灌区灌排结合渠道

省级行政区	渠道条数/条	渠道长度/km	衬砌长度/km	2000 年以后衬砌长度/km
全国	218841	239377.4	29770.7	6228.9
北京	8	106.4	31.5	
天津	5461	5708.8	26.5	15.5
河北	1808	5129.8	289.6	156.8
山西	263	457.4	184.1	67.6
内蒙古	556	1018.7	49.1	27.1
辽宁	752	890.8	199.5	50.1
吉林	1224	1949.1	329.7	208.5
黑龙江	1981	4409.0	62.7	46.4
江苏	31519	28678.6	1241.1	201.1
浙江	4599	3994.0	2154.8	361.7
安徽	18125	18847.2	584.6	226.6
福建	1429	2275.0	1055.5	262.3
江西	8631	14662.5	1981.4	554.6
山东	9050	13435.2	695.1	143.7
河南	4777	7020.4	581.9	189.3
湖北	36398	33810.9	2071.9	462.4
湖南	63586	59040.9	6718.4	1068.2
广东	10843	14820.6	2157.6	664.1
广西	6212	4564.0	892.7	334.0
海南	166	317.5	222.3	21.2
重庆	46	237.5	147.3	28.9
四川	2503	4936.8	2209.8	411.5

省级行政区	渠道条数 /条	渠道长度 /km	衬砌长度 /km	2000 年以后衬砌长度 /km
贵州	40	105.0	54.8	4.9
云南	5918	7945.3	3559.8	366.2
西藏	38	110.4	63.5	63.5
陕西	1326	2247.5	866.0	121.0
甘肃	124	246.2	113.6	71.3
青海	3	15.7	6.7	6.7
新疆	1455	2396.2	1219.2	93.7

注 上海、宁夏无灌排结合渠道。

表 5-2-12　　　　　　　　中型灌区灌排结合渠道上的建筑物　　　　　单位：座

省级 行政区	渠系建筑 物数量	水闸	渡槽	跌水 陡坡	倒虹吸	隧洞	涵洞	农桥	量水 建筑物	泵站
全国	572918	131100	13744	4038	1335	2957	201631	215968	2145	44274
北京	50	28					1	21		51
天津	5544	920	13	1	4	1	2604	2000	1	864
河北	6621	1415	105	106	33	72	2229	2608	53	228
山西	1232	322	75	79	3	14	74	604	61	22
内蒙古	814	430	14	10		4	69	286	1	1
辽宁	1604	710	87	42	24	5	336	390	10	119
吉林	3194	627	163	88	38	8	847	1403	20	118
黑龙江	3234	558	60	95	3	1	2025	488	4	25
江苏	62624	7240	1372	755	46	85	29293	23712	121	11874
浙江	9040	1500	101	65	49	46	2916	4353	10	1146
安徽	41700	6927	765	179	60	69	20606	12902	192	1997
福建	3214	1126	269	37	97	47	813	813	12	17
江西	38861	5595	1252	229	84	112	12072	19472	45	3331
山东	22544	3616	245	58	74	74	4452	13939	86	340
河南	18513	2569	254	270	103	156	792	14013	356	124
湖北	81876	12081	1433	143	69	333	45004	22628	185	10036

续表

省级行政区	渠系建筑物数量	水闸	渡槽	跌水陡坡	倒虹吸	隧洞	涵洞	农桥	量水建筑物	泵站
湖南	186816	64029	4263	681	254	1090	58339	57873	287	11485
广东	28065	6613	1164	309	195	214	7267	12070	233	1476
广西	7089	1979	442	98	90	97	782	3402	199	27
海南	636	112	19		2		107	395		1
重庆	442	73	42	13	3	39	110	162		1
四川	18913	2008	683	190	28	348	4253	11366	35	409
贵州	117	14	8	1	1	4	45	44		
云南	13254	2522	404	140	20	45	5212	4880	31	169
西藏	413	103	74	8	1		56	120	51	2
陕西	11259	4320	319	331	49	85	827	5185	143	406
甘肃	817	252	43	63	1	6	163	283	6	5
青海	33	15		12				6		
新疆	4401	3396	75	34	4	2	337	550	3	

注　上海、宁夏无该规模建筑物。

1. 1m³/s 及以上的灌排结合渠道及建筑物

1m³/s 及以上的灌排结合渠道总长度较长的有湖南、湖北、江苏，分别为 1.75 万 km、1.33 万 km、1.10 万 km，各占全国中型灌区同类渠道总长度的 21.2%、16.2%、13.3%；渠道总长度较短的有青海、贵州、北京，分别为 15.7km、31.9km、62.0km，各占全国中型灌区同类渠道总长度的 0.02%、0.04%、0.08%。

渠道衬砌长度较长的有湖南、广东、云南，分别为 1976.2km、1181.7km、964.9km，各占全国中型灌区同类渠道衬砌总长度的 18.0%、10.8%、8.8%；衬砌长度较短的有青海、天津、贵州，分别为 6.7km、15.5km、16.4km，各占全国中型灌区同类渠道衬砌总长度的 0.06%、0.14%、0.15%。北京 1m³/s 及以上的灌排结合渠道无衬砌。

渠系建筑物数量较多的有湖南、湖北、江苏，分别为 5.43 万座、3.30 万座、1.86 万座，各占全国中型灌区同类渠系建筑物数量的 26.6%、16.1%、9.1%；渠系建筑物数量较少的有青海、贵州、北京，分别为 33 座、38 座、40 座。

泵站数量较多的有江苏、湖南、湖北，分别为 9021 座、7066 座、6928

座，各占全国中型灌区同类渠道上泵站数量的 32.5%、25.5%、25.0%；泵站数量较少的有重庆、内蒙古、甘肃，分别为 1 座、1 座、2 座，海南、青海、新疆无泵站，详见表 5-2-13 和表 5-2-14。

表 5-2-13　　　　　中型灌区 1m³/s 及以上灌排结合渠道

省级行政区	渠道条数 /条	渠道长度 /km	衬砌长度 /km	2000 年以后衬砌长度 /km
全国	22867	82278.8	10967.9	6228.9
北京	4	62.0		
天津	1153	2991.6	15.5	15.5
河北	607	3460.8	234.3	156.8
山西	53	263.9	118.0	67.6
内蒙古	88	517.3	29.1	27.1
辽宁	65	385.2	71.7	50.1
吉林	250	883.5	212.1	208.5
黑龙江	87	500.5	48.9	46.4
江苏	3478	10968.1	265.4	201.1
浙江	340	1231.9	550.3	361.7
安徽	1973	6886.3	283.3	226.6
福建	77	726.3	429.1	262.3
江西	421	3493.6	754.4	554.6
山东	1294	4915.9	509.0	143.7
河南	363	2652.8	399.5	189.3
湖北	4975	13312.4	686.1	462.4
湖南	5720	17459.2	1976.2	1068.2
广东	1049	5089.8	1181.7	664.1
广西	165	1536.6	473.1	334.0
海南	6	75.4	54.4	21.2
重庆	9	85.4	66.2	28.9
四川	168	1555.3	925.4	411.5
贵州	6	31.9	16.4	4.9

续表

省级行政区	渠道条数 /条	渠道长度 /km	衬砌长度 /km	2000 年以后衬砌长度 /km
云南	368	1970.1	964.9	366.2
西藏	3	63.5	63.5	63.5
陕西	91	637	396.9	121.0
甘肃	17	107.4	85.5	71.3
青海	3	15.7	6.7	6.7
新疆	34	399.4	150.3	93.7

注 上海、宁夏无该规模渠道。

表 5 - 2 - 14 中型灌区 1m³/s 及以上灌排结合渠道上的建筑物 单位：座

省级 行政区	渠系建筑 物数量	水闸	渡槽	跌水 陡坡	倒虹吸	隧洞	涵洞	农桥	量水 建筑物	泵站
全国	204390	44739	6046	4038	1335	2957	55151	87977	2145	27747
北京	40	18					1	21		36
天津	3455	637	12	1	4	1	1233	1566	1	756
河北	4462	1066	97	106	33	72	813	2222	53	188
山西	806	234	48	79	3	14	51	316	61	14
内蒙古	535	270	9	10		4	33	208	1	1
辽宁	1102	453	31	42	24	5	208	329	10	90
吉林	1754	394	97	88	38	8	466	643	20	103
黑龙江	844	229	44	95	3	1	222	246	4	20
江苏	18550	2471	426	755	46	85	5383	9263	121	9021
浙江	3896	852	77	65	49	46	418	2379	10	428
安徽	15967	3285	283	179	60	69	5942	5957	192	1348
福建	1486	498	190	37	97	47	252	353	12	3
江西	12581	2374	555	229	84	112	4953	4229	45	460
山东	8816	1379	189	58	74	74	1358	5598	86	255
河南	6719	1339	195	270	103	156	391	3909	356	111

续表

省级 行政区	渠系建筑 物数量	水闸	渡槽	跌水 陡坡	倒虹吸	隧洞	涵洞	农桥	量水 建筑物	泵站
湖北	32956	6172	638	143	69	333	13237	12179	185	6928
湖南	54330	14872	1501	681	254	1090	13395	22250	287	7066
广东	13062	3304	702	309	195	214	2705	5400	233	463
广西	4264	1068	329	98	90	97	453	1930	199	24
海南	223	41	10	1	2		35	134		
重庆	322	73	33	13	3	39	52	109		1
四川	8432	1515	264	190	28	348	1384	4666	35	232
贵州	38	3	4	1	1	4	21	4		
云南	5100	892	158	140	20	45	1476	2338	31	112
西藏	266	64	17	8	1		56	69	51	2
陕西	2991	574	74	331	49	85	401	1334	143	83
甘肃	540	158	43	63	1	6	131	132	6	2
青海	33	15		12				6		
新疆	820	489	20	34	4	2	81	187	3	

注 上海、宁夏无该规模建筑物。

（1）100m³/s及以上灌排结合渠道及建筑物。100m³/s及以上灌排结合渠道数量较少，仅有江苏、河南等9个省级行政区有该规模渠道，其中总长度较长的有江苏、河南、湖北，分别为211.7km、89.2km、71.2km，各占全国中型灌区同类渠道总长度的34.5％、14.5％、11.6％；四川、广东、江西、安徽对该规模渠道进行了衬砌，衬砌长度分别为26km、6.2km、1.7km、0.4km。渠系建筑物数量较多的有江苏、四川、湖南，分别为179座、113座、107座，各占全国中型灌区同类渠系建筑物数量的25.4％、16.0％、15.2％；泵站数量较多的有江苏、湖北、四川，分别为135座、45座、24座，各占全国中型灌区同类渠道上泵站数量的51.1％、17.0％、9.1％，详见图5-2-7和附表A3-2-1、附表A3-2-2。

（2）20（含）～100m³/s灌排结合渠道及建筑物。20（含）～100m³/s灌排结合渠道总长度较长的有江苏、湖北、安徽，分别为2319km、1418.8km、754.7km，各占全国中型灌区同类渠道总长度的31.2％、19.1％、10.2％；渠道衬砌长度较长的有广东、江西、江苏，分别为104.8km、60.1km、

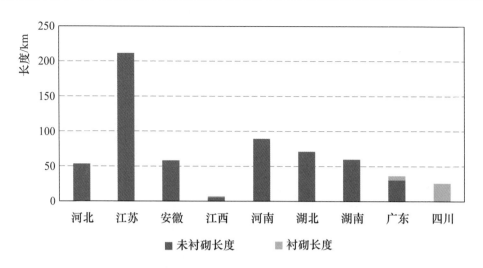

图 5-2-7　中型灌区 100m³/s 及以上的灌排结合渠道

53.7km，各占全国中型灌区同类灌排结合渠道衬砌总长度的 26.4%、15.1%、13.5%；天津、内蒙古、河北等 3 个省级行政区中型灌区 20（含）～100m³/s 的灌排结合渠道未衬砌。渠系建筑物数量较多的有江苏、湖北、湖南，分别为 3667 座、2423 座、1987 座，各占全国中型灌区同类渠系建筑物数量的 29.8%、19.7%、16.1%；泵站数量较多的有江苏、湖北、湖南，分别为 2062 座、1154 座、358 座，各占全国中型灌区同类渠道上泵站数量的 51.2%、28.6%、8.9%，详见图 5-2-8 和附表 A3-2-3、附表 A3-2-4。

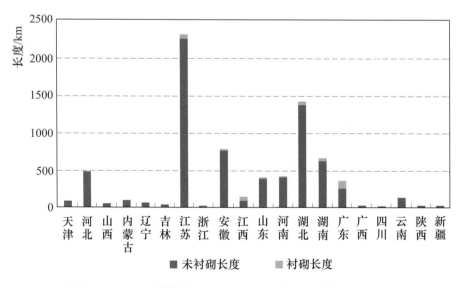

图 5-2-8　中型灌区 20（含）～100m³/s 的灌排结合渠道

（3）5（含）～20m³/s 灌排结合渠道及建筑物。5（含）～20m³/s 灌排结合渠道总长度较长的有湖北、江苏、湖南，分别为 5152.5km、4592.6km、

3682.4km，各占全国中型灌区同类渠道总长度的 20.1%、17.9%、14.4%；渠道衬砌长度较长的有广东、湖南、四川，分别为 344km、290.6km、202.8km，各占全国中型灌区同类渠道衬砌总长度的 14.5%、12.2%、8.5%；青海、新疆中型灌区 5（含）～20m³/s 的灌排结合渠道未衬砌。渠系建筑物数量较多的有湖北、湖南、江苏，分别为 1.21 万座、9755 座、6711 座，各占全国中型灌区同类渠系建筑物数量的 23.0%、18.6%、12.8%；泵站数量较多的有江苏、湖北、湖南，分别为 3791 座、3097 座、2010 座，各占全国中型灌区同类渠道上泵站数量的 35.7%、29.2%、18.9%，详见图 5-2 -9 和附表 A3-2-5、附表 A3-2-6。

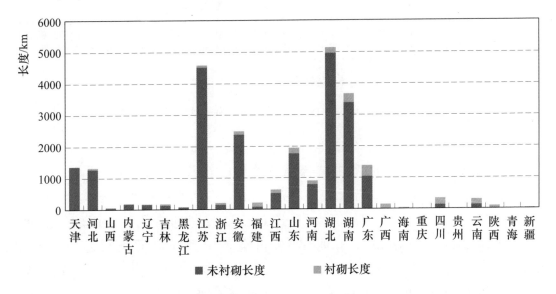

图 5-2-9　中型灌区 5（含）～20m³/s 的灌排结合渠道

（4）1（含）～5m³/s 灌排结合渠道及建筑物。1（含）～5m³/s 灌排结合渠道总长度较长的有湖南、湖北、江苏，分别为 1.31 万 km、6669.9km、3844.8km，各占全国中型灌区同类渠道总长度的 26.9%、13.7%、7.9%；渠道衬砌长度较长的有湖南、云南、广东，分别为 1656km、773.9km、726.7km，各占全国中型灌区同类渠道衬砌总长度的 20.3%、9.5%、8.9%；北京中型灌区 1（含）～5m³/s 的灌排结合渠道未衬砌。渠系建筑物数量较多的有湖南、湖北、江西，分别为 4.25 万座、1.84 万座、1.00 万座，各占全国中型灌区同类渠系建筑物数量的 30.6%、13.2%、7.2%；泵站数量较多的有湖南、江苏、湖北，分别为 4679 座、3033 座、2632 座，各占全国中型灌区同类渠道上泵站数量的 36.4%、23.6%、20.5%，详见图 5-2-10 和附表 A3-2-7、附表 A3-2-8。

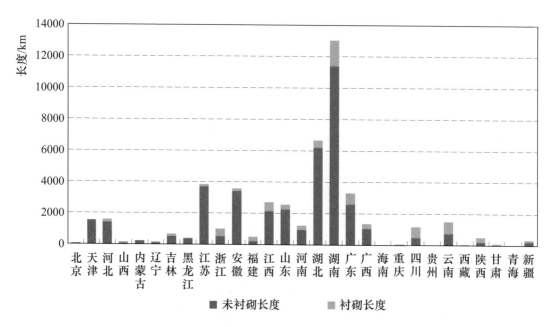

图 5-2-10　中型灌区 1（含）～5m³/s 的灌排结合渠道

2.0.2（含）～1m³/s 的灌排结合渠道及建筑物

0.2（含）～1m³/s 的灌排结合渠道总长度较长的有湖南、湖北、江苏，分别为 4.16 万 km、2.05 万 km、1.77 万 km，各占全国中型灌区同类渠道总长度的 26.5%、13.0%、11.3%；渠道总长度较短的有北京、西藏、贵州，分别为 44.4km、46.9km、73.1km，各占全国中型灌区同类渠道总长度的 0.03%、0.03%、0.05%。上海、青海、宁夏没有该规模的灌排结合渠道。

渠道衬砌长度较长的有湖南、云南、浙江，分别为 4742.2km、2594.9km、1604.5km，各占全国中型灌区同类渠道衬砌总长度的 25.2%、13.8%、8.5%；衬砌总长度较短的有天津、黑龙江、内蒙古，分别为 11.0km、13.8km、20.0km，各占全国中型灌区同类渠道衬砌总长度的 0.06%、0.07%、0.11%；西藏该规模渠道未衬砌。

渠系建筑物数量较多的有湖南、湖北、江苏，分别为 13.25 万座、4.89 万座、4.41 万座，各占全国中型灌区同类渠系建筑物数量的 35.9%、13.3%、12.0%；渠系建筑物数量较少的有北京、贵州、重庆，分别为 10 座、79 座、120 座，各占全国中型灌区同类渠系建筑物数量的 0.003%、0.02%、0.03%。

泵站数量较多的有湖南、湖北、江西，分别为 4419 座、3108 座、2871 座，各占全国中型灌区同类渠道上泵站数量的 26.7%、18.8%、17.4%；泵站数量较少的有海南、甘肃、广西，分别为 1 座、3 座、3 座，内蒙古、重庆、贵州、西藏、新疆该规模渠道上无泵站，详见表 5-2-15 和表 5-2-16。

表 5-2-15　　　中型灌区 0.2（含）～1m³/s 的灌排结合渠道

省级行政区	渠道条数 /条	渠道长度 /km	衬砌长度 /km
全国	195974	157098.6	18802.8
北京	4	44.4	31.5
天津	4308	2717.2	11.0
河北	1201	1669.0	55.3
山西	210	193.5	66.1
内蒙古	468	501.4	20.0
辽宁	687	505.6	127.8
吉林	974	1065.6	117.6
黑龙江	1894	3908.5	13.8
江苏	28041	17710.5	975.7
浙江	4259	2762.1	1604.5
安徽	16152	11960.9	301.3
福建	1352	1548.7	626.4
江西	8210	11168.9	1227.0
山东	7756	8519.3	186.1
河南	4414	4367.6	182.4
湖北	31423	20498.5	1385.8
湖南	57866	41581.7	4742.2
广东	9794	9730.8	975.9
广西	6047	3027.4	419.6
海南	160	242.1	167.9
重庆	37	152.1	81.1
四川	2335	3381.5	1284.4
贵州	34	73.1	38.4
云南	5550	5975.2	2594.9
西藏	35	46.9	0
陕西	1235	1610.5	469.1
甘肃	107	138.8	28.1
新疆	1421	1996.8	1068.9

注　上海、青海、宁夏无该规模渠道。

表 5 - 2 - 16　　　　中型灌区 0.2（含）～1m³/s 的灌排
结合渠道上的建筑物　　　　　单位：座

省级行政区	渠系建筑物数量	水闸	渡槽	涵洞	农桥	泵站
全国	368530	86361	7698	146480	127991	16527
北京	10	10				15
天津	2089	283	1	1371	434	108
河北	2159	349	8	1416	386	40
山西	426	88	27	23	288	8
内蒙古	279	160	5	36	78	
辽宁	502	257	56	128	61	29
吉林	1440	233	66	381	760	15
黑龙江	2390	329	16	1803	242	5
江苏	44074	4769	946	23910	14449	2853
浙江	5144	648	24	2498	1974	718
安徽	25733	3642	482	14664	6945	649
福建	1728	628	79	561	460	14
江西	26280	3221	697	7119	15243	2871
山东	13728	2237	56	3094	8341	85
河南	11794	1230	59	401	10104	13
湖北	48920	5909	795	31767	10449	3108
湖南	132486	49157	2762	44944	35623	4419
广东	15003	3309	462	4562	6670	1013
广西	2825	911	113	329	1472	3
海南	413	71	9	72	261	1
重庆	120		9	58	53	
四川	10481	493	419	2869	6700	177
贵州	79	11	4	24	40	
云南	8154	1630	246	3736	2542	57
西藏	147	39	57		51	
陕西	8268	3746	245	426	3851	323
甘肃	277	94		32	151	3
新疆	3581	2907	55	256	363	

注　上海、青海、宁夏无该规模建筑物。

228

（1）0.5（含）～1m³/s 灌排结合渠道及建筑物。0.5（含）～1m³/s 灌排结合渠道总长度较长的有湖南、湖北、江苏，分别为 1.88 万 km、9840.4km、8113.1km，各占全国中型灌区同类渠道总长度的 27.5%、14.4%、11.9%；渠道衬砌长度较长的有湖南、云南、湖北，分别为 2229.8km、759.1km、606.5km，各占全国中型灌区同类渠道衬砌总长度的 32.2%、11.0%、8.8%；北京、西藏两个省级行政区中型灌区该规模灌排结合渠道未衬砌。渠系建筑物数量较多的有湖南、湖北、江苏，分别为 6.89 万座、2.07 万座、1.93 万座，各占全国中型灌区同类渠系建筑物数量的 40.0%、12.0%、11.2%；泵站数量较多的有湖南、湖北、江西，分别为 2534 座、2066 座、1715 座，各占全国中型灌区同类渠道上泵站数量的 29.9%、24.4%、20.3%，详见图 5-2-11 和附表 A3-2-9、附表 A3-2-10。

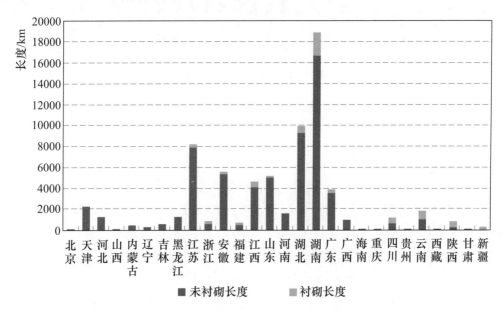

图 5-2-11　中型灌区 0.5（含）～1m³/s 的灌排结合渠道

（2）0.2（含）～0.5m³/s 灌排结合渠道及建筑物。0.2（含）～0.5m³/s 灌排结合渠道总长度较长的有湖南、湖北、江苏，分别为 2.28 万 km、1.07 万 km、9597.4km，各占全国中型灌区同类渠道总长度的 25.7%、12.0%、10.8%；渠道衬砌长度较长的有湖南、云南、浙江，分别为 2512.4km、1835.8km、1320.8km，各占全国中型灌区同类渠道衬砌总长度的 21.2%、15.5%、11.1%。西藏中型灌区该规模渠道未衬砌；渠系建筑物数量较多的有湖南、湖北、江苏，分别为 6.36 万座、2.82 万座、2.48 万座，各占全国中型灌区同类渠系建筑物数量的 32.4%、14.4%、12.6%。贵州省中型灌区该规模渠道上没有建筑物；泵站数量较多的有江苏、湖南、江西，分别为 2151 座、

1885 座、1156 座，各占全国中型灌区同类渠道上泵站数量的 26.7%、23.4%、14.3%，详见图 5-2-12 和附表 A3-2-11、附表 A3-2-12。

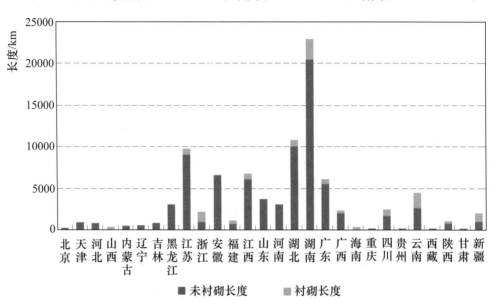

图 5-2-12 中型灌区 0.2（含）～0.5m³/s 的灌排结合渠道

三、排水沟及建筑物

（一）全国总体情况

全国中型灌区共有 0.6m³/s 及以上的排水沟 18.60 万条，长度 19.48 万 km；排水沟系建筑物数量共计 33.78 万座，其中水闸 4.21 万座、涵洞 15.34 万座、农桥 14.22 万座；此外，还有泵站 1.77 万座。

1. 3m³/s 及以上的排水沟及建筑物

3m³/s 及以上的排水沟 1.45 万条，长度 5.27 万 km；排水沟系建筑物数量共计 9.37 万座，其中水闸 1.83 万座、涵洞 2.50 万座、农桥 5.04 万座；此外，还有泵站 1.18 万座。

（1）200m³/s 及以上的排水沟及建筑物。200m³/s 及以上排水沟共 36 条，长度 373.0km；排水沟系建筑物数量 671 座，其中，水闸 137 座、涵洞 255 座、农桥 279 座；此外，还有泵站 102 座。

（2）50（含）～200m³/s 的排水沟及建筑物。50（含）～200m³/s 排水沟共 297 条，总长 2495.0km；排水沟系建筑物数量共计 3701 座，其中，水闸 723 座、涵洞 1320 座、农桥 1658 座；此外，还有泵站 569 座。

（3）10（含）～50m³/s 的排水沟及建筑物。10（含）～50m³/s 排水沟共 3869 条，总长 1.70 万 km；排水沟系建筑物数量共计 2.87 万座，其中，水闸

5585 座、涵洞 7213 座、农桥 1.59 万座；此外，还有泵站 5033 座。

（4）3（含）～10m³/s 的排水沟及建筑物。3（含）～10m³/s 排水沟共 1.03 万条，总长 3.28 万 km；排水沟系建筑物数量共计 6.07 万座，其中，水闸 1.19 万座、涵洞 1.62 万座、农桥 3.26 万座；此外，还有泵站 6140 座。

2. 0.6（含）～3m³/s 的排水沟及建筑物

0.6（含）～3m³/s 的排水沟共 17.16 万条，长度 14.21 万 km；排水沟系建筑物数量共计 24.41 万座，其中水闸 2.38 万座、涵洞 12.85 万座、农桥 9.18 万座；此外，还有泵站 5837 座。

（1）1（含）～3m³/s 的排水沟及建筑物。1（含）～3m³/s 排水沟共 5.04 万条，总长 5.71 万 km；排水沟系建筑物数量共 9.98 万座，其中，水闸 1.22 万座、涵洞 4.51 万座、农桥 4.24 万座；此外，还有泵站 4003 座。

（2）0.6（含）～1m³/s 的排水沟及建筑物。0.6（含）～1m³/s 排水沟共 12.12 万条，总长 8.51 万 km；排水沟系建筑物数量共计 14.44 万座，其中水闸 1.16 万座、涵洞 8.33 万座、农桥 4.95 万座；此外，还有泵站 1834 座，详见表 5-2-17。

表 5-2-17　　　　　　　　　中型灌区不同规模排水沟及建筑物

渠道规模	排水沟条数/条	排水沟长度/km	排水沟系建筑物数量/座	水闸/座	涵洞/座	农桥/座	泵站/座
200m³/s 及以上	36	373.0	671	137	255	279	102
50（含）～200m³/s	297	2495.0	3701	723	1320	1658	569
10（含）～50m³/s	3869	17046.0	28665	5585	7213	15867	5033
3（含）～10m³/s	10285	32769.6	60655	11881	16201	32573	6140
小计	14487	52683.6	93692	18326	24989	50377	11844
1（含）～3m³/s	50385	57060.8	99704	12229	45118	42357	4003
0.6（含）～1m³/s	121171	85084.8	144374	11586	83338	49450	1834
小计	171556	142144.6	244078	23815	128456	91807	5837
合计	186043	194827.2	337770	42141	153445	142184	17681

（二）省级行政区

0.6m³/s 及以上排水沟总长度较长的有江苏、湖南、湖北，分别为 6.98 万 km、2.59 万 km、2.18 万 km，各占全国中型灌区同类排水沟总长度的 35.8%、13.3%、11.2%；排水沟总长度较短的有贵州、西藏、北京，分别为

81.0km、94.2km、192.4km，各占全国中型灌区同类排水沟总长度的0.04％、0.05％、0.10％。青海、重庆没有 0.6m³/s 及以上的排水沟。

排水沟系建筑物数量较多的有江苏、湖南、湖北，分别为 12.27 万座、5.92 万座、4.48 万座，各占全国中型灌区同类排水沟系建筑物数量的36.3％、17.5％、13.3％；排水沟系建筑物数量较少的有贵州、内蒙古、西藏，分别为 113 座、195 座、205 座，各占全国中型灌区同类排水沟系建筑物数量的 0.03％、0.06％、0.06％。

泵站数量较多的有江苏、湖南、湖北，分别为 6631 座、3792 座、3461 座，各占全国中型灌区同类排水沟上泵站数量的 37.5％、21.4％、19.6％；泵站数量较少的有上海、宁夏、内蒙古，分别为 1 座、4 座、4 座，各占全国中型灌区同类排水沟上泵站数量的 0.01％、0.02％、0.02％，详见表 5-2-18。

表 5-2-18　　　　　　　　　中型灌区排水沟及建筑物

省级行政区	排水沟条数/条	排水沟长度/km	排水沟系建筑物数量/座	水闸/座	涵洞/座	农桥/座	泵站/座
全国	186043	194826.2	337770	42141	153445	142184	17681
北京	73	192.4	286	26	212	48	
天津	6073	5191.2	4060	962	2768	330	205
河北	2886	2465.3	2640	314	850	1476	27
山西	986	1285.6	1887	387	392	1108	
内蒙古	198	845.7	195	35	77	83	4
辽宁	1869	1878.2	3086	407	1783	896	171
吉林	957	1898.4	1006	191	283	532	38
黑龙江	2560	6850.4	3734	396	2053	1285	79
上海	246	212.6	250	234	16		1
江苏	86468	69841.6	122725	6616	78578	37531	6631
浙江	4164	2477.3	3408	439	1846	1123	253
安徽	6473	9332.8	14832	2237	5675	6920	881
福建	435	578.0	1147	257	346	544	52
江西	6017	8488.3	22448	2453	4605	15390	1235
山东	9829	11500.8	20420	1783	2634	16003	79
河南	3131	5839.2	10078	491	1199	8388	67

省级行政区	排水沟条数/条	排水沟长度/km	排水沟系建筑物数量/座	水闸/座	涵洞/座	农桥/座	泵站/座
湖北	21055	21766.4	44792	5844	25720	13228	3461
湖南	20929	25880.3	59184	14698	19371	25115	3792
广东	3642	6542.8	9215	2133	2077	5005	490
广西	2495	2075.5	1729	538	255	936	6
海南	585	779.9	1410	276	273	861	45
四川	381	771.1	1534	120	117	1297	37
贵州	51	81.0	113	14	17	82	6
云南	353	951.3	1699	366	584	749	65
西藏	50	94.2	205	88	42	75	
陕西	482	1146.9	1684	394	190	1100	29
甘肃	147	240.6	372	103	83	186	
宁夏	251	379.6	955	25	387	543	4
新疆	3257	5238.8	2676	314	1012	1350	23

注 青海、重庆无该规模排水沟及建筑物。

1. $3m^3/s$ 及以上的排水沟及建筑物

$3m^3/s$ 及以上的排水沟总长度较长的有江苏、湖南、湖北，分别为 1.40 万 km、8724.9km、5484km，各占全国中型灌区同类排水沟总长度的 26.6％、16.6％、10.4％；排水沟总长度较短的有贵州、宁夏、甘肃，分别为 32.1km、40.7km、42.8km，各占全国中型灌区同类排水沟总长度的 0.06％、0.08％、0.08％。

排水沟系建筑物数量较多的有江苏、湖南、湖北，分别为 2.52 万座、2.29 万座、9249 座，各占全国中型灌区同类排水沟系建筑物数量的 26.9％、24.4％、9.9％；排水沟系建筑物数量较少的有上海、贵州、宁夏，分别为 16座、39座、46 座，各占全国中型灌区同类排水沟系建筑物数量的 0.02％、0.04％、0.05％。

泵站数量较多的有江苏、湖南、湖北，分别为 4557 座、2550 座、2386 座，各占全国中型灌区同类排水沟上泵站数量的 38.5％、21.5％、20.1％；泵站数量较少的有贵州、上海、内蒙古，均为 1座，详见表 5-2-19。

表 5－2－19　　　　　　　　中型灌区 3m³/s 及以上排水沟及建筑物

省级行政区	排水沟条数/条	排水沟长度/km	排水沟系建筑物数量/座	水闸/座	涵洞/座	农桥/座	泵站/座
全国	14487	52682.6	93692	18326	24989	50377	11844
北京	13	44.7	90	12	62	16	
天津	325	1020.6	1353	327	818	208	143
河北	209	861.7	1047	250	158	639	27
山西	50	238.3	716	291	195	230	
内蒙古	43	382.4	61	16	9	36	1
辽宁	154	659.3	1409	149	731	529	122
吉林	158	695.6	484	94	84	306	23
黑龙江	443	3167.5	1515	221	475	819	68
上海	12	53.6	16		16		1
江苏	4748	13995.6	25187	2858	8669	13660	4557
浙江	104	305.4	844	185	82	577	145
安徽	976	4484.9	7656	1249	2690	3717	737
福建	87	306.8	719	150	155	414	44
江西	349	1741.4	4441	1163	1382	1896	347
山东	769	2295.0	3844	471	584	2789	56
河南	359	2056.2	2897	262	292	2343	62
湖北	1699	5484.0	9249	2108	2285	4856	2386
湖南	2413	8724.9	22881	6379	4727	11775	2550
广东	871	3173.8	4862	1213	785	2864	436
广西	137	342.2	454	75	44	335	6
海南	62	200.4	366	64	49	253	26
四川	70	269.3	800	87	59	654	14
贵州	15	32.1	39	6	5	28	1
云南	90	606.3	1179	300	367	512	56
西藏	15	58.5	89	27	23	39	
陕西	173	534.5	823	154	103	566	13
甘肃	22	42.8	58	21	7	30	
宁夏	7	40.7	46	2	16	28	2
新疆	114	864.1	567	192	117	258	21

注　青海、重庆无该规模排水沟及建筑物。

（1）200m³/s 及以上排水沟及建筑物。200m³/s 及以上排水沟总长度较长的有江苏、广东、安徽，分别为 136.2km、75.1km、66.7km，各占全国中型灌区同类排水沟总长度的 36.5%、20.1%、17.9%；排水沟系建筑物数量较多的有江苏、广东、江西，分别为 232 座、138 座、111 座，各占全国中型灌区同类排水沟系建筑物数量的 34.6%、20.6%、16.5%；200m³/s 及以上排水沟只有江苏、湖南、江西、安徽、广东等 5 个省级行政区有泵站，数量分别为 40 座、22 座、20 座、15 座、5 座，详见图 5-2-13 和附表 A3-3-1。

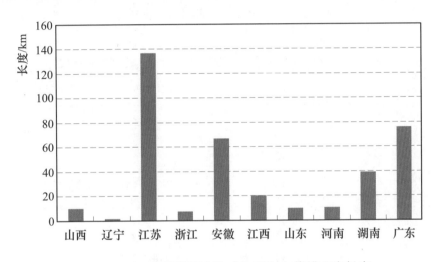

图 5-2-13　中型灌区 200m³/s 及以上的排水沟长度

（2）50（含）～200m³/s 的排水沟及建筑物。50（含）～200m³/s 排水沟总长度较长的有江苏、安徽、河南，分别为 720.8km、462.7km、408.5km，各占全国中型灌区同类排水沟总长度的 28.9%、18.6%、16.4%；排水沟系建筑物数量较多的有江苏、安徽、河南，分别为 995 座、819 座、471 座，各占全国中型灌区同类排水沟系建筑物数量的 26.9%、22.1%、12.7%；泵站数量较多的有江苏、安徽、湖北，分别为 307 座、93 座、75 座，各占全国中型灌区同类排水沟上泵站数量的 54.0%、16.3%、13.2%，详见图 5-2-14 和附表 A3-3-2。

（3）10（含）～50m³/s 的排水沟及建筑物。10（含）～50m³/s 排水沟总长度较长的有江苏、湖南、安徽，分别为 6247.2km、2524.6km、1586.9km，各占全国中型灌区同类排水沟总长度的 36.7%、14.8%、9.3%；排水沟系建筑物数量较多的有江苏、湖南、安徽，分别为 1.12 万座、6011 座、2340 座，各占全国中型灌区同类排水沟系建筑物数量的 39.20%、21.0%、8.2%；泵站数量较多的有江苏、湖南、湖北，分别为 2525 座、1074 座、677 座，各占

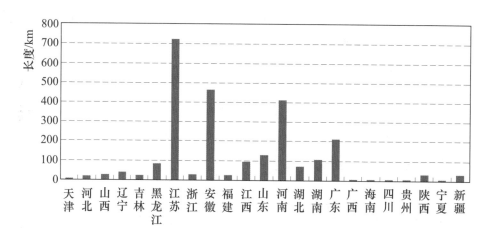

图 5 - 2 - 14 中型灌区 50（含）～200m³/s 的排水沟长度

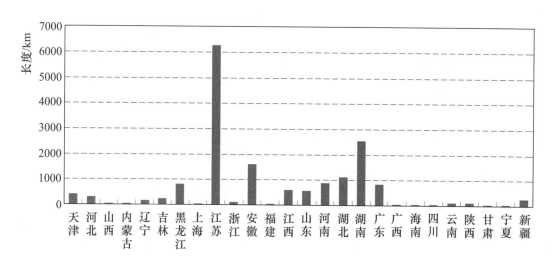

图 5 - 2 - 15 中型灌区 10（含）～50m³/s 的排水沟长度

全国中型灌区同类排水沟上泵站数量的 50.2%、21.3%、13.5%，详见图 5 - 2 - 15 和附表 A3 - 3 - 3。

（4）3（含）～10m³/s 的排水沟及建筑物。3（含）～10m³/s 排水沟总长度较长的有江苏、湖南、湖北，分别为 6891.4km、6058.9km、4313.9km，各占全国中型灌区同类排水沟总长度的 21.0%、18.5%、13.2%；排水沟系建筑物数量较多的有湖南、江苏、湖北，分别为 1.67 万座、1.27 万座、7591 座，各占全国中型灌区同类排水沟系建筑物数量的 27.5%、21.0%、12.5%；泵站数量较多的有江苏、湖北、湖南，分别为 1685 座、1634 座、1414 座，各占全国中型灌区同类排水沟上泵站数量的 27.4%、26.6%、23.0%，详见图 5 - 2 - 16 和附表 A3 - 3 - 4。

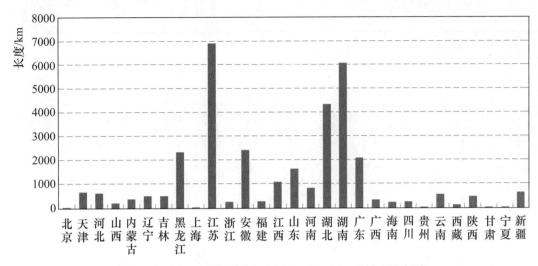

图 5-2-16　中型灌区 3（含）～10m³/s 的排水沟长度

2. 0.6（含）～3m³/s 的排水沟及建筑物

0.6（含）～3m³/s 的排水沟总长度较长的有江苏、湖南、湖北，分别为 5.58 万 km、1.72 万 km、1.63 万 km，各占全国中型灌区同类排水沟总长度的 39.3%、12.1%、11.5%；排水沟总长度较短的有西藏、贵州、北京，分别为 35.7km、48.9km、147.7km，各占全国中型灌区同类排水沟总长度的 0.03%、0.03%、0.10%。

排水沟系建筑物数量较多的有江苏、湖南、湖北，分别为 9.75 万座、3.63 万座、3.55 万座，各占全国中型灌区同类排水沟系建筑物数量的 40.0%、14.9%、14.6%；排水沟系建筑物数量较少的有贵州、西藏、内蒙古，分别为 74 座、116 座、134 座，各占全国中型灌区同类排水沟系建筑物数量的 0.03%、0.05%、0.05%。

泵站数量较多的有江苏、湖南、湖北，分别为 2074 座、1242 座、1075 座，各占全国中型灌区同类排水沟上泵站数量的 35.5%、21.3%、18.4%；泵站数量较少的有新疆、宁夏、内蒙古，分别为 2 座、2 座、3 座，各占全国中型灌区同类排水沟上泵站数量的 0.03%、0.03%、0.05%，详见表 5-2-20。

表 5-2-20　中型灌区 0.6（含）～3m³/s 的排水沟及建筑物

省级行政区	排水沟条数/条	排水沟长度/km	排水沟系建筑物数量/座	水闸/座	涵洞/座	农桥/座	泵站/座
全国	171556	142143.6	244078	23815	128456	91807	5837
北京	60	147.7	196	14	150	32	

续表

省级行政区	排水沟条数/条	排水沟长度/km	排水沟系建筑物数量/座	水闸/座	涵洞/座	农桥/座	泵站/座
天津	5748	4170.6	2707	635	1950	122	62
河北	2677	1603.6	1593	64	692	837	
山西	936	1047.3	1171	96	197	878	
内蒙古	155	463.3	134	19	68	47	3
辽宁	1715	1218.9	1677	258	1052	367	49
吉林	799	1202.8	522	97	199	226	15
黑龙江	2117	3682.9	2219	175	1578	466	11
上海	234	159.0	234	234			
江苏	81720	55846.0	97538	3758	69909	23871	2074
浙江	4060	2171.9	2564	254	1764	546	108
安徽	5497	4847.9	7176	988	2985	3203	144
福建	348	271.2	428	107	191	130	8
江西	5668	6746.9	18007	1290	3223	13494	888
山东	9060	9205.8	16576	1312	2050	13214	23
河南	2772	3783.0	7181	229	907	6045	5
湖北	19356	16282.4	35543	3736	23435	8372	1075
湖南	18516	17155.4	36303	8319	14644	13340	1242
广东	2771	3369.0	4353	920	1292	2141	54
广西	2358	1733.3	1275	463	211	601	
海南	523	579.5	1044	212	224	608	19
四川	311	501.8	734	33	58	643	23
贵州	36	48.9	74	8	12	54	5
云南	263	345.0	520	66	217	237	9
西藏	35	35.7	116	61	19	36	
陕西	309	612.4	861	240	87	534	16
甘肃	125	197.8	314	82	76	156	
宁夏	244	338.9	909	23	371	515	2
新疆	3143	4374.7	2109	122	895	1092	2

注　重庆、青海无该规模排水沟及建筑物。

（1）1（含）～3m³/s 的排水沟及建筑物。1（含）～3m³/s 排水沟总长度较长的有江苏、湖南、湖北，分别为 2.03 万 km、8862.5km、6536.7km，各占全国中型灌区同类排水沟总长度的 35.5％、15.5％、11.5％；排水沟系建筑物数量较多的有江苏、湖南、湖北，分别为 3.94 万座、1.87 万座、1.13 万座，各占全国中型灌区同类排水沟系建筑物数量的 39.5％、18.8％、11.3％。上海没有 1（含）～3m³/s 排水沟；泵站数量较多的有江苏、湖南、湖北，分别为 1606 座、906 座、578 座，各占全国中型灌区同类排水沟上泵站数量的 40.1％、22.6％、14.4％，详见图 5-2-17 和附表 A3-3-5。

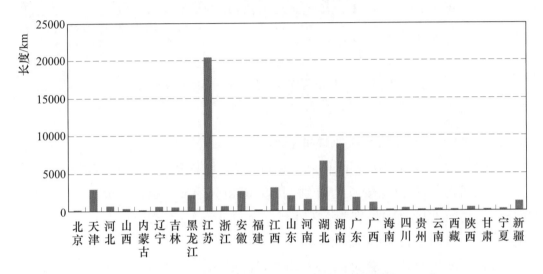

图 5-2-17　中型灌区 1（含）～3m³/s 的排水沟长度

（2）0.6（含）～1m³/s 的排水沟及建筑物。0.6（含）～1m³/s 排水沟总长度较长的有江苏、湖北、湖南，分别为 3.56 万 km、9745.7km、8292.9km，各占全国中型灌区同类排水沟总长度的 41.8％、11.5％、9.8％；排水沟系建筑物数量较多的有江苏、湖北、湖南，分别为 5.82 万座、2.42 万座、1.76 万座，各占全国中型灌区同类排水沟系建筑物数量的 40.3％、16.8％、12.2％；泵站数量较多的有湖北、江苏、湖南，分别为 497 座、468座、336 座，各占全国中型灌区同类排水沟上泵站数量的 27.1％、25.5％、18.3％，详见图 5-2-18 和附表 A3-3-6。

四、灌区渠系工程状况分析

灌区的灌排渠系是灌区工程的主要组成部分，中型灌区万亩灌溉面积渠道长度、灌溉渠道衬砌率等技术指标能够在一定程度上反映中型灌区的工程设施状况。

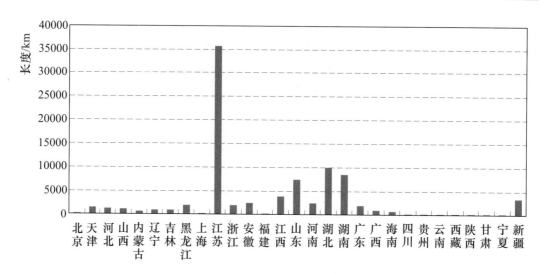

图 5-2-18　中型灌区 0.6（含）～1m³/s 的排水沟长度

（一）渠道

1. 中型灌区万亩灌溉面积渠道长度

全国中型灌区万亩灌溉面积 0.2m³/s 及以上渠道长度为 32.63km。湖南、上海、江西的渠道长度较长，分别为 69.55km、46.73km、46.51km；北京、西藏、宁夏长度较短，分别为 7.00km、14.13km、18.29km。

其中，全国万亩灌溉面积 1m³/s 及以上渠道长度为 9.84km。湖南、天津、湖北长度较长，分别为 18.88km、15.49km、14.20km；北京、浙江、西藏长度较短，分别为 4.09km、5.69km、5.84km。

全国万亩灌溉面积 0.2（含）～1m³/s 渠道长度为 22.79km。湖南、上海、江西长度较长，分别为 50.67km、39.75km、36.43km；北京、西藏、河北长度较短，分别为 2.91km、8.29km、9.62km，详见图 5-2-19 和表 5-2-21。

表 5-2-21　　中型灌区万亩灌溉面积渠道长度　　　　　单位：km

省级行政区	0.2m³/s 及以上渠道		
		1m³/s 及以上渠道	0.2（含）～1.0m³/s 渠道
全国	32.63	9.84	22.79
北京	7.00	4.09	2.91
天津	43.02	15.49	27.53
河北	21.24	11.62	9.62
山西	23.28	6.17	17.11

省级行政区	0.2m³/s 及以上渠道		
		1m³/s 及以上渠道	0.2（含）～1.0m³/s 渠道
内蒙古	18.82	7.95	10.87
辽宁	20.59	8.00	12.59
吉林	22.03	9.23	12.81
黑龙江	20.65	6.17	14.47
上海	46.73	6.98	39.75
江苏	41.54	8.04	33.51
浙江	19.56	5.69	13.87
安徽	25.64	8.60	17.04
福建	26.78	11.07	15.72
江西	46.51	10.08	36.43
山东	21.77	7.65	14.12
河南	18.93	7.88	11.05
湖北	42.90	14.20	28.71
湖南	69.55	18.88	50.67
广东	32.84	11.36	21.48
广西	41.40	14.09	27.30
海南	25.58	9.91	15.67
重庆	24.45	11.13	13.32
四川	36.23	11.45	24.78
贵州	34.19	12.99	21.21
云南	32.68	10.27	22.42
西藏	14.13	5.84	8.29
陕西	31.76	9.07	22.69
甘肃	36.80	7.68	29.13
青海	28.10	7.87	20.23
宁夏	18.29	6.87	11.42
新疆	22.26	6.45	15.81

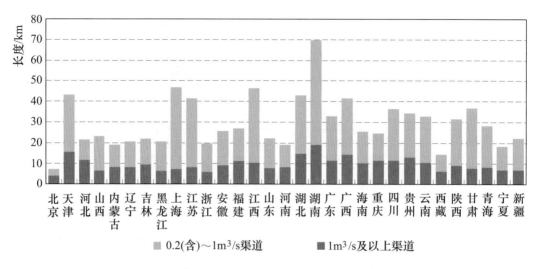

图 5-2-19　中型灌区平均万亩灌溉面积渠道长度

2. 灌溉渠道衬砌长度占总长度的比例

全国中型灌区 0.2m³/s 及以上的灌溉渠道衬砌长度占灌溉渠道总长度的比例为 31.2%。上海、贵州、北京渠道衬砌比例较大，分别为 100%、76.2%、71.5%；安徽、黑龙江、江西渠道衬砌比例较小，分别为 7.5%、8.9%、14.5%，超过全国比例的有 17 个省级行政区。

其中，1m³/s 及以上灌溉渠道衬砌长度占同类灌溉渠道总长度的比例为 40.6%，衬砌长度的 47.6% 为 2000 年以后衬砌。上海、贵州、青海渠道衬砌比例较大，分别为 100%、84.2%、79.6%；天津、安徽、黑龙江渠道衬砌比例较小，分别为 4.3%、9.5%、10.5%。

0.2（含）～1m³/s 的灌溉渠道衬砌长度占同类灌溉渠道总长度的比例为 27.51%。上海、北京、西藏渠道衬砌比例较大，分别为 100%、95.5%、73.3%；安徽、黑龙江、江西渠道衬砌比例较小，分别为 6.7%、8.1%、12.8%，详见图 5-2-20 和表 5-2-22。

表 5-2-22　　中型灌区灌溉渠道衬砌长度占灌溉渠道总长度比例　　　　　　　%

省级行政区	0.2m³/s 及以上	1m³/s 及以上	2000 年以后衬砌长度占衬砌总长度的比例	0.2（含）～1m³/s
全国	31.19	40.60	47.61	27.51
北京	71.46	54.48	23.29	95.51
天津	15.44	4.32	70.86	17.67

续表

省级行政区	0.2m³/s 及以上	1m³/s 及以上	2000 年以后衬砌长度占衬砌总长度的比例	0.2（含）～1m³/s
河北	29.48	34.90	35.37	24.76
山西	41.34	47.16	32.23	39.36
内蒙古	18.58	14.13	68.92	21.74
辽宁	18.48	25.34	74.66	14.31
吉林	16.32	21.05	96.55	13.08
黑龙江	8.95	10.45	86.50	8.09
上海	100.00	100.00	100.00	100.00
江苏	18.86	17.55	85.32	18.99
浙江	70.44	71.55	62.17	70.01
安徽	7.54	9.53	67.05	6.69
福建	43.27	48.81	57.54	38.58
江西	14.53	21.55	60.31	12.77
山东	23.94	37.87	17.32	16.78
河南	35.09	35.52	34.33	34.75
湖北	16.46	16.67	46.12	16.38
湖南	19.99	30.98	36.52	16.37
广东	19.31	24.78	42.91	16.40
广西	25.05	37.93	49.35	18.38
海南	66.66	75.34	48.77	60.89
重庆	58.80	78.05	54.08	42.42
四川	43.53	50.68	41.17	40.23
贵州	76.22	84.21	43.71	71.29
云南	55.56	71.25	51.25	47.36
西藏	66.41	56.25	78.75	73.27
陕西	52.61	66.06	36.75	47.22
甘肃	49.77	78.26	38.45	42.35
青海	57.76	79.58	62.55	49.34
宁夏	54.06	70.95	91.32	43.91
新疆	48.65	58.69	50.90	44.45

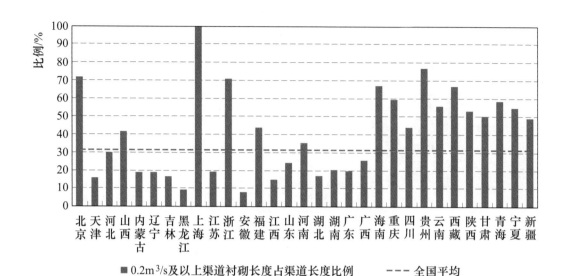

图 5-2-20　中型灌区灌溉渠道衬砌长度占渠道总长度的比例

（二）灌溉渠道建筑物配套

1. 配水建筑物

全国中型灌区 0.2m³/s 及以上渠道的单位长度配水建筑物数量为 0.81 座/km。甘肃、新疆、山西渠道单位长度配水建筑物数量较多，分别为 3.92 座/km、1.70 座/km、1.36 座/km；重庆、贵州、天津较少，分别为 0.19 座/km、0.20 座/km、0.21 座/km。

其中，全国 1m³/s 及以上的渠道单位长度配水建筑物数量为 0.66 座/km。甘肃、陕西、山西渠道单位长度配水建筑物数量较多，分别为 1.71 座/km、1.10 座/km、1.09 座/km；重庆、贵州、天津较少，分别为 0.23 座/km、0.25 座/km、0.31 座/km。

全国 0.2（含）～1m³/s 的渠道单位长度配水建筑物数量为 0.87 座/km。甘肃、新疆、上海渠道单位长度配水建筑物数量较多，分别为 4.50 座/km、2.04 座/km、1.47 座/km；重庆、天津、贵州较少，分别为 0.15 座/km、0.16 座/km、0.17 座/km，详见表 5-2-23。

2. 量水建筑物

全国中型灌区万亩灌溉面积量水建筑物的数量为 0.38 座。宁夏、西藏、陕西数量较多，分别为 2.49 座、1.21 座、1.20 座；天津、青海、辽宁数量较少，分别为 0.004 座、0.03 座、0.06 座。北京、上海中型灌区 1m³/s 及以上渠道上无量水建筑物，详见表 5-2-24。

表 5-2-23　　　　　中型灌区渠道单位长度配水建筑物数量　　　　　单位：座/km

省级行政区	单位长度配水建筑物	1m³/s 及以上	0.2（含）～1m³/s
全国	0.81	0.66	0.87
北京	0.40	0.39	0.40
天津	0.21	0.31	0.16
河北	0.72	0.64	0.81
山西	1.36	1.09	1.46
内蒙古	0.94	0.64	1.16
辽宁	0.94	0.99	0.91
吉林	0.42	0.38	0.45
黑龙江	0.29	0.45	0.22
上海	1.34	0.57	1.47
江苏	0.44	0.33	0.47
浙江	0.42	0.73	0.30
安徽	0.42	0.56	0.35
福建	0.57	0.72	0.47
江西	0.48	0.64	0.44
山东	0.48	0.51	0.46
河南	0.74	0.80	0.69
湖北	0.37	0.50	0.30
湖南	0.93	0.82	0.97
广东	0.43	0.62	0.33
广西	0.59	0.69	0.53
海南	0.31	0.39	0.26
重庆	0.19	0.23	0.15
四川	0.30	0.49	0.21
贵州	0.20	0.25	0.17
云南	0.36	0.52	0.29
西藏	0.68	0.83	0.57
陕西	1.14	1.10	1.16
甘肃	3.92	1.71	4.50
青海	0.77	0.67	0.82
宁夏	0.85	0.86	0.85
新疆	1.70	0.86	2.04

表 5 - 2 - 24　　　　中型灌区万亩灌溉面积量水建筑物数量　　　　单位：座

省级行政区	1m³/s 及以上	省级行政区	1m³/s 及以上
全国	0.38	湖北	0.24
天津	0.004	湖南	0.50
河北	0.50	广东	0.26
山西	0.88	广西	0.76
内蒙古	0.08	海南	0.27
辽宁	0.06	重庆	0.09
吉林	0.11	四川	0.25
黑龙江	0.09	贵州	0.29
江苏	0.06	云南	0.27
浙江	0.23	西藏	1.21
安徽	0.26	陕西	1.20
福建	0.33	甘肃	1.08
江西	0.11	青海	0.03
山东	0.33	宁夏	2.49
河南	0.93	新疆	0.41

注　北京、上海未填报量水建筑物数据。

第三节　灌区隶属关系与水价

本节主要介绍中型灌区的隶属关系、水价、用水户协会等普查成果，并对中型灌区专管人员数量、用水户管理情况进行简要分析。

一、灌区隶属关系

按管理单位类型划分，由事业单位管理的中型灌区有 5925 处，由集体管理的中型灌区 609 处，由企业等其他类型管理单位管理的中型灌区 759 处；按管理单位隶属关系划分，隶属于省级的灌区 59 处，地级的灌区 194 处，县级的灌区 4810 处，乡镇级的灌区 2080 处，村级的灌区 120 处，其他隶属关系的灌区 30 处，详见图 5 - 3 - 1 和表 5 - 3 - 1。

二、专管人员数量

中型灌区专管人员数量为 10.74 万人。每万亩灌溉面积专管人员数量平均

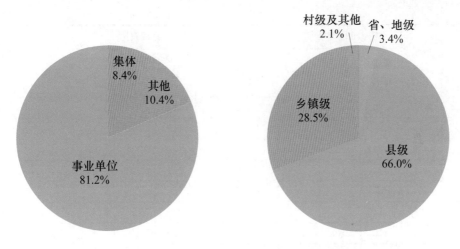

图 5-3-1 中型灌区管理单位类型及隶属关系

为 4.8 人，其中，陕西、甘肃万亩灌溉面积专管人员数量人数较多，分别为 11.5 人、10.1 人；上海、西藏、天津较少，分别为 1.5 人、1.6 人、1.9 人，详见表 5-3-2。

表 5-3-1　　　　中型灌区管理单位类型、隶属及专管人员数量

省级 行政区	数量 /处	管理单位类型/处			隶属关系/处						专管人 员数量 /人
		事业 单位	集体	其他	省	地	县	乡	村	其他	
全国	7293	5925	609	759	59	194	4810	2080	120	30	107437
北京	10	9		1			6	4			100
天津	79	68	1	10	4		5	68	1	1	478
河北	130	122	2	6		6	116	7	1		2141
山西	184	175	7	2	2	19	154	6	3		4723
内蒙古	225	159	49	17	1	3	138	77	3	3	2748
辽宁	70	63	3	4		4	35	30	1		1635
吉林	127	118	1	8	2	5	113	6		1	2204
黑龙江	361	243	42	76	6	11	184	153	6	1	3995
上海	1			1			1				6
江苏	284	238	23	23	10	2	179	84	6	3	4703
浙江	194	118	63	13		3	84	97	10		2137
安徽	488	331	112	45	14	7	251	184	31	1	5552
福建	143	108	21	14	1	5	99	37	1		1806
江西	296	216	46	34	1	5	227	61		2	3450
山东	444	384	13	47		12	246	178	5	3	4605
河南	296	243	18	35		16	191	85	3	1	5605

省级行政区	数量/处	管理单位类型/处			隶属关系/处						专管人员数量/人
		事业单位	集体	其他	省	地	县	乡	村	其他	
湖北	517	320	69	128	2	1	314	191	9		4681
湖南	661	627	26	8	1	3	412	242	2	1	12060
广东	485	421	23	41		8	256	204	13	4	7038
广西	341	320	13	8	1	12	281	42	4	1	5666
海南	67	56	1	10	2	3	55	7			1676
重庆	123	114		9	1		120	2			1192
四川	360	310	13	37		26	270	57	5	2	3646
贵州	116	93	6	17	1	5	94	10	4	2	1121
云南	319	267	20	32		3	184	127	5		2731
西藏	61	5	6	50		2	49	6	4		207
陕西	168	134	16	18		6	119	40	1	2	4737
甘肃	208	203	3	2	2	6	192	7		1	7803
青海	89	84	2	3	2	5	73	7	2		1441
宁夏	23	23			3	1	18	1			507
新疆	423	353	10	60	3	15	344	60		1	7043

表 5-3-2　　　　中型灌区万亩灌溉面积专管人员数量　　　　单位：人

省级行政区	数量	省级行政区	数量
全国	4.8	河南	6.1
北京	3.0	湖北	2.9
天津	1.9	湖南	7.0
河北	3.5	广东	6.6
山西	7.9	广西	8.2
内蒙古	3.7	海南	9.8
辽宁	7.3	重庆	5.3
吉林	6.3	四川	5.5
黑龙江	4.8	贵州	8.0
上海	1.5	云南	3.4
江苏	2.4	西藏	1.6
浙江	3.9	陕西	13.3
安徽	4.0	甘肃	10.1
福建	6.8	青海	5.7
江西	4.8	宁夏	6.1
山东	3.4	新疆	2.5

三、水价情况

全国已核定供水成本的中型灌区 2600 处，占中型灌区总数的 36.2%。其中核定成本水价在 0.05 元/m³ 以下的灌区 922 处、灌溉面积 3726.50 万亩，在 0.05（含）～0.1 元/m³ 之间的灌区 790 处、灌溉面积 2984.75 万亩，在 0.1 元/m³（含）及以上的灌区 926 处、灌溉面积 3324.34 万亩，详见图 5-3-2。

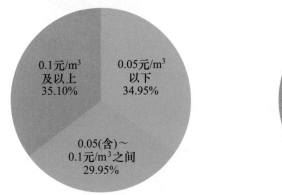
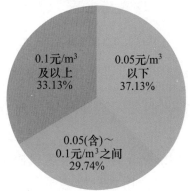

(a) 核定成本水价灌区数量占比　　　(b) 核定成本水价灌区灌溉面积占比

图 5-3-2　中型灌区核定成本水价情况

2011 年收取水费的中型灌区 4613 处，占中型灌区总数的 58.2%，其中，执行水价在 0.05 元/m³ 以下的灌区 2235 处、灌溉面积 7486.53 万亩，在 0.05（含）～0.1 元/m³ 之间的灌区 1357 处、灌溉面积 4956.71 万亩，在 0.1 元/m³（含）及以上的灌区 1021 处、灌溉面积 3426.82 万亩，详见图 5-3-3。

四、用水户协会

全国中型灌区共有用水户协会 1.04 万个，管理灌溉面积 0.54 亿亩，占全国中型灌区灌溉面积的 24.4%。新疆、江西、湖北用水户协会数量较多，分别为 1384 个、971 个、943 个；贵州、广东、上海数量较少，分别为 39 个、24 个、1 个。

新疆、湖北、甘肃用水户协会管理灌溉面积较大，分别为 1028.22 万亩、785.13 万亩、373.99 万亩，海南、贵州、上海较小，分别为 19.67 万亩、18.26 万亩、4.00 万亩。

中型灌区用水户协会管理面积占中型灌区灌溉面积的 24.4%，上海、北京、甘肃用水户协会管理灌溉面积占本区中型灌区灌溉面积比例较高，分别为

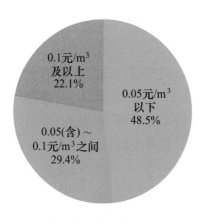

(a) 执行水价灌区数量占比

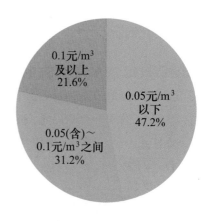

(b) 执行水价灌区灌溉面积占比

图 5-3-3　中型灌区执行水价情况

100.0%、89.2%、48.5%；河北、安徽、广东较低，分别为 10.5%、9.9%、3.7%。

中型灌区平均单个用水户协会管理灌溉面积为 0.52 万亩。其中上海、江苏、广东单个用水户协会平均管理面积较大，分别为 4.00 万亩、1.98 万亩、1.63 万亩，详见表 5-3-3。

表 5-3-3　　　　　　　　　　中型灌区用水协会情况

省级行政区	中型灌区 灌溉面积 /万亩	用水协会 数量 /个	用水协会管理 灌溉面积 /万亩	占中型灌区灌溉 面积比例 /%	平均单个用 水户协会管理 灌溉面积 /万亩
全国	22251.45	10382	5426.60	24.4	0.52
北京	32.89	253	29.34	89.2	0.12
天津	245.52	116	26.67	10.9	0.23
河北	617.77	264	64.67	10.5	0.24
山西	595.67	844	226.75	38.1	0.27
内蒙古	746.15	185	250.93	33.6	1.36
辽宁	224.98	52	32.68	14.5	0.63
吉林	352.51	56	46.86	13.3	0.84
黑龙江	825.53	133	167.52	20.3	1.26
上海	4.00	1	4.00	100.0	4.00
江苏	1950.75	179	355.15	18.2	1.98
浙江	544.92	99	57.88	10.6	0.58

续表

省级行政区	中型灌区灌溉面积/万亩	用水协会数量/个	用水协会管理灌溉面积/万亩	占中型灌区灌溉面积比例/%	平均单个用水户协会管理灌溉面积/万亩
安徽	1373.82	175	135.38	9.9	0.77
福建	263.80	318	58.62	22.2	0.18
江西	711.76	971	340.45	47.8	0.35
山东	1353.81	243	179.85	13.3	0.74
河南	914.47	644	245.27	26.8	0.38
湖北	1633.49	943	785.13	48.1	0.83
湖南	1731.51	507	206.17	11.9	0.41
广东	1061.52	24	39.14	3.7	1.63
广西	691.58	485	129.92	18.8	0.27
海南	171.40	64	19.67	11.5	0.31
重庆	225.83	47	25.19	11.2	0.54
四川	661.62	632	194.05	29.3	0.31
贵州	140.17	39	18.26	13.0	0.47
云南	794.70	537	196.32	24.7	0.37
西藏	130.76	45	52.26	40.0	1.16
陕西	357.13	143	50.85	14.2	0.36
甘肃	771.34	902	373.99	48.5	0.41
青海	254.56	50	58.23	22.9	1.16
宁夏	83.19	47	27.19	32.7	0.58
新疆	2784.31	1384	1028.22	36.9	0.74

附录A 灌区渠（沟）系工程普查成果表

一、2000亩及以上灌区渠（沟）系工程

（一）2000亩及以上灌区灌溉渠道及建筑物

附表 A1-1-1 2000亩及以上灌区100m³/s及以上灌溉渠道

附表 A1-1-2 2000亩及以上灌区100m³/s及以上灌溉渠道上的建筑物

附表 A1-1-3 2000亩及以上灌区20（含）～100m³/s灌溉渠道

附表 A1-1-4 2000亩及以上灌区20（含）～100m³/s灌溉渠道上的建筑物

附表 A1-1-5 2000亩及以上灌区5（含）～20m³/s灌溉渠道

附表 A1-1-6 2000亩及以上灌区5（含）～20m³/s灌溉渠道上的建筑物

附表 A1-1-7 2000亩及以上灌区1（含）～5m³/s灌溉渠道

附表 A1-1-8 2000亩及以上灌区1（含）～5m³/s灌溉渠道上的建筑物

附表 A1-1-9 2000亩及以上灌区0.5（含）～1m³/s灌溉渠道

附表 A1-1-10 2000亩及以上灌区0.5（含）～1m³/s灌溉渠道上的建筑物

附表 A1-1-11 2000亩及以上灌区0.2（含）～0.5m³/s灌溉渠道

附表 A1-1-12 2000亩及以上灌区0.2（含）～0.5m³/s灌溉渠道上的建筑物

（二）2000亩及以上灌区灌排结合渠道及建筑物

附表 A1-2-1 2000亩及以上灌区100m³/s及以上灌排结合渠道

附表 A1-2-2 2000亩及以上灌区100m³/s及以上灌排结合渠道上的建筑物

附表 A1-2-3 2000亩及以上灌区20（含）～100m³/s灌排结合渠道

附表 A1-2-4 2000亩及以上灌区20（含）～100m³/s灌排结合渠道上的建筑物

附表 A1-2-5 2000亩及以上灌区5（含）～20m³/s灌排结合渠道

（三）2000 亩及以上灌区排水沟及建筑物

二、大型灌区渠（沟）系工程

（一）大型灌区灌溉渠道及建筑物

（二）中型灌区灌排结合渠道及建筑物

（三）中型灌区排水沟及建筑物

附表A1－1－1　　2000亩及以上灌区100m³/s及以上灌溉渠道

省级行政区	渠道条数/条	渠道长度/km	衬砌长度/km	占渠道长度的比例/%	2000年以后衬砌长度/km	占衬砌长度的比例/%
全国	78	1866.5	524.4	28.1	209.9	40.0
河北	6	89.2	4.2	4.7	4.2	100.0
山西	1	5.0				
内蒙古	23	575.8	14.9	2.6	13	87.2
吉林	1	33.0	0.1	0.3		
江苏	1	21.4				
安徽	8	217.1	110.9	51.1	67.2	60.6
江西	2	45.2	37.6	83.2	31.2	83.0
山东	5	123.5	111.5	90.3	3.4	3.0
河南	6	190.9	57.3	30.0	53.1	92.7
湖北	3	58.5	18.2	31.1	15.4	84.6
广东	1	36.6	9.1	24.9	2.0	22.0
海南	1	6.7	6.7	100.0	3.1	46.3
四川	1	32.1	32.1	100.0		
西藏	1	2.0	1.0	50.0	1.0	100.0
陕西	1	30.5	30.5	100.0		
宁夏	5	115.1	6.2	5.4		
新疆	12	283.9	84.1	29.6	16.3	19.4

注　北京、天津、辽宁、黑龙江、上海、浙江、福建、湖南、广西、重庆、贵州、云南、甘肃、青海无该规模灌溉渠道。

附表 A1 - 1 - 2　　2000 亩及以上灌区 100m³/s 及以上灌溉渠道上的建筑物

单位：座

省级行政区	渠系建筑物数量	水闸	渡槽	跌水陡坡	倒虹吸	隧洞	涵洞	农桥	量水建筑物	泵站
全国	1658	668	51	45	18	8	183	563	122	231
河北	53	19		12			2	13	7	
山西	12	6		1			2	3		
内蒙古	89	33	1					50	5	
吉林	8	4						4		
江苏	38	23						15		5
安徽	342	92	2	1	9		115	67	56	111
江西	156	116	1					39		17
山东	128	44	4				3	66	11	
河南	312	177	3	3	6		18	99	6	1
湖北	78	26	2			1	15	33	1	78
广东	36	3		10	3		10	10		1
海南	21	3					5	5	8	2
四川	122	59	14					49		1
西藏	1		1							
陕西	49	11	5			1		32		
宁夏	86	21	7	1		6	4	33	14	8
新疆	127	31	11	17			9	45	14	7

注　北京、天津、辽宁、黑龙江、上海、浙江、福建、湖南、广西、重庆、贵州、云南、甘肃、青海无该规模建筑物。

附表 A1－1－3　　　2000 亩及以上灌区 20（含）～100m³/s 灌溉渠道

省级行政区	渠道条数 /条	渠道长度 /km	衬砌长度 /km	占渠道长度 的比例 /%	2000 年以后 衬砌长度 /km	占衬砌长度 的比例 /%
全国	1134	21803.1	10031.6	46.0	6265.4	62.5
河北	67	987.9	272.8	27.6	253.9	93.1
山西	38	420.0	250.2	59.6	111.0	44.4
内蒙古	95	2651.9	509.0	19.2	506.6	99.5
辽宁	39	533.3	127.6	23.9	112.4	88.1
吉林	18	513.6	204.3	39.8	190.5	93.2
黑龙江	29	499.7	112.7	22.6	108.0	95.8
江苏	56	705.7	114.8	16.3	87.0	75.8
浙江	8	75.5	69.8	92.5	31.8	45.6
安徽	45	944.4	243.2	25.8	168.1	69.1
福建	1	23.0	19.2	83.5	19.2	100.0
江西	8	206.9	99.3	48.0	82.3	82.9
山东	118	2001.3	1135.6	56.7	854.4	75.2
河南	88	1765.4	603.7	34.2	355.3	58.9
湖北	46	1077.1	301.2	28.0	286.7	95.2
湖南	13	236.2	172.1	72.9	56.4	32.8
广东	17	252.7	82.1	32.5	39.1	47.6
广西	14	122.7	57.8	47.1	14.5	25.1
海南	4	103.9	89.8	86.4	48.1	53.6
四川	23	614.5	582.6	94.8	273.0	46.9
云南	1	7.9	7.9	100.0	7.9	100.0
陕西	29	637.6	631.5	99.0	184.1	29.2
甘肃	33	578.7	578.7	100.0	226.6	39.2
青海	1	12.9	3.5	27.1	3.5	100.0
宁夏	45	990.9	439.2	44.3	301.4	68.6
新疆	298	5839.4	3323.0	56.9	1943.6	58.5

注　北京、天津、上海、重庆、贵州、西藏无该规模灌溉渠道。

附表 A1－1－4　　**2000 亩及以上灌区 20（含）～100m³/s**

灌溉渠道上的建筑物　　　　　　　　　　单位：座

省级行政区	渠系建筑物数量	水闸	渡槽	跌水陡坡	倒虹吸	隧洞	涵洞	农桥	量水建筑物	泵站
全国	37609	12174	1398	1509	380	526	3855	14854	2913	2160
河北	1582	440	104	97	10	45	133	676	77	56
山西	1429	192	20	418	1	10	71	447	270	29
内蒙古	2444	1046	34	65	2	3	24	638	632	7
辽宁	871	358	40	20	50	5	93	285	20	35
吉林	262	79	7	26	9	1	26	105	9	74
黑龙江	406	164	7	15	7	3	37	168	5	7
江苏	1003	334	31	9	21	1	131	475	1	219
浙江	269	39	20	3	7	18	98	80	4	3
安徽	3068	1227	37	146	34	8	805	762	49	313
福建	53	9	4		1	1	2	34	2	1
江西	474	109	19	50	7		51	238		61
山东	3270	1082	121	9	46	21	214	1721	56	140
河南	5010	1813	99	108	74	75	453	2161	227	71
湖北	3191	1190	88	64	36	79	423	1161	150	429
湖南	600	258	33	2	2	10	93	190	12	67
广东	672	166	39	2	3	2	165	287	8	2
广西	270	50	7	4		13	59	93	44	
海南	310	31	9	4		4	61	120	81	8
四川	2277	478	174	20	5	132	301	1032	135	253
云南	15	3		1				11		
陕西	1911	256	30	91	19	39	198	1236	42	83
甘肃	964	289	104	119	16	38	22	359	17	
青海	18	6	1				2	8	1	1
宁夏	1847	385	72	18	1	12	164	675	520	222
新疆	5393	2170	298	218	29	6	229	1892	551	79

注　北京、天津、上海、重庆、贵州、西藏无该规模建筑物。

附表 A1 - 1 - 5　　　2000 亩及以上灌区 5（含）～20m³/s 灌溉渠道

省级行政区	渠道条数 /条	渠道长度 /km	衬砌长度 /km	占渠道长度的比例 /%	2000 年以后衬砌长度 /km	占衬砌长度的比例 /%
全国	5475	65880.9	27953.8	42.4	15308.7	54.8
北京	2	21.3	8.3	39.0	8.3	100.0
天津	32	108.5	4.8	4.4		
河北	242	2959.5	1070.4	36.2	595.2	55.6
山西	170	1739.7	843.1	48.5	360.8	42.8
内蒙古	428	4898.9	535.8	10.9	415.3	77.5
辽宁	240	1362.0	256.1	18.8	215.1	84.0
吉林	60	881.1	206.1	23.4	190	92.2
黑龙江	178	2141.5	380.4	17.8	347.3	91.3
上海	1	12.4	12.4	100.0	12.4	100.0
江苏	456	2871.4	432.8	15.1	303.7	70.2
浙江	53	816.1	589.5	72.2	326.1	55.3
安徽	198	1911.6	231.0	12.1	187.8	81.3
福建	27	471.7	287.8	61.0	171.2	59.5
江西	91	1522.0	518.0	34.0	346.5	66.9
山东	366	3776.1	1503.8	39.8	628.5	41.8
河南	236	3335.1	1074.2	32.2	642.5	59.8
湖北	519	6283.2	1262.4	20.1	902.2	71.5
湖南	293	3327.9	1463.0	44.0	770.9	52.7
广东	142	1845.3	676.8	36.7	206.7	30.5
广西	108	1855.6	1057.3	57.0	709.9	67.1
海南	30	520.5	466.2	89.6	226.3	48.5
重庆	6	78.1	77.7	99.5	50.8	65.4
四川	123	2306.6	1655.0	71.8	820.6	49.6
贵州	6	59.8	56.7	94.8	10.1	17.8
云南	53	1185.5	980.9	82.7	461.3	47.0
西藏	3	103.3	80.7	78.1	80.7	100.0
陕西	92	1248.8	961.6	77.0	500.3	52.0
甘肃	168	2670.3	2356.4	88.2	951	40.4
青海	13	273.1	220.0	80.6	126.3	57.4
宁夏	89	1125.7	568.1	50.5	363.2	63.9
新疆	1050	14168.3	8116.5	57.3	4377.7	53.9

附表 A1－1－6　　　2000 亩及以上灌区 5（含）～20m³/s
灌溉渠道上的建筑物　　　　　　　　单位：座

省级行政区	渠系建筑物数量	水闸	渡槽	跌水陡坡	倒虹吸	隧洞	涵洞	农桥	量水建筑物	泵站
全国	158274	47134	8041	4997	1523	4624	21419	64585	5951	6428
北京	21	10		3	3		1	4		2
天津	156	68	5				62	21		23
河北	10585	2856	694	968	81	767	801	4184	234	214
山西	5176	1524	258	624	36	86	311	1995	342	36
内蒙古	5814	2289	204	148	15	14	434	2182	528	36
辽宁	2802	1138	138	81	54	35	340	946	70	159
吉林	920	227	33	57	35		126	427	15	54
黑龙江	2852	1027	128	171	30	5	373	1051	67	97
江苏	5553	1738	177	6	40	31	1190	2363	8	572
浙江	4335	797	286	24	67	211	479	2404	67	95
安徽	8600	2257	320	263	64	59	2864	2691	82	396
福建	1118	300	59	33	7	37	261	408	13	5
江西	4962	1940	221	72	83	96	850	1671	29	261
山东	9826	2464	465	222	181	122	911	5050	411	462
河南	9088	2592	339	286	126	142	952	4164	487	136
湖北	15975	3899	574	257	183	641	3418	6775	228	1793
湖南	12478	3260	585	81	127	632	2215	5375	203	634
广东	5194	1000	299	77	86	65	1288	2305	74	57
广西	4607	1396	295	83	44	63	477	1994	255	47
海南	1048	309	61	30	5	6	89	539	9	
重庆	195	60	17		2	70	11	34	1	
四川	9922	1909	727	106	48	865	1287	4786	194	457
贵州	78	29	12	2	1	12		22		1
云南	3413	884	378	21	34	195	347	1044	510	27
西藏	281	75	47				19	66	74	14
陕西	4476	981	193	367	94	203	523	1994	121	170
甘肃	5866	2039	645	277	23	187	376	2155	164	252
青海	496	149	15	109		42	25	154	2	32
宁夏	2930	1052	172	30	2	11	285	991	387	178
新疆	19507	8865	694	599	52	27	1104	6790	1376	218

注　上海无该规模建筑物。

附表 A1－1－7　　2000 亩及以上灌区 1（含）～5m³/s 灌溉渠道

省级行政区	渠道条数 /条	渠道长度 /km	衬砌长度 /km	占渠道长度 的比例 /%	2000 年以后 衬砌长度 /km	占衬砌长度 的比例 /%
全国	43156	218874.4	85222.3	38.9	45701	53.6
北京	14	62.6	35.2	56.2	2.9	8.2
天津	608	1261.6	87.5	6.9	45.7	52.2
河北	1408	6051.6	1618.9	26.8	759.1	46.9
山西	612	3415.3	1834.2	53.7	755.1	41.2
内蒙古	2942	10419.1	1893.8	18.2	1532.8	80.9
辽宁	2426	4603.3	740.7	16.1	556.6	75.1
吉林	671	3130.8	690.9	22.1	657.7	95.2
黑龙江	956	4997.1	649.8	13.0	599.4	92.2
上海	17	30.5	30.5	100.0	30.5	100.0
江苏	3637	9207.2	1889.7	20.5	1632.2	86.4
浙江	311	1877.2	1261.3	67.2	819.3	65.0
安徽	1915	9240.9	828.3	9.0	602.8	72.8
福建	277	2418.1	1090.7	45.1	578	53.0
江西	1031	6251.3	1250.3	20.0	788.1	63.0
山东	2925	8988.2	2507.4	27.9	922.8	36.8
河南	1408	8585.6	2821.8	32.9	1313.9	46.6
湖北	3108	16185.7	2239.3	13.8	1335.3	59.6
湖南	3804	21493.7	6674.8	31.1	2768.7	41.5
广东	1473	8996.8	2014.6	22.4	908.8	45.1
广西	973	8889.3	3466.9	39.0	1946.3	56.1
海南	207	1968.6	1492.2	75.8	866.3	58.1
重庆	277	2935.1	2239.7	76.3	1175.8	52.5
四川	828	9769.0	5589.8	57.2	2422.1	43.3
贵州	185	2320.3	1895.5	81.7	897.7	47.4
云南	788	8857.2	6044.4	68.2	3431.5	56.8
西藏	114	1166.1	611.8	52.5	504.2	82.4
陕西	567	4434.8	3105.5	70.0	1389	44.7
甘肃	2870	11349.8	8613.0	75.9	3496	40.6
青海	148	1891.0	1497.8	79.2	960	64.1
宁夏	743	3448.7	2075.2	60.2	1871.2	90.2
新疆	5913	34627.9	18430.8	53.2	10131.2	55.0

附表 A1－1－8　　2000 亩及以上灌区 1（含）～5m³/s 灌溉渠道上的建筑物

单位：座

省级行政区	渠系建筑物数量	水闸	渡槽	跌水陡坡	倒虹吸	隧洞	涵洞	农桥	量水建筑物	泵站
全国	658163	199399	29963	20763	7906	17625	115838	253346	13323	17068
北京	92	32	4	3	1	1	15	35	1	1
天津	1942	903	68		4	1	709	240	17	251
河北	18173	6175	957	1598	246	506	1183	6715	793	304
山西	13597	4652	541	1559	221	320	623	4955	726	172
内蒙古	20994	10463	518	190	58	38	1315	7535	877	234
辽宁	10600	4428	514	221	217	58	1604	3447	111	275
吉林	4790	1224	260	240	104	33	729	2156	44	163
黑龙江	7268	2465	293	438	70	30	1845	2039	88	186
上海	25	16						9		
江苏	33086	6928	1444	73	381	241	13737	10200	82	2061
浙江	7121	1250	355	69	167	238	1278	3690	74	133
安徽	43360	9830	836	1129	278	240	17856	12991	200	1291
福建	5471	1738	525	171	82	214	1037	1613	91	75
江西	17639	4597	1131	607	228	282	3758	6949	87	827
山东	30922	8553	1905	1107	513	361	2980	14976	527	615
河南	29870	8693	1118	1570	840	899	3397	12767	586	397
湖北	43662	8252	1185	706	508	1190	13603	17915	303	3900
湖南	76119	17171	3255	1154	1317	4563	16787	31068	804	2427
广东	22017	4998	1745	689	389	451	4891	8717	137	295
广西	20961	6446	1292	327	365	354	1882	10036	259	149
海南	4623	906	372	97	22	24	543	2475	184	14
重庆	6880	588	734	131	88	1074	1318	2928	19	72
四川	34326	4657	2413	485	313	4417	6534	15257	250	623
贵州	3845	543	360	75	166	344	706	1609	42	67
云南	20431	4913	1801	203	254	447	4619	7523	671	475
西藏	2539	859	488	51	13	15	261	659	193	11
陕西	19341	4928	680	2406	582	431	1393	8275	646	369
甘肃	51769	23956	2157	2341	176	566	1512	19079	1982	421
青海	6963	1290	317	1420	67	151	483	3229	6	163
宁夏	14349	4693	571	565	44	40	904	6840	692	247
新疆	85388	43252	2124	1138	192	96	8336	27419	2831	850

附表 A1－1－9　　2000 亩及以上灌区 0.5（含）～1m³/s 灌溉渠道

省级行政区	渠道条数/条	渠道长度/km	衬砌长度/km	占渠道长度的比例/%
全国	203038	288827.0	78626.7	27.2
北京	4	22.5	21.0	93.3
天津	3243	2952.0	377.7	12.8
河北	5913	6034.9	738.1	12.2
山西	1883	4037.0	1587.9	39.3
内蒙古	8384	12453.9	2439.1	19.6
辽宁	6858	4893.1	594.9	12.2
吉林	989	2290.2	266.8	11.6
黑龙江	2299	4509.0	472.7	10.5
上海	252	168.9	140.3	83.1
江苏	31728	31611.8	7512.7	23.8
浙江	3965	2605.6	1610.7	61.8
安徽	7667	11482.0	995.6	8.7
福建	681	2366.8	990.7	41.9
江西	9727	12127.3	1442.0	11.9
山东	10032	10777.2	1794.8	16.7
河南	4810	7016.3	2100.5	29.9
湖北	24052	25349.2	3049.1	12.0
湖南	24438	30988.2	5840.4	18.8
广东	5183	9237.5	1924.0	20.8
广西	3231	8367.3	2350.4	28.1
海南	559	1605.1	1029.6	64.1
重庆	625	2741.8	1539.0	56.1
四川	4260	13562.5	4994.8	36.8
贵州	327	2353.2	1774.2	75.4
云南	1890	6240.0	3399.0	54.5
西藏	251	827.4	583.0	70.5
陕西	1530	4502.7	2597.6	57.7
甘肃	16157	18215.4	9439.3	51.8
青海	401	1978.3	1346.0	68.0
宁夏	2299	3178.4	1485.0	46.7
新疆	19400	44331.5	14189.8	32.0

附表 A1－1－10　　**2000 亩及以上灌区 0.5（含）～1m³/s 灌溉**

渠道上的建筑物　　　　　　　　　单位：座

省级行政区	渠系建筑物数量	水闸	渡槽	涵洞	农桥	泵站
全国	789983	284809	28075	200450	276649	22277
北京	12	1	4	2	5	1
天津	2305	792	87	1069	357	190
河北	14213	8064	227	1659	4263	163
山西	13837	7640	392	762	5043	165
内蒙古	27798	14964	602	2193	10039	151
辽宁	9955	5524	293	2049	2089	233
吉林	3102	1049	103	745	1205	65
黑龙江	5528	1937	295	2375	921	147
上海	252			243	9	10
江苏	103257	19488	5213	49858	28698	4450
浙江	9054	999	156	5240	2659	436
安徽	37220	7512	1387	16359	11962	1001
福建	3584	1307	420	894	963	54
江西	34635	7565	1513	10324	15233	2790
山东	21286	7206	1133	3239	9708	356
河南	23051	8357	578	3184	10932	166
湖北	63034	8584	1949	33733	18768	5216
湖南	89762	27118	4033	27729	30882	3521
广东	16892	3576	997	5322	6997	490
广西	14327	4551	906	1429	7441	132
海南	5023	675	337	479	3532	7
重庆	3612	457	558	927	1670	139
四川	27234	3458	1782	5783	16211	778
贵州	2633	342	265	657	1369	46
云南	10255	2282	704	3279	3990	213
西藏	1425	534	234	208	449	10
陕西	13014	4321	468	1155	7070	262
甘肃	100353	65252	1039	2068	31994	212
青海	4402	1117	183	502	2600	20
宁夏	16245	5848	523	914	8960	109
新疆	112683	64289	1694	16070	30630	744

附表 A1-1-11　　2000 亩及以上灌区 0.2（含）～0.5m³/s 灌溉渠道

省级行政区	渠道条数 /条	渠道长度 /km	衬砌长度 /km	占渠道长度的比例 /%
全国	576797	551026.9	138686.4	25.2
北京	50	33.5	30.5	91.0
天津	4124	2769.5	918.6	33.2
河北	12360	9717.6	1022.1	10.5
山西	10552	11311.5	3859.9	34.1
内蒙古	22975	20738.1	3405.3	16.4
辽宁	18723	9371.1	1378.8	14.7
吉林	2354	3426.9	563.9	16.5
黑龙江	5467	8075.8	632.5	7.8
上海	234	159.0	159.0	100.0
江苏	85710	53708.1	11775.1	21.9
浙江	14715	8542.1	6149.6	72.0
安徽	19542	22251.8	1651.4	7.4
福建	1265	3479.5	1299.2	37.3
江西	17951	20983.7	2361.5	11.3
山东	24669	19363.0	2520.1	13.0
河南	12367	12676.1	3530.3	27.9
湖北	52685	46467.1	8103.1	17.4
湖南	43167	48148.2	8350.5	17.3
广东	16010	18863.3	2914.8	15.5
广西	12022	18600.9	3404.3	18.3
海南	2245	3069.6	1638.9	53.4
重庆	1232	3938.5	1763.6	44.8
四川	14305	24847.9	9257.0	37.3
贵州	1156	4579.2	3076.2	67.2
云南	7360	17635.7	7628.5	43.3
西藏	797	1471.1	731.8	49.7
陕西	6504	9542.5	5214.1	54.6
甘肃	74490	43750.9	13485.7	30.8
青海	2247	4989.5	2309.3	46.3
宁夏	10619	8788.1	3869.0	44.0
新疆	78900	89727.1	25681.8	28.6

附表 A1－1－12　　2000 亩及以上灌区 0.2（含）～0.5m³/s
灌溉渠道上的建筑物　　　　　单位：座

省级行政区	渠系建筑物数量	水闸	渡槽	涵洞	农桥	泵站
全国	1462168	568785	32178	389704	471501	35438
北京	63	29	13	20	1	1
天津	1331	599	69	618	45	53
河北	22287	10986	696	1782	8823	1602
山西	28662	13236	436	861	14129	217
内蒙古	63725	37879	438	4779	20629	140
辽宁	14650	6382	251	6816	1201	287
吉林	3259	1411	70	901	877	140
黑龙江	8027	2573	312	4487	655	124
上海	234	234				
江苏	183213	31672	5112	106428	40001	9291
浙江	25862	3149	336	16036	6341	1968
安徽	55526	11888	2405	27563	13670	1007
福建	4220	1856	412	1087	865	56
江西	43073	9837	1667	14440	17129	2833
山东	34978	11538	942	5787	16711	235
河南	40090	13104	649	5281	21056	127
湖北	118429	12202	1984	73257	30986	8674
湖南	104420	27875	3431	36555	36559	3649
广东	28221	4630	1005	10124	12462	580
广西	25121	8843	1130	2586	12562	315
海南	8095	1226	254	1062	5553	11
重庆	4582	491	562	1499	2030	81
四川	50390	5425	2649	11843	30473	1079
贵州	4471	561	466	1187	2257	81
云南	20933	3527	1247	9113	7046	413
西藏	2810	899	357	343	1211	11
陕西	34907	14666	641	1680	17920	325
甘肃	217602	144069	1224	3248	69061	470
青海	10758	4158	346	674	5580	60
宁夏	36254	17115	859	2058	16222	128
新疆	265975	166725	2215	37589	59446	1480

附表 A1－2－1　　　　2000 亩及以上灌区 100m³/s 及以上灌排结合渠道

省级行政区	渠道条数 /条	渠道长度 /km	衬砌长度 /km	2000 年以后衬砌长度 /km
全国	138	2143.4	221.1	106.5
北京	1	12.9		
河北	6	100.2	15.2	15.2
吉林	2	77.0		
江苏	36	413.7	1.0	1
浙江	1	5.0	1.5	0.6
安徽	16	351.1	16.5	6.2
福建	2	10.6	6.4	6.4
江西	1	7.2	1.7	1.2
河南	20	542.5	5.5	2.6
湖北	11	229.8	2.7	2.7
湖南	6	62.5		
广东	17	95.1	17.5	10
四川	17	220.0	153.1	60.6
新疆	2	15.8		

注　天津、山西、内蒙古、辽宁、黑龙江、山东、上海、广西、海南、重庆、贵州、云南、西藏、陕西、甘肃、青海、宁夏无该规模渠道。

附表 A1－2－2　　2000 亩及以上灌区 100m³/s 及以上灌排结合

渠道上的建筑物　　　　　　　　单位：座

省级行政区	渠系建筑物数量	水闸	渡槽	跌水陡坡	倒虹吸	隧洞	涵洞	农桥	量水建筑物	泵站
全国	2486	896	23	100	19	5	447	990	6	495
北京	8	2						6		
河北	87	16	1	3	1			65	1	23
吉林	48	4						44		2
江苏	286	32	3	18			82	151		213
浙江	1	1								21
安徽	586	258	2	41	1	1	142	141		31
福建	18	13						5		
江西	12	6						6		
河南	324	42	2				10	270		29
湖北	433	189			10		149	85		111
湖南	113	20	2		2		36	53		20
广东	333	211	1	17	5	4	27	68		16
四川	234	99	12	21			1	96	5	29
新疆	3	3								

注　天津、山西、内蒙古、辽宁、黑龙江、山东、上海、广西、海南、重庆、贵州、云南、西藏、陕西、甘肃、青海、宁夏无该规模建筑物。

附表 A1－2－3　　　　2000 亩及以上灌区 20（含）～100m³/s 灌排结合渠道

省级行政区	渠道条数 /条	渠道长度 /km	衬砌长度 /km	2000 年以后衬砌长度 /km
全国	2368	16399.2	1900.4	1315.9
北京	38	261.0	13.2	1
天津	50	142.0		
河北	77	723.7	45.1	45.1
山西	7	35.1	11.1	2.3
内蒙古	11	229.2	29.6	29.6
辽宁	20	222.8	5.5	5.5
吉林	4	47.4	14.8	14.8
黑龙江	2	32.3		
江苏	741	3408.5	77.5	71.2
浙江	73	312.1	110.0	81.2
安徽	215	1392.6	43.5	32.1
福建	25	195.5	109.1	102.9
江西	34	256.4	76.2	63
山东	169	1850.1	211.2	202.5
河南	140	2133.1	148.7	122
湖北	414	2577.8	169.2	140.2
湖南	137	707.1	40.0	22.1
广东	127	473.8	117.0	88.7
广西	5	80.1	67.0	47.3
四川	43	641.7	391.5	142.4
云南	22	318.6	65.0	42.1
陕西	1	13.0	0.8	0.8
甘肃	2	48.4	48.4	31.7
新疆	11	296.9	106.0	27.4

注　上海、海南、重庆、贵州、西藏、青海、宁夏无该规模渠道。

附表A1-2-4 2000亩及以上灌区20（含）～100m³/s
灌排结合渠道上的建筑物

单位：座

省级行政区	渠系建筑物数量	水闸	渡槽	跌水陡坡	倒虹吸	隧洞	涵洞	农桥	量水建筑物	泵站
全国	25687	5838	553	608	199	153	4976	13025	335	6575
北京	538	84	7				11	436		
天津	173	55					22	94	2	135
河北	632	144	12	2	3		31	440		32
山西	128	49	2	29		2	1	44	1	
内蒙古	118	38	1	4			2	46	27	
辽宁	450	195	6	1	2	7	83	156		101
吉林	67	25	3	5	2		8	23	1	3
黑龙江	9	2					2	5		
江苏	5087	852	125	356	4	34	1276	2440		2809
浙江	279	38	4	11			1	225		224
安徽	1993	421	16	34	3	8	581	906	24	495
福建	597	116	5	7	30	3	30	400	6	11
江西	653	133	60	11	28		166	254	1	109
山东	2384	562	12	36	49	3	245	1398	79	193
河南	2318	379	19	12	8	51	143	1703	3	52
湖北	4686	1125	84	14	33	18	1427	1966	19	1700
湖南	2119	736	55	4	9	2	497	813	3	369
广东	988	262	25	5	14	7	226	444	5	90
广西	218	27	10	1	3		35	131	11	
四川	1062	212	55	34	10	15	79	581	76	183
云南	739	153	2	28	1	3	100	384	68	69
陕西	36	9		6				21		
甘肃	49	18	25	1				5		
新疆	364	203	25	7			10	110	9	

注 上海、海南、重庆、贵州、西藏、青海、宁夏无该规模建筑物。

附表 A1 - 2 - 5 2000 亩及以上灌区 5（含）~20m³/s 灌排结合渠道

省级行政区	渠道条数 /条	渠道长度 /km	衬砌长度 /km	2000 年以后衬砌长度 /km
全国	12766	53980.5	6091.2	3927.5
北京	72	269.9	16.5	3
天津	491	1617.6	5.0	5
河北	286	2242.5	138.4	84.7
山西	33	392.7	203.3	105.8
内蒙古	40	291.4	15.7	15.7
辽宁	61	415.1	27.2	20.6
吉林	18	243.9	67.9	67.5
黑龙江	31	281.2	23.0	22
江苏	2696	7956.0	106.0	69.8
浙江	483	1812.4	810.2	624.7
安徽	986	3740.7	123.0	84.9
福建	66	479.3	196.7	118.1
江西	87	1225.6	227.3	138.3
山东	1696	6850.7	371.5	246.5
河南	323	3355.0	373.0	190.1
湖北	3560	12901.0	483.2	444.6
湖南	1140	4610.1	434.7	270.2
广东	371	1976.7	466.7	269.8
广西	32	637.1	412.6	320.2
海南	1	38.0	38.0	20
重庆	1	5.4	5.4	0
四川	175	1836.4	1128.3	616.4
贵州	2	1.4	1.4	1.4
云南	90	553.5	274.0	133.2
陕西	12	112.3	86.2	36.1
甘肃	1	8.8		
青海	1	9.0		
新疆	11	116.8	56.0	18.9

注 上海、西藏、宁夏无该规模渠道。

附表 A1－2－6　　2000 亩及以上灌区 5（含）～20m³/s
灌排结合渠道上的建筑物　　　　　　单位：座

省级行政区	渠系建筑物数量	水闸	渡槽	跌水陡坡	倒虹吸	隧洞	涵洞	农桥	量水建筑物	泵站
全国	115640	24336	3056	1659	509	1044	29656	54196	1184	18876
北京	432	100			1	1	41	289		103
天津	1825	398	22		3		536	861	5	640
河北	3580	614	95	155	52	68	799	1541	256	138
山西	1349	478	103	88	5	2	37	569	67	14
内蒙古	235	101	4	7	1		11	111		1
辽宁	1511	888	59	25	14	3	175	340	7	85
吉林	392	98	25	28	15	2	35	175	14	53
黑龙江	478	83	17	12	1	153	107	105		4
江苏	13170	1146	252	237	5	11	3698	7774	47	6539
浙江	3021	304	22	52	15	15	80	2494	39	905
安徽	9110	1973	134	106	19	34	3344	3331	169	886
福建	626	154	24	11	2	3	83	338	11	8
江西	3477	877	114	64	20	20	1189	1180	13	308
山东	10297	1301	86	42	32	49	1600	7125	62	297
河南	5880	1225	112	114	36	91	318	3951	33	90
湖北	29211	5506	527	23	101	135	12652	10198	69	5844
湖南	13675	3914	308	122	57	155	3022	5995	102	2345
广东	4768	1586	257	141	67	109	740	1846	22	244
广西	3798	1985	284	24	42	12	127	1266	58	25
海南	159	22	8		1		34	94		
重庆	45	1	1				3	40		
四川	6220	1066	532	353	14	165	411	3612	67	254
贵州	3		1				2			
云南	1694	369	38	23	1	10	493	668	92	65
陕西	447	55	16	17	5	6	119	200	29	28
甘肃	6	3	1					2		
青海	16	1		12				3		
新疆	215	88	14	3				88	22	

注　上海、西藏、宁夏无该规模建筑物。

附表 A1－2－7   2000 亩及以上灌区 1（含）～5m³/s 灌排结合渠道

省级行政区	渠道条数 /条	渠道长度 /km	衬砌长度 /km	2000 年以后衬砌长度 /km
全国	30969	95243.8	15914.9	9452.5
北京	14	103.9	6.0	
天津	1370	2949.1	37.0	27.5
河北	723	2612.9	284.5	180.4
山西	45	273.2	141.8	63.1
内蒙古	81	352.3	21.9	18.9
辽宁	260	632.0	55.9	35.2
吉林	246	774.6	162.5	158.6
黑龙江	170	934.3	62.4	59.9
江苏	2644	5731.4	216.5	167.4
浙江	1560	3352.1	931.8	636.1
安徽	2369	6579.5	312.4	240.6
福建	175	893.3	465.0	298.2
江西	723	4716.4	829.8	600.7
山东	2523	8465.6	535.3	241
河南	645	3798.4	532.1	321.4
湖北	6808	15094.8	722.3	472.8
湖南	6376	18164.3	2432.9	1292.4
广东	1915	6538.8	1359.9	733.2
广西	298	2380.6	696.8	520.8
海南	10	52.7	31.7	16.5
重庆	14	112.5	88.0	51.7
四川	927	6050.1	3508.5	2113.6
贵州	7	32.1	16.5	5
云南	902	3269.7	1687.4	766.1
西藏	5	82.9	66.8	66
陕西	92	637.2	375.9	123.2
甘肃	18	109.4	85.5	71.3
青海	2	6.7	6.7	6.7
新疆	47	543.0	241.1	164.2

注 上海、宁夏无该规模渠道。

　　　2000 亩及以上灌区 1（含）～5m³/s
灌排结合渠道上的建筑物　　　　　　单位：座

省级行政区	渠系建筑物数量	水闸	渡槽	跌水陡坡	倒虹吸	隧洞	涵洞	农桥	量水建筑物	泵站
全国	268645	58383	8128	5638	1941	4044	68041	119256	3214	21666
北京	111	38	3				5	65		36
天津	3873	801	38	1	1	8	1619	1405		701
河北	5173	1293	126	248	143	21	483	2025	834	154
山西	1012	392	62	63	5	12	40	359	79	5
内蒙古	559	281	6	3	2	6	54	151	56	
辽宁	4581	3742	51	17	17	4	329	408	13	167
吉林	1526	350	75	59	25	6	450	551	10	58
黑龙江	1089	337	45	107	3	1	306	286	4	34
江苏	12123	1549	396	271	69	49	4720	4988	81	4254
浙江	7527	1201	89	165	62	57	853	5087	13	1835
安徽	19196	3891	496	166	77	73	7684	6790	19	1282
福建	2258	654	210	52	108	49	463	695	27	14
江西	18186	3111	889	467	254	192	6898	6314	61	672
山东	15547	1918	259	67	117	50	1823	11123	190	252
河南	9869	2016	244	225	103	234	579	6110	358	52
湖北	37059	6685	852	155	151	425	15801	12826	164	4714
湖南	61931	17022	1588	1068	340	1634	14346	25628	305	5715
广东	17031	4027	693	485	179	172	3765	7466	244	573
广西	6831	1766	398	132	105	121	698	3412	199	41
海南	166	20	4	1	3		58	80		
重庆	361	88	41	20	5	41	62	104		1
四川	27468	3178	1200	1267	82	738	2722	18048	233	735
贵州	43	8	3	1	1	4	20	6		
云南	10020	2324	199	140	33	60	3687	3456	121	300
西藏	313	88	25	8	1		56	84	51	2
陕西	2891	655	70	349	50	79	295	1264	129	67
甘肃	541	159	43	63	1	6	131	132	6	2
青海	17	14						3		
新疆	1343	775	23	38	4	2	94	390	17	

注　上海、宁夏无该规模建筑物。

附表 A1－2－9   2000 亩及以上灌区 0.5（含）～1m³/s 灌排结合渠道

省级行政区	渠道条数 /条	渠道长度 /km	衬砌长度 /km
全国	158750	151903.0	16226.8
北京	283	296.4	
天津	4803	3114.0	22.3
河北	2247	3095.6	71.1
山西	97	85.7	42.9
内蒙古	449	543.9	71.6
辽宁	641	455.5	62.7
吉林	293	507.4	75
黑龙江	1489	2126.5	32.8
江苏	17600	13464.8	851
浙江	3616	3414.5	1499.6
安徽	12022	12070.0	351.6
福建	781	1211.6	441
江西	5513	9564.4	873.4
山东	15865	19681.6	488.3
河南	5424	7521.0	168
湖北	36994	27662.1	1787.6
湖南	30655	25968.1	3139.9
广东	9360	7853.7	922
广西	1486	1547.0	289.9
海南	264	385.7	208
重庆	33	132.6	58.8
四川	4396	5849.9	2350.9
贵州	46	166.7	112.4
云南	3852	3840.1	1894
西藏	40	29.3	22.7
陕西	318	967.9	311.8
甘肃	53	80.4	16.3
新疆	130	266.6	61.2

注   上海、青海、宁夏无该规模渠道。

附表 A1 – 2 – 10   2000 亩及以上灌区 0.5（含）～1m³/s

灌排结合渠道上的建筑物   单位：座

省级行政区	渠系建筑物数量	水闸	渡槽	涵洞	农桥	泵站
全国	361878	72632	8792	145327	135127	17232
北京	625	21		431	173	15
天津	3284	1004	1	1739	540	158
河北	3199	751	29	1755	664	66
山西	335	123	22	11	179	2
内蒙古	428	286	4	29	109	
辽宁	508	206	44	165	93	22
吉林	745	134	41	222	348	11
黑龙江	2267	378	53	1534	302	2
江苏	32943	4259	803	16717	11164	1614
浙江	5172	628	29	2905	1610	1246
安徽	28699	5701	957	13770	8271	963
福建	1553	509	81	443	520	13
江西	20481	2829	972	6362	10318	2124
山东	31043	2788	177	8482	19596	1379
河南	14237	1617	69	1125	11426	11
湖北	74337	7090	1664	50508	15075	4715
湖南	87893	31793	2072	25220	28808	3372
广东	13585	2586	415	5119	5465	659
广西	2072	624	100	267	1081	6
海南	929	118	18	56	737	
重庆	134	8	13	96	17	
四川	16726	1662	842	3219	11003	387
贵州	157	48	14	40	55	
云南	16451	5827	208	4663	5753	189
西藏	27	27				
陕西	3343	1310	143	330	1560	274
甘肃	208	93		29	86	3
新疆	497	212	21	90	174	1

注 上海、青海、宁夏无该规模建筑物。

附表 A1－2－11　2000 亩及以上灌区 0.2（含）～0.5m³/s 灌排结合渠道

省级行政区	渠道条数 /条	渠道长度 /km	衬砌长度 /km
全国	247023	196720.8	28291.6
北京	23	48.3	31.5
天津	1829	1158.3	5
河北	2364	1565.4	6.5
山西	193	202.3	69
内蒙古	408	652.0	248.8
辽宁	2293	1222.2	100.2
吉林	719	642.7	46.3
黑龙江	2294	4212.2	23.7
江苏	27205	14555.3	1281.7
浙江	8198	4067.8	2294.9
安徽	17131	14483.7	415.6
福建	2204	2182.6	849.1
江西	10574	13225.6	1246.3
山东	16226	13954.3	208
河南	11923	9733.0	229.8
湖北	49575	31320.3	2604.6
湖南	43337	34587.4	4354.5
广东	15531	13692.1	2092.6
广西	5720	3956.7	392
海南	373	458.5	240
重庆	72	159.7	81.4
四川	14213	17031.7	5403.1
贵州	53	118.9	58.5
云南	11588	9927.3	4586.1
西藏	41	89.8	
陕西	1122	1093.4	318.4
甘肃	148	159.3	11.8
新疆	1666	2220.0	1092.2

注　上海、青海、宁夏无该规模渠道。

附表 A1－2－12　　2000 亩及以上灌区 0.2（含）～0.5m³/s
灌排结合渠道上的建筑物　　　　单位：座

省级行政区	渠系建筑物数量	水闸	渡槽	涵洞	农桥	泵站
全国	429776	88238	9727	187523	144288	13272
北京	8	8				
天津	689	214	6	319	150	10
河北	1930	1146	66	416	302	38
山西	499	232	5	41	221	8
内蒙古	1529	1064	1	246	218	
辽宁	1871	509	43	1249	70	26
吉林	817	128	37	191	461	4
黑龙江	2227	307	24	1695	201	10
江苏	39104	5064	1831	23897	8312	2480
浙江	7525	949	46	4386	2144	1017
安徽	36152	8494	534	19235	7889	341
福建	2937	1172	146	826	793	16
江西	23133	3882	761	7287	11203	1608
山东	22800	3466	117	6905	12312	690
河南	17253	1596	62	1546	14049	6
湖北	82606	6795	1254	61717	12840	2660
湖南	89439	31510	1992	30568	25369	2392
广东	18072	3889	526	5573	8084	868
广西	3178	872	108	406	1792	27
海南	949	87	21	198	643	1
重庆	177		4	121	52	3
四川	39106	1883	1371	7889	27963	830
贵州	140	82	26	7	25	1
云南	26807	8497	430	12228	5652	175
西藏	174	47	57		70	
陕西	5900	2803	173	217	2707	61
甘肃	570	291		22	257	
新疆	4184	3251	86	338	509	

注　上海、青海、宁夏无该规模建筑物。

附表 A1－3－1　　　　2000 亩及以上灌区 200m³/s 及以上排水沟及建筑物

省级行政区	排水沟条数/条	排水沟长度/km	排水沟系建筑物数量/座	水闸/座	涵洞/座	农桥/座	泵站/座
全国	69	1170.8	1440	216	391	833	186
河北	1	49.1	3	1		2	
山西	1	9.4	8			8	
辽宁	2	14.6	9	2		7	2
江苏	14	152.9	254	44	133	77	53
浙江	1	6.7	8	1		7	
安徽	8	205.9	310	14	15	281	15
江西	3	19.3	111	13	47	51	20
山东	11	104.4	100	27	8	65	1
河南	14	340.1	311	37	77	197	13
湖北	1	28.0	69	5	56	8	43
湖南	4	38.8	68	17	20	31	22
广东	6	75.1	138	46	35	57	5
四川	1	18.9	24	6		18	
云南	1	25.2	14	3		11	12
宁夏	1	82.4	13			13	

注　北京、天津、内蒙古、吉林、黑龙江、上海、福建、广西、海南、贵州、西藏、陕西、甘肃、新疆、重庆、青海无该规模排水沟及建筑物。

附表 A1－3－2　　2000 亩及以上灌区 50（含）～200m³/s 排水沟及建筑物

省级行政区	排水沟条数/条	排水沟长度/km	排水沟系建筑物数量/座	水闸/座	涵洞/座	农桥/座	泵站/座
全国	821	7470.6	8690	1467	2372	4851	1090
北京	6	40.8	62	12	2	48	
天津	1	4.9	6	4	1	1	2
河北	11	143.9	495	29	25	441	2
山西	2	23.6	200	130	70		
内蒙古	5	228.4	56	3	11	42	6
辽宁	12	109.8	177	51	39	87	35
吉林	12	116.3	33	7		26	13
黑龙江	16	215.0	59	12	1	46	2
江苏	263	1254.9	1428	235	531	662	454
浙江	13	30.8	46	9	3	34	9
安徽	123	1241.3	1747	265	876	606	178
福建	3	23.2	17	2	2	13	
江西	17	171.6	269	94	55	120	33
山东	33	460.9	534	64	91	379	5
河南	129	1980.8	1859	185	186	1488	9
湖北	62	395.0	484	77	228	179	179
湖南	19	228.6	314	116	63	135	80
广东	55	295.9	532	116	123	293	41
广西	6	162.6	61			61	14
海南	1	2.3	2			2	
四川	12	111.0	115	18	7	90	3
贵州	1	1.9	1			1	
云南	5	32.9	98	28	49	21	19
陕西	3	50.3	37	2	6	29	1
宁夏	3	41.6	31		3	28	5
新疆	8	102.3	27	8		19	

注　上海、重庆、西藏、甘肃、青海无该规模排水沟及建筑物。

附表 A1-3-3　　2000 亩及以上灌区 10（含）～50m³/s 排水沟及建筑物

省级行政区	排水沟条数/条	排水沟长度/km	排水沟系建筑物数量/座	水闸/座	涵洞/座	农桥/座	泵站/座
全国	8699	42951.6	67914	10891	16983	40040	8728
北京	40	154.0	332	50	34	248	2
天津	162	567.6	869	278	480	111	104
河北	145	1243.8	2056	158	266	1632	23
山西	21	208.2	297	105	50	142	
内蒙古	19	235.9	78	4	39	35	3
辽宁	133	991.4	839	158	169	512	122
吉林	74	470.9	245	55	13	177	19
黑龙江	165	1514.7	628	116	137	375	30
上海	1	32.3					1
江苏	3358	11436.8	19747	2176	6153	11418	4288
浙江	127	252.4	626	82	71	473	215
安徽	777	4813.8	7321	940	1994	4387	530
福建	38	196.5	353	79	31	243	16
江西	192	1054.4	3173	769	1266	1138	182
山东	639	3154.1	4353	422	573	3358	48
河南	498	4078.2	5039	376	266	4397	29
湖北	680	3096.8	6465	1103	2892	2470	1216
湖南	924	4573.9	10018	3153	1586	5279	1399
广东	338	1289.5	1967	417	288	1262	207
广西	35	289.3	265	19	6	240	14
海南	11	31.2	48	11	1	36	
四川	63	508.7	839	124	116	599	40
贵州	3	13.9	29		3	26	
云南	46	411.0	663	164	273	226	57
陕西	47	346.2	554	27	69	458	2
甘肃	15	26.6	40	23	1	16	
宁夏	71	907.8	724	25	145	554	180
新疆	77	1051.7	346	57	61	228	1

注　重庆、西藏、青海无该规模排水沟及建筑物。

附表 A1 - 3 - 4　　2000 亩及以上灌区 3（含）～10m³/s 排水沟及建筑物

省级行政区	排水沟条数/条	排水沟长度/km	排水沟系建筑物数量/座	水闸/座	涵洞/座	农桥/座	泵站/座
全国	23213	77481.4	142655	25134	40434	77087	12408
北京	61	132.4	311	38	88	185	
天津	483	1194.1	1335	268	900	167	93
河北	344	1489.7	1658	343	276	1039	49
山西	92	509.8	742	102	135	505	3
内蒙古	60	739.2	409	76	145	188	12
辽宁	561	1719.7	2887	303	1206	1378	164
吉林	178	965.2	616	61	112	443	30
黑龙江	500	3261.5	1761	237	679	845	74
上海	20	21.3	16		16		
江苏	6207	15237.9	29776	2860	11277	15639	4087
浙江	206	508.2	1341	227	240	874	231
安徽	1844	6293.2	13890	2169	4986	6735	830
福建	164	484.8	1177	248	236	693	40
江西	772	2841.1	7297	1960	2352	2985	527
山东	2066	5963.9	10586	1242	1432	7912	167
河南	592	2338.2	3380	312	270	2798	44
湖北	3345	9519.2	19623	3935	7342	8346	2918
湖南	3121	12852.3	28899	7710	5572	15617	2070
广东	1201	3977.2	6278	1577	1246	3455	565
广西	206	589.9	869	105	60	704	8
海南	100	336.6	557	120	66	371	27
四川	213	1108.7	2616	232	220	2164	101
贵州	24	48.8	57	7	6	44	6
云南	162	833.7	1631	407	430	794	124
西藏	44	134.2	192	101	32	59	
陕西	187	670.2	1342	155	143	1044	26
甘肃	54	209.7	337	74	106	157	53
宁夏	153	1109.2	1582	40	330	1212	124
新疆	253	2391.5	1490	225	531	734	35

注　重庆、青海无该规模排水沟及建筑物。

附表 A1-3-5　　2000 亩及以上灌区 1（含）～3m³/s 排水沟及建筑物

省级行政区	排水沟条数/条	排水沟长度/km	排水沟系建筑物数量/座	水闸/座	涵洞/座	农桥/座	泵站/座
全国	109115	132647.0	218604	24553	102606	91445	6754
北京	77	113.3	234	20	160	54	1
天津	7479	4274.3	2663	570	1937	156	65
河北	1048	1516.0	1538	290	382	866	39
山西	233	605.4	761	118	167	476	2
内蒙古	106	915.4	625	108	156	361	39
辽宁	2115	2519.2	3759	487	1597	1675	49
吉林	367	1068.2	596	65	175	356	18
黑龙江	1059	3154.0	1502	169	866	467	8
江苏	35177	35148.4	69309	3895	43818	21596	2548
浙江	975	1043.6	1415	97	621	697	40
安徽	6915	7477.6	13672	1606	5211	6855	256
福建	270	318.4	355	110	149	96	2
江西	3784	5604.0	12840	1498	2982	8360	683
山东	10936	11395.6	13570	996	3278	9296	32
河南	2541	4291.3	6887	439	501	5947	12
湖北	17451	17577.4	40648	3994	26779	9875	1327
湖南	9714	14027.2	29033	7929	9010	12094	1158
广东	2217	3444.4	4432	923	1017	2492	126
广西	1168	1083.8	779	304	75	400	1
海南	398	531.6	1276	113	70	1093	12
四川	1172	7484.3	2403	113	362	1928	170
贵州	37	64.4	81	8	9	64	6
云南	238	439.7	561	116	156	289	23
西藏	20	34.4	86	58	6	22	
陕西	315	598.7	1123	176	81	866	9
甘肃	125	171.3	379	104	116	159	
宁夏	1870	2546.9	5398	65	1517	3816	114
新疆	1308	5198.2	2679	182	1408	1089	14

注　上海、重庆、青海无该规模排水沟及建筑物。

附表 A1－3－6　　2000 亩及以上灌区 0.6（含）～1m³/s 排水沟及建筑物

省级行政区	排水沟条数/条	排水沟长度/km	排水沟系建筑物数量/座	水闸/座	涵洞/座	农桥/座	泵站/座
全国	273484	207809.8	349361	25148	208367	115846	3117
北京	313	276.4	697	1	487	209	
天津	4850	2387.9	1163	299	847	17	17
河北	3327	1932.2	1343	134	896	313	8
山西	1308	1179.1	1174	101	250	823	3
内蒙古	1436	2476.3	2595	1070	295	1230	21
辽宁	11136	6127.2	4480	1416	2407	657	17
吉林	673	1159.3	655	97	377	181	12
黑龙江	1747	2505.4	1682	69	1369	244	4
上海	495	332.6	260	234	26		
江苏	120571	61458.8	135085	3814	111605	19592	660
浙江	6798	3630.0	6151	261	5315	574	98
安徽	9935	8746.4	15186	1508	6217	7461	93
福建	318	259.7	313	68	103	142	8
江西	6102	12031.7	13301	1575	3351	8375	394
山东	26315	22355.5	33985	2119	4259	27607	17
河南	5651	6506.6	12282	216	1469	10597	4
湖北	32758	35028.7	64253	4496	47079	12678	1193
湖南	15395	13501.3	27948	6109	11391	10448	417
广东	3414	3514.9	4505	618	1582	2305	43
广西	1304	911.0	783	175	162	446	
海南	1013	1296.2	2832	188	266	2378	7
四川	1176	2352.8	2211	82	320	1805	59
贵州	20	21.4	27		5	22	
云南	287	309.1	472	87	194	191	9
西藏	22	22.5	39	4	15	20	
陕西	187	516.7	674	106	65	503	7
甘肃	415	515.1	609	27	267	315	
宁夏	6742	4994.4	7335	179	2869	4287	19
新疆	9776	11460.6	7400	95	4879	2426	7

注　重庆、青海无该规模排水沟及建筑物。

附表 A2-1-1 　　　　　**大型灌区 100m³/s 及以上灌溉渠道**

省级行政区	渠道条数/条	渠道长度/km	衬砌长度/km	占渠道长度的比例/%	2000 年以后衬砌长度/km	占衬砌长度的比例/%
全国	62	1750.4	523.2	29.9	208.9	39.9
河北	6	89.2	4.2	4.7	4.2	100.0
内蒙古	11	499.8	14.9	3.0	13	87.2
江苏	1	21.4				
安徽	8	217.1	110.9	51.1	67.2	60.6
江西	2	45.2	37.6	83.2	31.2	83.0
山东	5	123.5	111.5	90.3	3.4	3.0
河南	6	190.9	57.3	30.0	53.1	92.7
湖北	3	58.5	18.2	31.1	15.4	84.6
广东	1	36.6	9.1	24.9	2	22.0
海南	1	6.7	6.7	100.0	3.1	46.3
四川	1	32.1	32.1	100.0		
陕西	1	30.5	30.5	100.0		
宁夏	5	115.1	6.2	5.4		
新疆	11	283.8	84.0	29.6	16.3	19.4

注 北京、天津、山西、辽宁、吉林、黑龙江、上海、浙江、福建、湖南、广西、重庆、贵州、云南、西藏、甘肃、青海无该规模渠道。

附表 A2-1-2 　**大型灌区 100m³/s 及以上灌溉渠道上的建筑物** 　　　　单位：座

省级行政区	渠系建筑物数量	水闸	渡槽	跌水陡坡	倒虹吸	隧洞	涵洞	农桥	量水建筑物	泵站
全国	1595	651	50	44	18	8	180	524	120	231
河北	53	19		12			2	13	7	
内蒙古	50	28	1					18	3	
江苏	38	23						15		5
安徽	342	92	2	1	9		115	67	56	111
江西	156	116	1					39		17
山东	128	44	4				3	66	11	
河南	312	177	3	3	6		18	99	6	1
湖北	78	26	2			1	15	33	1	78
广东	36	3		10	3			10		1
海南	21	3					5	5	8	2
四川	122	59	14					49		1
陕西	49	11	5			1		32		
宁夏	86	21	7	1		6	4	33	14	8
新疆	124	29	11	17			8	45	14	7

注 北京、天津、山西、辽宁、吉林、黑龙江、上海、浙江、福建、湖南、广西、重庆、贵州、云南、西藏、甘肃、青海无该规模建筑物。

附表 A2-1-3   大型灌区 20（含）～100m³/s 灌溉渠道

省级行政区	渠道条数 /条	渠道长度 /km	衬砌长度 /km	占渠道长度的比例 /%	2000年以后衬砌长度 /km	占衬砌长度的比例 /%
全国	880	18515.6	8854.4	47.8	5459.5	61.7
河北	48	774.0	236.1	30.5	224.3	95.0
山西	11	261.6	200.9	76.8	85.6	42.6
内蒙古	60	2365.9	490.7	20.7	490.7	100.0
辽宁	30	479.6	103.4	21.6	92.4	89.4
吉林	10	334.0	157.7	47.2	143.9	91.2
黑龙江	21	353.9	102.1	28.8	97.4	95.4
江苏	34	440.8	107.7	24.4	79.9	74.2
浙江	6	74.3	68.6	92.3	31.8	46.4
安徽	39	917.3	239.2	26.1	164.1	68.6
福建	1	23.0	19.2	83.5	19.2	100.0
江西	8	206.9	99.3	48.0	82.3	82.9
山东	103	1795.5	1030.6	57.4	761.4	73.9
河南	79	1610.9	565.9	35.1	333.8	59.0
湖北	40	985.3	290.6	29.5	278.2	95.7
湖南	9	227.3	170.6	75.1	54.9	32.2
广东	10	175.5	71.8	40.9	31.8	44.3
广西	8	76.7	49.1	64.0	14.2	28.9
海南	4	103.9	89.8	86.4	48.1	53.6
四川	19	567.7	567.7	100.0	258.6	45.6
陕西	29	637.6	631.5	99.0	184.1	29.2
甘肃	22	523.7	523.7	100.0	215.9	41.2
宁夏	45	990.9	439.2	44.3	301.4	68.6
新疆	244	4589.3	2599.0	56.6	1465.5	56.4

注 北京、天津、上海、重庆、贵州、云南、西藏、青海无该规模渠道。

附表 A2 - 1 - 4　　大型灌区 20（含）～100m³/s 灌溉渠道上的建筑物　　单位：座

省级行政区	渠系建筑物数量	水闸	渡槽	跌水陡坡	倒虹吸	隧洞	涵洞	农桥	量水建筑物	泵站
全国	32268	10248	1174	934	319	464	3511	12800	2818	1934
河北	1170	254	96	64	9	42	117	528	60	47
山西	697	109	13		1	10	47	274	243	29
内蒙古	2248	973	29	59	2	2	19	534	630	3
辽宁	742	275	38	19	44	4	87	256	19	26
吉林	150	44	5	6	4		18	64	9	70
黑龙江	296	114	4	15	6	3	22	127	5	6
江苏	720	254	16	9	13		110	317	1	156
浙江	261	38	20	3	7	18	95	76	4	3
安徽	3033	1214	34	146	34	8	803	745	49	311
福建	53	9	4		1	1	2	34	2	1
江西	474	109	19	50	7		51	238		61
山东	2942	977	110	9	38	19	196	1540	53	131
河南	4028	1233	75	88	56	74	424	1853	225	70
湖北	2964	1162	84	54	34	52	385	1048	145	353
湖南	575	240	32	2	2	10	93	184	12	63
广东	412	75	22	2	3	1	98	204	7	1
广西	178	38	3	3			53	37	44	
海南	310	31	9	4		4	61	120	81	8
四川	1910	396	153	15	5	127	297	786	131	223
陕西	1911	256	30	91	19	39	198	1236	42	83
甘肃	829	246	84	100	16	36	9	323	15	
宁夏	1847	385	72	18	1	12	164	675	520	222
新疆	4518	1816	222	177	17	2	162	1601	521	67

注　北京、天津、上海、重庆、贵州、云南、西藏、青海无该规模建筑物。

附表A2－1－5　　　大型灌区5（含）～20m³/s灌溉渠道

省级行政区	渠道条数/条	渠道长度/km	衬砌长度/km	占渠道长度的比例/%	2000年以后衬砌长度/km	占衬砌长度的比例/%
全国	2946	38013.8	17194.8	45.2	10506.2	61.1
河北	135	1615.2	556.1	34.4	411.4	74.0
山西	42	673.1	385.9	57.3	221.8	57.5
内蒙古	191	2609.4	380.0	14.6	321.4	84.6
辽宁	191	1087.4	157.1	14.4	134.2	85.4
吉林	27	496.8	157.5	31.7	143.4	91.0
黑龙江	64	873.4	233.1	26.7	221.3	94.9
江苏	260	1880.7	334.0	17.8	232.6	69.6
浙江	18	279.8	170.4	60.9	96.5	56.6
安徽	83	1002.2	146.8	14.6	123.8	84.3
福建	5	119.3	43.1	36.1	18.7	43.4
江西	69	1122.3	394.7	35.2	267.4	67.7
山东	209	1993.5	800.5	40.2	536.1	67.0
河南	161	2439.6	834.7	34.2	524.9	62.9
湖北	312	3886.1	856.3	22.0	701.5	81.9
湖南	72	1816.5	1013.4	55.8	609.7	60.2
广东	29	495.4	175.6	35.4	61.1	34.8
广西	25	558.6	429.0	76.8	352.4	82.1
海南	11	225.9	204.7	90.6	97.2	47.5
四川	79	1588.0	1280.1	80.6	675.1	52.7
云南	20	565.7	415.0	73.4	221.1	53.3
西藏	2	80.7	80.7	100.0	80.7	100.0
陕西	56	813.5	660.7	81.2	370.5	56.1
甘肃	100	1741.8	1594.5	91.5	714.8	44.8
宁夏	73	934.8	419.6	44.9	238.8	56.9
新疆	712	9114.1	5471.3	60.0	3129.8	57.2

注　北京、天津、上海、重庆、贵州、青海无该规模渠道。

附表 A2－1－6　　**大型灌区 5（含）～20m³/s 灌溉渠道上的建筑物**　　单位：座

省级行政区	渠系建筑物数量	水闸	渡槽	跌水陡坡	倒虹吸	隧洞	涵洞	农桥	量水建筑物	泵站
全国	92178	29170	4288	2293	762	2369	12474	36596	4226	3759
河北	4960	1503	354	209	32	359	325	2053	125	140
山西	2115	608	68	224	11	3	172	868	161	14
内蒙古	3141	1185	99	56	3	3	190	1102	503	14
辽宁	2116	819	104	71	37	27	272	727	59	138
吉林	451	80	14	12	23		69	242	11	23
黑龙江	1059	425	44	61	13	4	113	369	30	16
江苏	3730	1451	113	1	33	8	659	1458	7	306
浙江	1190	368	133	11	10	35	213	405	15	70
安徽	5216	1445	221	202	39	10	1687	1578	34	208
福建	270	71	14		1	2	28	150	4	5
江西	4032	1616	167	61	58	75	726	1311	18	191
山东	5142	1520	158	119	55	40	386	2493	371	285
河南	6231	1863	240	160	78	73	763	2863	191	63
湖北	10489	2425	287	179	108	298	2906	4136	150	1067
湖南	6650	1724	310	38	66	322	1044	3019	127	287
广东	1377	247	47	15	25	6	414	558	65	10
广西	1570	503	73	39	10	11	164	649	121	30
海南	471	169	24	20	3		33	217	5	
四川	7133	1457	460	30	27	731	788	3454	186	342
云南	2174	674	239	9	15	151	221	366	499	17
西藏	238	74	47				12	31	74	7
陕西	2352	513	68	200	53	90	107	1245	76	129
甘肃	3810	1393	398	180	13	106	223	1370	127	137
宁夏	2517	1017	101	30	2	7	195	872	293	155
新疆	13744	6020	505	366	47	8	764	5060	974	105

注　北京、天津、上海、重庆、贵州、青海无该规模建筑物。

附表 A2－1－7　　　大型灌区 1（含）～5m³/s 灌溉渠道

省级行政区	渠道条数/条	渠道长度/km	衬砌长度/km	占渠道长度的比例/%	2000年以后衬砌长度/km	占衬砌长度的比例/%
全国	19847	89453.3	34288.5	38.3	21188.6	61.8
北京	2	7.9	2.0	25.3	2.0	100.0
河北	920	3782.4	817.1	21.6	468.3	57.3
山西	147	1117.8	686.3	61.4	384.4	56.0
内蒙古	2098	6829.6	1161.3	17.0	1038.9	89.5
辽宁	1941	3213.5	390.0	12.1	334.7	85.8
吉林	215	761.8	226.4	29.7	217.6	96.1
黑龙江	245	1267.1	273.6	21.6	267.2	97.7
江苏	1897	5043.9	996.1	19.7	861.1	86.4
浙江	75	348.7	209.9	60.2	153.4	73.1
安徽	608	3941.1	304.8	7.7	264.5	86.8
福建	11	144.7	61.8	42.7	15.5	25.1
江西	399	2093.2	421.2	20.1	293.6	69.7
山东	868	3642.2	986.1	27.1	650	65.9
河南	708	4522.1	1231.2	27.2	811.7	65.9
湖北	1561	7321.5	743.0	10.1	627.1	84.4
湖南	550	4080.5	1542.8	37.8	896.2	58.1
广东	148	1303.4	284.8	21.9	97.5	34.2
广西	128	1018.7	559.9	55.0	471.2	84.2
海南	33	370.9	334.8	90.3	273	81.5
四川	366	3765.0	2435.5	64.7	1087.3	44.6
云南	181	1757.6	1273.9	72.5	1034.5	81.2
西藏	7	127.6	127.6	100.0	127.6	100.0
陕西	279	2043.9	1562.7	76.5	858.9	55.0
甘肃	1857	6297.0	4740.4	75.3	1945.4	41.0
宁夏	636	2932.2	1765.3	60.2	1584.7	89.8
新疆	3967	21719.0	11150.0	51.3	6422.3	57.6

注　天津、上海、重庆、贵州、青海无该规模渠道。

附表 A2－1－8　　大型灌区 1（含）～5m³/s 灌溉渠道上的建筑物　　　单位：座

省级行政区	渠系建筑物数量	水闸	渡槽	跌水陡坡	倒虹吸	隧洞	涵洞	农桥	量水建筑物	泵站
全国	294772	103959	9460	7668	2555	4388	48182	110249	8311	5989
北京	14	7						7		
河北	11227	4087	557	635	98	307	592	4291	660	251
山西	4582	1781	116	143	84	39	137	1809	473	33
内蒙古	14680	7522	311	12		5	682	5306	842	53
辽宁	7172	3203	308	128	159	19	931	2314	110	186
吉林	864	392	29	10	12		44	366	11	36
黑龙江	2004	810	70	136	23	10	452	459	44	47
江苏	17080	3952	618	10	221	81	6549	5578	71	1077
浙江	1228	165	65	13	23	9	454	488	11	8
安徽	25000	6563	404	704	94	123	10491	6550	71	339
福建	348	59	22	2	2		3	245	15	31
江西	6244	2055	357	367	81	51	948	2349	36	399
山东	10327	3036	477	247	153	21	774	5434	185	246
河南	15627	5176	353	873	395	212	1360	6924	334	107
湖北	22548	3405	413	302	163	349	8470	9306	140	1598
湖南	15454	3798	597	220	249	876	2626	6953	135	368
广东	4455	747	195	355	45	32	1521	1485	75	31
广西	2810	1073	94	70	19	6	429	1058	61	18
海南	921	299	37	39	13	1	85	307	140	4
四川	14961	2820	938	220	99	1910	1680	7168	126	273
云南	5067	1306	253	68	32	69	1419	1431	489	58
西藏	412	152	55	2	6		42	78	77	5
陕西	8894	2208	202	1264	356	51	181	4231	401	76
甘肃	28241	14446	1137	803	77	142	442	10054	1140	80
宁夏	11898	4099	453	260	30	27	769	5688	572	212
新疆	62714	30798	1399	785	121	48	7101	20370	2092	453

注　天津、上海、重庆、贵州、青海无该规模建筑物。

附表 A2－1－9　　大型灌区 0.5（含）～1m³/s 灌溉渠道

省级行政区	渠道条数 /条	渠道长度 /km	衬砌长度 /km	占渠道长度的比例 /%
全国	89478	126930.7	31778	25.0
天津	775	310.5	149.2	48.1
河北	5188	4526.2	378.7	8.4
山西	601	1328.0	447.9	33.7
内蒙古	5612	8663.8	1793.1	20.7
辽宁	5288	3485.8	280.4	8.0
吉林	230	408.5	57.6	14.1
黑龙江	549	987.1	158.2	16.0
江苏	10829	14230.3	4016.8	28.2
浙江	593	683.9	449.8	65.8
安徽	3488	4381.6	416.8	9.5
福建	64	243.8	110.6	45.4
江西	2230	2988.1	151.5	5.1
山东	4783	5429.4	712.5	13.1
河南	2898	4143.2	1030.5	24.9
湖北	15004	14587.7	1397.8	9.6
湖南	1643	4999.2	1025.9	20.5
广东	274	632.1	79	12.5
广西	428	1235.8	363.8	29.4
海南	278	303.4	146.7	48.4
四川	2156	7504.1	2046	27.3
云南	544	890.9	455.9	51.2
西藏	6	21.2	17.1	80.7
陕西	546	1891.3	1256.2	66.4
甘肃	11339	11266.8	5699	50.6
宁夏	2040	2782.2	1276.7	45.9
新疆	12092	29005.8	7860.3	27.1

注　北京、上海、重庆、贵州、青海无该规模渠道。

附表 A2－1－10　　　　**大型灌区 0.5（含）～1m³/s**

灌溉渠道上的建筑物　　　　　单位：座

省级行政区	渠系建筑物数量	水闸	渡槽	涵洞	农桥	泵站
全国	351817	140654	9248	83312	118603	8149
天津	436	186	50	45	155	36
河北	10923	6661	128	1274	2860	135
山西	4349	2406	112	176	1655	35
内蒙古	22422	12345	538	1619	7920	110
辽宁	6179	4057	124	850	1148	105
吉林	468	207	3	90	168	3
黑龙江	1467	696	52	554	165	73
江苏	39221	9027	2056	18353	9785	2117
浙江	2145	234	13	1468	430	123
安徽	19696	4155	707	9226	5608	286
福建	332	94	32	48	158	24
江西	5639	1840	311	2109	1379	394
山东	8364	2400	389	1388	4187	181
河南	14216	5368	241	1885	6722	18
湖北	38696	4591	1065	22370	10670	3007
湖南	12045	3062	318	3260	5405	240
广东	1645	149	91	834	571	31
广西	1950	656	55	146	1093	10
海南	1454	188	32	126	1108	
四川	13065	1899	674	2610	7882	537
云南	1650	384	97	671	498	46
西藏	36	11	9	1	15	2
陕西	5978	1999	138	473	3368	66
甘肃	51796	33272	479	407	17638	39
宁夏	14326	5413	474	721	7718	88
新疆	73319	39354	1060	12608	20297	443

注　北京、上海、重庆、贵州、青海无该规模建筑物。

附表 A2−1−11　　大型灌区 0.2（含）～0.5m³/s 灌溉渠道

省级行政区	渠道条数 /条	渠道长度 /km	衬砌长度 /km	占渠道长度的比例 /%
全国	270578	244811.3	54518.6	22.3
北京	35	1.3	0.6	46.2
天津	342	327.7	311.0	94.9
河北	9980	6761	237.0	3.5
山西	3343	3283.3	743.7	22.7
内蒙古	16355	15659.8	2103.0	13.4
辽宁	15598	7488.0	1095.2	14.6
吉林	426	784.8	202.8	25.8
黑龙江	1462	2025.7	213.4	10.5
江苏	26190	19511.5	5227.3	26.8
浙江	5967	3344.1	2521.0	75.4
安徽	9059	11961.3	789.8	6.6
福建	77	302.1	112.1	37.1
江西	5162	5576.1	399.3	7.2
山东	11617	9661.9	1175.6	12.2
河南	8526	8296.6	1992.1	24.0
湖北	29630	25891.8	4421.7	17.1
湖南	3248	6667.7	1348.0	20.2
广东	950	1945.5	169.3	8.7
广西	1556	2916.4	508.6	17.4
海南	557	679.1	256.9	37.8
四川	9289	11219.0	3904.5	34.8
云南	1645	2012.4	954.6	47.4
西藏	30	49.8	40.5	81.3
陕西	2515	4425.3	2851.2	64.4
甘肃	54039	27281.1	7326.8	26.9
宁夏	9643	7877.1	3466.7	44.0
新疆	43337	58860.9	12145.9	20.6

注　上海、重庆、贵州、青海无该规模渠道。

附表 A2 - 1 - 12　　大型灌区 0.2（含）～0.5m³/s
灌溉渠道上的建筑物　　　　　　　　单位：座

省级行政区	渠系建筑物数量	水闸	渡槽	涵洞	农桥	泵站
全国	704911	302850	11293	172989	217779	13497
北京	16	2		14		
天津	106	14	50	26	16	13
河北	12618	7582	425	832	3779	299
山西	7258	3412	115	253	3478	18
内蒙古	49837	29846	372	3386	16233	80
辽宁	10843	4834	146	5253	610	176
吉林	320	152	3	3	162	17
黑龙江	2566	1161	86	1111	208	50
江苏	64786	12791	1785	34589	15621	4208
浙江	7236	1509	54	5144	529	245
安徽	34342	8268	1867	17105	7102	224
福建	239	73	13	50	103	2
江西	7412	2157	396	2566	2293	736
山东	16166	5504	225	2601	7836	107
河南	27384	9141	318	2687	15238	26
湖北	64889	6447	1160	47210	10072	5171
湖南	15218	3159	241	5662	6156	161
广东	7597	699	144	3438	3316	2
广西	2958	787	104	299	1768	5
海南	2746	319	34	175	2218	
四川	25148	2351	758	4876	17163	627
云南	2691	742	77	1140	732	127
西藏	93	26	13	8	46	
陕西	20627	10277	354	799	9197	81
甘肃	115737	74288	347	385	40717	110
宁夏	32936	16250	793	1686	14207	91
新疆	173142	101059	1413	31691	38979	921

注　上海、重庆、贵州、青海无该规模建筑物。

附表 A2－2－1　　　**大型灌区 100m³/s 及以上灌排结合渠道**

省级行政区	渠道条数 /条	渠道长度 /km	衬砌长度 /km	2000 年以后衬砌长度 /km
全国	70	1496.5	183.5	97
北京	1	12.9		
河北	3	46.8	15.2	15.2
吉林	2	77.0		
江苏	9	201.5	1.0	1
浙江	1	5.0	1.5	0.6
安徽	10	276.3	15.0	5.9
福建	2	10.6	6.4	6.4
河南	18	453.3	5.5	2.6
湖北	4	158.6	2.7	2.7
湖南	1	2.6		
广东	1	42.1	9.1	2
四川	16	194.0	127.1	60.6
新疆	2	15.8		

注　天津、山西、内蒙古、辽宁、黑龙江、上海、江西、山东、广西、海南、重庆、贵州、云南、西藏、陕西、甘肃、青海、宁夏无该规模渠道。

附表 A2－2－2　　　**大型灌区 100m³/s 及以上灌排结合渠道上的建筑物**　　单位：座

省级行政区	渠系建筑物数量	水闸	渡槽	跌水陡坡	倒虹吸	隧洞	涵洞	农桥	量水建筑物	泵站
全国	1684	727	12	42	15		282	602	4	229
北京	8	2						6		
河北	41	10	1	3	1			25	1	5
吉林	48	4						44		2
江苏	102	9	1				21	71		78
浙江	1	1								21
安徽	446	245		1	1		112	87		21
福建	18	13						5		
河南	285	39	2				10	234		29
湖北	349	172			10		120	47		66
湖南	6	1						5		1
广东	256	184		17	3		18	34		1
四川	121	44	8	21			1	44	3	5
新疆	3	3								

注　天津、山西、内蒙古、辽宁、黑龙江、上海、江西、山东、广西、海南、重庆、贵州、云南、西藏、陕西、甘肃、青海、宁夏无该规模建筑物。

附表 A2－2－3　　大型灌区 20（含）～100m³/s 灌排结合渠道

省级行政区	渠道条数 /条	渠道长度 /km	衬砌长度 /km	2000 年以后衬砌长度 /km
全国	820	8464.6	1463.0	1017.2
北京	38	261.0	13.2	1
天津	3	23.4		
河北	18	215.9	45.1	45.1
内蒙古	4	139.0	29.6	29.6
辽宁	14	174.1	0.8	0.8
吉林	1	17.7		
黑龙江	1	26.5		
江苏	154	949.6	12.8	10.1
浙江	69	292.4	101.3	75.5
安徽	66	584.2	34.9	30.5
福建	23	181.1	104.8	98.6
江西	16	93.4	16.1	4.1
山东	128	1460.8	206.4	199.7
河南	104	1717.2	148.3	122
湖北	110	1099.3	132.4	116.6
湖南	7	46.6	10.4	9.1
广东	1	8.0	1.0	
广西	3	47.6	47.5	37.3
四川	41	633.7	387.2	139.2
云南	11	173.1	41.9	38.9
甘肃	2	48.4	48.4	31.7
新疆	6	271.6	80.9	27.4

注　山西、上海、海南、重庆、贵州、西藏、陕西、青海、宁夏无该规模渠道。

附表 A2－2－4　　　　**大型灌区 20（含）～100m³/s**
灌排结合渠道上的建筑物　　　　单位：座

省级行政区	渠系建筑物数量	水闸	渡槽	跌水陡坡	倒虹吸	隧洞	涵洞	农桥	量水建筑物	泵站
全国	12354	2817	274	177	145	78	1708	6879	276	2266
北京	538	84	7				11	436		
天津	21	4					2	13	2	26
河北	260	61	12	2	2		23	160		5
内蒙古	84	26	1	1				29	27	
辽宁	357	170	4	1	1	7	62	112		99
吉林	13	5						8		
黑龙江	3	1						2		
江苏	1125	171	41	74	1		168	670		624
浙江	230	26	4				1	199		220
安徽	747	141	10	6		1	206	382	1	273
福建	564	107	5	7	30	3	25	381	6	7
江西	139	38	13		15		11	61	1	66
山东	1952	479	12	32	49	1	152	1159	68	155
河南	2023	325	19	12	8	49	132	1475	3	38
湖北	2148	585	35	2	27	2	685	805	7	502
湖南	132	55			1		13	63		11
广东	11	2					3	6		
广西	189	21	7	1	1		35	113	11	
四川	1033	211	54	34	10	15	69	565	75	183
云南	429	97	2				100	162	68	57
甘肃	49	18	25	1				5		
新疆	307	190	23	4			10	73	7	

注　山西、上海、海南、重庆、贵州、西藏、陕西、青海、宁夏无该规模建筑物。

附表 A2 - 2 - 5　　　大型灌区 5（含）～20m³/s 灌排结合渠道

省级行政区	渠道条数 /条	渠道长度 /km	衬砌长度 /km	2000 年以后衬砌长度 /km
全国	5550	26187.4	3551.3	2413.5
北京	72	269.9	16.5	3
天津	24	150.7		
河北	87	786.8	84.6	61
山西	16	323.0	179.8	93.8
内蒙古	2	58.5		
辽宁	36	236.6	10.9	6.3
吉林	4	65.4	28.9	28.9
黑龙江	20	189.0	20.5	20.5
江苏	816	2835.7	21.1	14.3
浙江	417	1569.9	740.5	572.4
安徽	227	814.2	2.9	1.5
福建	35	207.1	57.0	43
江西	42	596.5	115.2	65.6
山东	1294	4855.3	192.3	184.5
河南	223	2448.0	256.6	147.6
湖北	1877	7549.0	275.2	261.1
湖南	127	770.6	119.0	65.9
广东	8	147.9	57.8	16.5
广西	20	474.1	282.6	194
四川	141	1488.3	917.2	529
云南	52	231.4	100.3	76.7
陕西	1	16.4	16.4	9
甘肃	1	8.8		
新疆	8	94.3	56.0	18.9

注　上海、海南、重庆、贵州、西藏、青海、宁夏无该规模渠道。

附表 A2－2－6　　　大型灌区 5（含）～20m³/s 灌排

结合渠道上的建筑物　　　　　　　　单位：座

省级行政区	渠系建筑物数量	水闸	渡槽	跌水陡坡	倒虹吸	隧洞	涵洞	农桥	量水建筑物	泵站
全国	57667	12199	1729	679	281	563	13695	27870	651	7370
北京	432	100			1	1	41	289		103
天津	135	30	4				11	88	2	82
河北	1498	214	45	102	45	7	215	632	238	38
山西	1128	419	96	55	5	2	19	476	56	4
内蒙古	16	12						4		
辽宁	1005	677	40		3		101	181	3	76
吉林	65	20	2	1	3		9	28	2	1
黑龙江	400	64	15	11	1	153	96	60		1
江苏	5035	283	93	11	1		1358	3288	1	2462
浙江	2391	186	7	34	7	11	52	2060	34	733
安徽	2696	637	72	13	3	3	997	961	10	289
福建	316	58	3		2		39	214		3
江西	1437	583	48	4	13	7	246	533	3	243
山东	7159	894	38	17	15	12	1068	5067	48	155
河南	3927	802	76	33	18	63	194	2735	6	35
湖北	16109	2750	338	3	78	73	7659	5182	26	2646
湖南	3404	906	69	22	22	75	780	1514	16	224
广东	741	494	25	47	12		59	100	4	15
广西	3505	1925	241	21	41	11	92	1132	42	22
四川	5036	828	495	291	11	135	296	2924	56	200
云南	1013	237	8	7		10	363	307	81	38
陕西	23	3	2	4				12	2	
甘肃	6	3	1					2		
新疆	190	74	11	3				81	21	

注　上海、海南、重庆、贵州、西藏、青海、宁夏无该规模建筑物。

附表 A2－2－7　　大型灌区 1（含）～5m³/s 灌排结合渠道

省级行政区	渠道条数/条	渠道长度/km	衬砌长度/km	2000 年以后衬砌长度/km
全国	9762	31409.6	5191.8	3412
北京	10	41.9	6.0	
天津	176	501.2		
河北	321	899.2	93.7	46
山西	15	107.6	58.4	9.8
内蒙古	21	99.8	7.5	7.5
辽宁	221	447.5	0.6	
吉林	2	21.8		
黑龙江	74	416.9	8.4	8.4
江苏	491	1212.5	47.9	44.8
浙江	1023	1899.0	268.8	201.5
安徽	280	1009.7	45.8	33.2
福建	49	147.2	76.2	39.4
江西	124	844.0	151.3	113
山东	1327	5031.7	168.0	153
河南	393	2468.1	209.6	144.9
湖北	3394	7630.7	165.3	137.9
湖南	469	1898.5	339.1	175.3
广东	43	259.7	44.6	21.7
广西	95	725.0	323.2	287.4
四川	737	4413.7	2498.2	1592.2
云南	467	1052.7	520.0	298.1
陕西	9	89.8	43.3	27.4
新疆	21	191.4	115.9	70.5

注　上海、海南、重庆、贵州、西藏、甘肃、青海、宁夏无该规模渠道。

附表 A2－2－8　　　　大型灌区 1（含）～5m³/s 灌排
结合渠道上的建筑物　　　　　　　单位：座

省级行政区	渠系建筑物数量	水闸	渡槽	跌水陡坡	倒虹吸	隧洞	涵洞	农桥	量水建筑物	泵站
全国	86354	18173	2267	1814	463	933	16944	44272	1488	5844
北京	71	20	3				4	44		
天津	516	48	31				119	318		205
河北	2812	614	72	187	118	8	223	799	791	55
山西	547	264	22	46	2		6	177	30	1
内蒙古	177	76			2		18	26	55	
辽宁	4023	3513	40		3	2	194	264	7	86
吉林	34	9	1	2				19	3	7
黑龙江	173	79	1	8			28	57		8
江苏	2512	178	153	14	6	6	966	1189		850
浙江	2746	212	8	85	5		149	2280	7	1258
安徽	4307	922	132	32	12	6	1796	1404	3	195
福建	416	54	11	2	7		32	310		8
江西	1961	440	94	31	50	37	478	821	10	204
山东	9048	865	38	34	12	9	888	7073	129	156
河南	5057	1086	55	10	8	86	266	3536	10	4
湖北	16074	3080	411	5	93	117	6973	5365	30	1851
湖南	7750	2182	153	76	62	229	1185	3821	42	237
广东	927	275	24	95	3	8	206	301	15	8
广西	2292	648	71	27	11	4	202	1313	16	14
四川	19342	1832	904	1108	51	406	1327	13504	210	494
云南	4735	1442	32	8	12	15	1859	1267	100	194
陕西	229	21	3	37	6		12	137	13	9
新疆	605	313	8	7			13	247	17	

注　上海、海南、重庆、贵州、西藏、甘肃、青海、宁夏无该规模建筑物。

附表 A2－2－9　　大型灌区 0.5（含）～1m³/s 灌排结合渠道

省级行政区	渠道条数 /条	渠道长度 /km	衬砌长度 /km
全国	60085	65288.2	6611.9
北京	281	283.5	
天津	350	477.8	
河北	1419	1483.3	16.2
山西	6	20.6	11.4
内蒙古	182	254.1	53.6
辽宁	459	269.1	5.7
吉林	2	11.5	
黑龙江	606	888.7	26.7
江苏	4025	3710.1	395
浙江	2727	2292.2	1006.5
安徽	2927	4190.8	94.3
福建	163	253.1	116.1
江西	1184	3498.1	157.9
山东	11073	13985.1	394.9
河南	3680	5997.4	96.6
湖北	22276	16860.3	1016.3
湖南	1484	2884.8	343.3
广东	743	841.8	51.8
广西	104	339.1	37.2
海南	236	269.7	115.5
四川	3680	4513.7	1716.5
云南	2319	1751.9	896.2
陕西	38	98.7	46.3
甘肃	25	19.9	
新疆	96	92.9	13.9

注　上海、重庆、贵州、西藏、青海、宁夏无该规模渠道。

　　大型灌区 0.5（含）～1m³/s 灌排

结合渠道上的建筑物　　　　　　　　单位：座

省级行政区	渠系建筑物数量	水闸	渡槽	涵洞	农桥	泵站
全国	149109	22623	3592	68325	54569	6589
北京	623	19		431	173	
天津	226	59		69	98	43
河北	1409	624	17	506	262	18
山西	100	64		1	35	
内蒙古	183	120		21	42	
辽宁	272	119	13	96	44	9
吉林	2				2	
黑龙江	1233	174	38	862	159	
江苏	8560	1395	446	4549	2170	285
浙江	3111	301	15	2212	583	1137
安徽	10935	2919	490	4849	2677	225
福建	301	83	13	31	174	3
江西	3664	688	236	1589	1151	293
山东	21381	1672	114	6525	13070	1305
河南	9514	1158	40	953	7363	2
湖北	50958	3790	1149	37291	8728	2507
湖南	8692	2433	223	2148	3888	292
广东	1001	21	12	799	169	4
广西	563	180	18	77	288	
海南	707	36	6	20	645	
四川	12472	1443	666	2236	8127	298
云南	12494	5019	72	2952	4451	163
陕西	303	121	9	40	133	4
甘肃	56	39		1	16	
新疆	349	146	15	67	121	1

注　上海、重庆、贵州、西藏、青海、宁夏无该规模建筑物。

附表 A2－2－11　　大型灌区0.2（含）～0.5m³/s灌排结合渠道

省级行政区	渠道条数/条	渠道长度/km	衬砌长度/km
全国	90889	75608.7	10663.1
北京	21	16.8	
天津	105	113.2	
河北	1721	957.3	2.4
山西	58	66.0	31.5
内蒙古	186	415.8	240
辽宁	1575	744.0	21
吉林	7	11.6	
黑龙江	958	1086.9	
江苏	4283	2668.0	422.8
浙江	2602	1230.9	580.4
安徽	4423	5294.8	147.8
福建	378	325.4	76
江西	2632	3313.1	235.8
山东	10649	8968.6	74.4
河南	9141	6809.8	110.9
湖北	29698	19304.6	1621.8
湖南	2358	3818.2	655.7
广东	1057	927.9	178
广西	551	1261.7	102.5
海南	172	193.4	78.7
四川	11916	13930.8	4343.9
云南	6040	3643.4	1672.6
陕西	62	95.6	36.3
甘肃	68	79.0	
新疆	228	331.9	30.6

注　上海、重庆、贵州、西藏、青海、宁夏无该规模渠道。

附表 A2－2－12   大型灌区 0.2（含）～0.5m³/s 灌排

结合渠道上的建筑物   单位：座

省级行政区	渠系建筑物数量	水闸	渡槽	涵洞	农桥	泵站
全国	180625	29963	4296	81424	64942	3892
天津	135	8	6	69	52	
河北	1339	909	66	212	152	28
山西	273	184		28	61	
内蒙古	1448	1035		215	198	
辽宁	1354	145	16	1158	35	10
吉林	2				2	
黑龙江	510	106	12	340	52	
江苏	9691	1832	1111	5196	1552	126
浙江	1629	211	10	1209	199	277
安徽	16541	5982	267	7595	2697	41
福建	252	64	14	64	110	
江西	3887	812	185	1579	1311	323
山东	15626	1674	60	4972	8920	651
河南	9977	773	22	1278	7904	
湖北	51771	3229	892	40354	7296	1493
湖南	13017	3814	335	2690	6178	133
广东	1014	26	12	704	272	
广西	891	202	30	89	570	22
海南	435	46	7	22	360	
四川	31138	1396	1067	5610	23065	676
云南	18525	7009	143	7910	3463	111
陕西	286	104	11	34	137	1
甘肃	445	251		18	176	
新疆	439	151	30	78	180	

注 北京、上海、重庆、贵州、西藏、青海、宁夏无该规模建筑物。

附表 A2－3－1　　大型灌区 200m³/s 及以上排水沟及建筑物

省级行政区	排水沟段数/处	排水沟长度/km	排水沟系建筑物数量/座	水闸/座	涵洞/座	农桥/座	泵站/座
全国	32	794.3	766	77	136	553	82
河北	1	49.1	3	1		2	
辽宁	1	13.6	6	1		5	2
江苏	1	13.2	19	4	4	11	11
安徽	4	139.2	257		3	254	
山东	8	94.8	71	20	5	46	1
河南	13	329.9	290	37	68	185	13
湖北	1	28.0	69	5	56	8	43
四川	1	18.9	24	6		18	
云南	1	25.2	14	3		11	12
宁夏	1	82.4	13			13	

注　北京、天津、山西、内蒙古、吉林、黑龙江、上海、浙江、福建、江西、湖南、广东、广西、海南、重庆、贵州、西藏、陕西、甘肃、青海、新疆无该规模排水沟及建筑物。

附表 A2－3－2　　大型灌区 50（含）～200m³/s 排水沟及建筑物

省级行政区	排水沟段数/处	排水沟长度/km	排水沟系建筑物数量/座	水闸/座	涵洞/座	农桥/座	泵站/座
全国	350	4392.4	4379	654	808	2917	432
北京	6	40.8	62	12	2	48	
河北	10	128.9	488	25	25	438	2
内蒙古	5	228.4	56	3	11	42	6
辽宁	7	74.5	71	39	7	25	34
吉林	7	87.1	24	3		21	8
黑龙江	7	123.6	34	4	1	29	1
江苏	41	281.3	298	39	119	140	127
浙江	1	5.5	11		3	8	
安徽	65	606.1	682	125	216	341	67
江西	5	63.0	88	32	25	31	20
山东	21	331.8	360	46	49	265	3
河南	97	1557.6	1379	162	63	1154	5
湖北	43	296.7	337	37	186	114	80
湖南	5	126.0	173	70	36	67	40
广东	1	18.0	16	6		10	
广西	5	155.0	55			55	13
四川	11	103.2	74	17	7	50	3
云南	4	32.9	97	27	49	21	19
陕西	1	20.8	27	1	6	20	
宁夏	2	38.1	31		3	28	4
新疆	6	73.1	16	6		10	

注　天津、山西、上海、福建、海南、重庆、贵州、西藏、甘肃、青海无该规模排水沟及建筑物。

附表 A2－3－3　大型灌区 10（含）～50m³/s 排水沟及建筑物

省级行政区	排水沟段数/处	排水沟长度/km	排水沟系建筑物数量/座	水闸/座	涵洞/座	农桥/座	泵站/座
全国	3500	21449.4	31229	3752	7686	19791	2616
北京	40	154.0	332	50	34	248	2
河北	102	960.8	1782	113	237	1432	5
山西	11	139.6	67	2	2	63	
内蒙古	7	150.7	52	1	35	16	2
辽宁	107	835.9	643	120	119	404	102
吉林	22	220.5	107	8	2	97	12
黑龙江	72	693.2	300	62	93	145	15
江苏	1116	4149.8	6552	720	1918	3914	1321
浙江	40	89.3	196	22	10	164	87
安徽	324	2362.2	3518	368	829	2321	122
福建	15	105.1	230	51	12	167	11
江西	98	344.2	1319	301	608	410	45
山东	426	2465.6	3301	296	389	2616	30
河南	373	3183.2	3802	277	167	3358	4
湖北	380	1844.0	4659	628	2516	1515	495
湖南	115	803.3	1580	408	198	974	88
广东	5	27.5	29	5	4	20	
广西	22	216.8	191	10	2	179	6
海南	4	14.9	22	8		14	
四川	43	423.8	694	101	109	484	37
云南	31	294.4	433	128	156	149	49
陕西	21	261.7	437	9	62	366	2
甘肃	10	21.5	26	12	1	13	
宁夏	68	887.5	699	25	138	536	180
新疆	48	799.9	258	27	45	186	1

注　天津、上海、重庆、贵州、西藏、青海无该规模排水沟及建筑物。

附表 A2－3－4 大型灌区 3（含）～10m³/s 排水沟及建筑物

省级行政区	排水沟段数/处	排水沟长度/km	排水沟系建筑物数量/座	水闸/座	涵洞/座	农桥/座	泵站/座
全国	8666	30378.8	54465	7483	16455	30527	4080
北京	48	87.7	221	26	26	169	
河北	176	922.9	891	142	147	602	38
山西	43	362.6	409	36	25	348	1
内蒙古	24	423.7	362	59	139	164	12
辽宁	411	1211.7	1724	188	546	990	57
吉林	64	495.3	220	12	15	193	16
黑龙江	138	852.4	495	65	210	220	15
江苏	2778	7156.3	14280	1048	5240	7992	1854
浙江	55	116.6	317	15	91	211	71
安徽	533	2119.1	5036	832	1820	2384	174
福建	36	152.1	362	70	17	275	1
江西	358	1145.4	2707	753	852	1102	206
山东	976	3065.4	4521	255	596	3670	24
河南	261	1453.4	1917	144	99	1674	3
湖北	1624	4364.2	10120	1847	4822	3451	1064
湖南	441	1640.5	4405	1439	627	2339	187
广东	44	171.8	245	52	29	164	2
广西	59	244.8	354	33	4	317	4
海南	22	83.5	98	27	8	63	
四川	149	871.4	1905	158	162	1585	86
云南	46	210.4	432	103	110	219	64
陕西	37	240.1	633	18	47	568	14
甘肃	37	172.0	293	64	99	130	53
宁夏	139	1052.1	1517	37	303	1177	120
新疆	167	1763.4	1001	60	421	520	14

注 天津、上海、重庆、贵州、西藏、青海无该规模排水沟及建筑物。

附表 A2-3-5 大型灌区 1（含）～3m³/s 排水沟及建筑物

省级行政区	排水沟段数/处	排水沟长度/km	排水沟系建筑物数量/座	水闸/座	涵洞/座	农桥/座	泵站/座
全国	45554	62497.5	97183	8819	48652	39712	1836
北京	47	19.9	76	6	48	22	1
天津	414	455.8	75	20	50	5	
河北	728	924.0	856	236	322	298	39
山西	103	403.2	403	107	61	235	1
内蒙古	83	782.0	572	90	141	341	35
辽宁	1538	1952.2	2692	418	862	1412	7
吉林	157	646.0	391	16	140	235	2
黑龙江	264	857.9	369	35	204	130	1
江苏	11788	13254.3	25416	1898	15593	7925	572
浙江	475	377.4	523	12	383	128	8
安徽	3349	3463.5	7240	786	2714	3740	85
福建	13	52.3	41	22	8	11	
江西	896	1533.5	2379	599	1033	747	74
山东	7648	7838.7	7615	314	2233	5068	4
河南	1753	2727.3	4556	290	337	3929	2
湖北	10945	10366.0	27592	2112	19848	5632	662
湖南	1228	2397.7	5308	1452	1483	2373	45
广东	52	121.3	386	40	155	191	
广西	21	45.8	36	4		32	
海南	270	355.5	897	14	9	874	
四川	965	7118.4	1925	92	339	1494	159
云南	74	141.4	203	79	22	102	13
西藏	3	15.6	7	1		6	
陕西	83	239.5	442	12	21	409	
甘肃	53	83.6	199	45	50	104	
宁夏	1736	2353.1	4885	49	1325	3511	114
新疆	868	3971.6	2099	70	1271	758	12

注 上海、重庆、贵州、青海无该规模排水沟及建筑物。

附表A2-3-6　大型灌区0.6（含）～1m³/s排水沟及建筑物

省级行政区	排水沟段数/处	排水沟长度/km	排水沟系建筑物数量/座	水闸/座	涵洞/座	农桥/座	泵站/座
全国	133847	107097.8	179726	9945	115463	54318	1061
北京	283	222.1	659	1	449	209	
天津	149	145.1	16	1	5	10	
河北	970	920.6	432	124	264	44	8
山西	499	324.3	288	13	101	174	1
内蒙古	1285	2090.2	2429	1053	179	1197	21
辽宁	9833	5280.6	3482	1152	1788	542	9
吉林	62	326.3	318	44	206	68	10
黑龙江	250	516.5	337	12	268	57	
江苏	57549	24270.3	73214	1231	63782	8201	178
浙江	2685	1475.1	3700	46	3426	228	3
安徽	5187	4740.2	8985	892	3719	4374	23
福建	20	12.8					
江西	1079	6737.6	2132	302	1025	805	53
山东	14695	12344.2	14872	468	2243	12161	
河南	3377	3961.0	6928	114	566	6248	
湖北	18394	24402.8	37420	2421	27881	7118	661
湖南	1773	2437.4	6406	1668	1968	2770	24
广东	202	329.8	591	17	222	352	
广西	32	49.1	157	5	11	141	
海南	472	677.6	1797	15		1782	
四川	965	2076.2	1761	56	237	1468	43
云南	75	102.2	136	37	39	60	3
陕西	96	250.2	480	27	38	415	
甘肃	362	405.0	475	4	257	214	
宁夏	6509	4784.6	6904	172	2676	4056	17
新疆	7044	8216.0	5807	70	4113	1624	7

注　上海、重庆、贵州、青海、西藏无该规模排水沟及建筑物。

附表 A3 - 1 - 1　　　中型灌区 100m³/s 及以上灌溉渠道

省级行政区	渠道条数 /条	渠道长度 /km	衬砌长度 /km	占渠道长度的比例 /%
全国	11	89.1	0.2	0.2
山西	1	5.0		
内蒙古	8	51.0		
吉林	1	33.0	0.1	0.3
新疆	1	0.1	0.1	100.0

注　北京、天津、河北、辽宁、黑龙江、上海、江苏、浙江、安徽、福建、江西、山东、河南、湖北、湖南、广东、广西、海南、重庆、四川、贵州、云南、西藏、陕西、甘肃、青海、宁夏无该规模渠道。

附表 A3 - 1 - 2　　　中型灌区 100m³/s 及以上灌溉
渠道上的建筑物数量　　　　单位：座

省级行政区	渠系建筑物数量	水闸	跌水陡坡	涵洞	农桥	量水建筑物
全国	56	15	1	3	35	2
山西	12	6	1	2	3	
内蒙古	33	3			28	2
吉林	8	4			4	
新疆	3	2		1		

注　北京、天津、河北、辽宁、黑龙江、上海、江苏、浙江、安徽、福建、江西、山东、河南、湖北、湖南、广东、广西、海南、重庆、四川、贵州、云南、西藏、陕西、甘肃、青海、宁夏无该规模建筑物。中型灌区该规模渠道渠系建筑物中无渡槽、倒虹吸、隧洞，渠道上无泵站。

附表 A3 - 1 - 3　　　中型灌区 20（含）～100m³/s 灌溉渠道

省级行政区	渠道条数 /条	渠道长度 /km	衬砌长度 /km	占渠道长度 的比例 /%	2000 年以后 衬砌长度 /km	占衬砌长度 的比例 /%
全国	244	3202.1	1173.2	36.6	801.9	68.4
河北	19	213.9	36.7	17.2	29.6	80.7
山西	26	156.4	49.3	31.5	25.4	51.5
内蒙古	33	281.3	18.3	6.5	15.9	86.9
辽宁	9	53.7	24.2	45.1	20	82.6
吉林	8	179.6	46.6	25.9	46.6	100.0
黑龙江	5	118.8	10.6	8.9	10.6	100.0
江苏	22	264.9	7.1	2.7	7.1	100.0
浙江	2	1.2	1.2	100.0		
安徽	4	14.1				
山东	15	205.8	105.0	51.0	93	88.6
河南	9	154.5	37.8	24.5	21.5	56.9
湖北	6	91.8	10.6	11.5	8.5	80.2
湖南	4	8.9	1.5	16.9	1.5	100.0
广东	7	77.2	10.3	13.3	7.3	70.9
广西	6	46.0	8.7	18.9	0.3	3.4
四川	4	46.8	14.9	31.8	14.4	96.6
云南	1	7.9	7.9	100.0	7.9	100.0
甘肃	11	55.0	55.0	100.0	10.7	19.5
青海	1	12.9	3.5	27.1	3.5	100.0
新疆	52	1211.4	724.0	59.8	478.1	66.0

注　北京、天津、上海、福建、江西、海南、重庆、贵州、西藏、陕西、宁夏无该规模渠道。

附表 A3－1－4　　　　中型灌区 20（含）～100m³/s

灌溉渠道上的建筑物　　　　　　　　单位：座

省级行政区	渠系建筑物数量	水闸	渡槽	跌水陡坡	倒虹吸	隧洞	涵洞	农桥	量水建筑物	泵站
全国	5275	1899	220	568	60	62	332	2040	94	226
河北	412	186	8	33	1	3	16	148	17	9
山西	716	77	7	413			23	169	27	
内蒙古	186	68	5	4		1	5	101	2	4
辽宁	129	83	2	1	6	1	6	29	1	9
吉林	112	35	2	20	5	1	8	41		4
黑龙江	81	37	2				5	37		1
江苏	283	80	15		8	1	21	158		63
浙江	8	1					3	4		
安徽	30	11					2	17		2
山东	328	105	11		8	2	18	181	3	9
河南	982	580	24	20	18	1	29	308	2	1
湖北	227	28	4	10	2	27	38	113	5	76
湖南	25	18	1					6		4
广东	260	91	17			1	67	83	1	1
广西	92	12	4	1		13	6	56		
四川	367	82	21	5		5	4	246	4	30
云南	15	3		1				11		
甘肃	135	43	20	19		2	13	36	2	
青海	18	6	1				2	8	1	1
新疆	869	353	76	41	12	4	66	288	29	12

注　北京、天津、上海、福建、江西、海南、重庆、贵州、西藏、陕西、宁夏无该规模建筑物。

附表 A3 – 1 – 5　　　中型灌区 5（含）～20m³/s 灌溉渠道

省级行政区	渠道条数 /条	渠道长度 /km	衬砌长度 /km	占渠道长度的比例 /%	2000 年以后衬砌长度 /km	占衬砌长度的比例 /%
全国	2387	26951.7	10607.8	39.4	4714.4	44.4
北京	2	21.3	8.3	39.0	8.3	100.0
天津	21	72.4	4.8	6.6		
河北	104	1308.7	493.8	37.7	163.3	33.1
山西	124	1045.3	453.2	43.4	139.0	30.7
内蒙古	204	2154.9	150.7	7.0	92.3	61.2
辽宁	45	268.6	94.5	35.2	80.9	85.6
吉林	28	328.3	48.6	14.8	46.6	95.9
黑龙江	105	1108.6	120.3	10.9	99.0	82.3
上海	1	12.4	12.4	100.0	12.4	100.0
江苏	175	973.7	96.3	9.9	68.6	71.2
浙江	33	532.9	415.7	78.0	229.6	55.2
安徽	107	874.8	82.7	9.5	62.5	75.6
福建	22	352.4	244.7	69.4	152.5	62.3
江西	20	324.5	113.8	35.1	72.3	63.5
山东	157	1782.6	703.3	39.5	92.4	13.1
河南	70	874.6	231.6	26.5	114.8	49.6
湖北	204	2389.3	406.1	17.0	200.7	49.4
湖南	220	1507.8	449.6	29.8	161.2	35.9
广东	102	1311.1	487.3	37.2	139.7	28.7
广西	83	1297.0	628.3	48.4	357.5	56.9
海南	19	294.6	261.5	88.8	129.1	49.4
重庆	6	78.1	77.7	99.5	50.8	65.4
四川	41	699.3	357.6	51.1	145.5	40.7
贵州	6	59.8	56.7	94.8	10.1	17.8
云南	31	611.8	559.9	91.5	238.2	42.5
西藏	1	22.6				
陕西	36	435.3	300.9	69.1	129.8	43.1
甘肃	66	914.2	759.1	83.0	235.5	31.0
青海	12	262.3	214.5	81.8	126.3	58.9
宁夏	15	178.9	145.5	81.3	124.4	85.5
新疆	327	4853.6	2628.4	54.2	1231.1	46.8

附表 A3－1－6　　中型灌区 5（含）～20m³/s 灌溉渠道上的建筑物　　单位：座

省级行政区	渠系建筑物数量	水闸	渡槽	跌水陡坡	倒虹吸	隧洞	涵洞	农桥	量水建筑物	泵站
全国	64653	17486	3697	2523	752	2227	8704	27563	1701	2611
北京	21	10		3	3		1	4		2
天津	73	40	5				7	21		20
河北	5465	1334	335	631	49	408	476	2125	107	74
山西	3008	900	186	384	25	83	139	1110	181	22
内蒙古	2520	1016	100	87	12	11	222	1047	25	22
辽宁	656	307	34	9	17	8	67	213	1	21
吉林	453	144	18	45	12		51	180	3	31
黑龙江	1551	514	61	87	17	1	250	588	33	73
江苏	1741	283	62	2	7	5	476	905	1	266
浙江	3138	426	152	13	57	176	265	1997	52	25
安徽	3308	793	95	60	25	48	1163	1076	48	181
福建	848	229	45	33	6	35	233	258	9	
江西	728	223	51	11	21	17	98	299	8	64
山东	4684	944	307	103	126	82	525	2557	40	177
河南	2779	716	99	126	48	69	179	1246	296	73
湖北	5478	1474	287	78	75	342	509	2635	78	724
湖南	5814	1534	275	43	61	310	1167	2348	76	346
广东	3753	730	249	62	56	58	864	1725	9	42
广西	3037	893	222	44	34	52	313	1345	134	17
海南	577	140	37	10	2	6	56	322	4	
重庆	195	60	17		2	70	11	34	1	
四川	2787	452	267	76	21	134	499	1330	8	111
贵州	78	29	12	2	1	12		22		1
云南	1230	207	137	12	19	44	126	674	11	7
西藏	43	1					7	35		7
陕西	2124	468	125	167	41	113	416	749	45	41
甘肃	2029	639	247	96	10	79	148	773	37	112
青海	463	130	15	106		42	23	145	2	21
宁夏	399	31	71			4	90	110	93	21
新疆	5673	2819	186	233	5	18	323	1690	399	110

注　上海无该规模建筑物。

　　　　中型灌区 1（含）～5m³/s 灌溉渠道

省级行政区	渠道条数 /条	渠道长度 /km	衬砌长度 /km	占渠道长度 的比例 /%	2000 年以后 衬砌长度 /km	占衬砌长度 的比例 /%
全国	17301	106526.9	43745.7	41.1	20920.4	47.8
北京	10	51.2	31.2	60.9	0.9	2.9
天津	351	738.0	30.2	4.1	24.8	82.1
河北	472	2196.2	767.3	34.9	266.1	34.7
山西	436	2204.7	1106.4	50.2	354.1	32.0
内蒙古	663	2926.6	596.1	20.4	419.1	70.3
辽宁	370	1091.8	239.6	21.9	166.6	69.5
吉林	354	1828.8	403.5	22.1	388.4	96.3
黑龙江	626	3368.0	349.1	10.4	305.6	87.5
上海	8	15.5	15.5	100.0	15.5	100.0
江苏	1385	3470.3	723.0	20.8	629.4	87.1
浙江	177	1334.8	920.3	68.9	601.7	65.4
安徽	849	4037.2	386.8	9.6	252.3	65.2
福建	183	1840.8	825.9	44.9	463.5	56.1
江西	390	3356.5	679.5	20.2	406.1	59.8
山东	766	3456.2	1253.3	36.3	171.6	13.7
河南	545	3525.9	1348.6	38.2	419.1	31.1
湖北	1198	7399.9	1230.7	16.6	550.6	44.7
湖南	2478	13710.7	4265.9	31.1	1559.8	36.6
广东	780	5577.1	1228.3	22.0	593.5	48.3
广西	688	6867.3	2477.3	36.1	1179	47.6
海南	126	1329.3	962.0	72.4	467.6	48.6
重庆	195	2350.2	1817.6	77.3	974.1	53.6
四川	389	5274.4	2678.6	50.8	1096.1	40.9
贵州	137	1728.6	1449.3	83.8	648.1	44.7
云南	465	5568.8	3841.6	69.0	2013.6	52.4
西藏	45	677.7	393.9	58.1	310.2	78.8
陕西	252	2167.1	1418.3	65.4	502	35.4
甘肃	983	4846.2	3736.8	77.1	1503.5	40.2
青海	131	1712.9	1364.2	79.6	859.9	63.0
宁夏	90	392.6	260.0	66.2	245.9	94.6
新疆	1759	11481.6	6944.9	60.5	3531.7	50.9

附表 A3-1-8　　中型灌区 1（含）～5m³/s 灌溉渠道上的建筑物　　单位：座

省级行政区	渠系建筑物数量	水闸	渡槽	跌水陡坡	倒虹吸	隧洞	涵洞	农桥	量水建筑物	泵站
全国	303639	80632	17006	11189	4428	11620	54378	119926	4460	8964
北京	77	25	4	3	1	1	15	28		1
天津	1100	492	61		3	1	369	174		183
河北	6787	2044	392	945	147	197	576	2353	133	52
山西	8759	2806	399	1394	127	267	467	3046	253	116
内蒙古	5027	2444	135	138	47	9	443	1784	27	155
辽宁	2652	939	173	84	48	8	516	883	1	60
吉林	3086	669	183	187	84	19	416	1512	16	92
黑龙江	4836	1536	204	279	44	18	1239	1479	37	119
上海	16	16								
江苏	13272	2332	612	24	131	34	6020	4119		800
浙江	5268	970	259	30	123	200	713	2910	63	97
安徽	13966	2470	296	338	129	100	5501	5021	111	626
福建	4218	1384	418	107	67	173	803	1199	67	36
江西	9070	2021	629	150	114	202	2180	3748	26	335
山东	12639	2889	971	783	292	304	1313	5763	324	243
河南	12127	3109	661	564	360	651	1559	5028	195	220
湖北	17087	4009	586	319	253	720	4044	7035	121	2009
湖南	47627	10341	2235	669	833	2999	10969	19077	504	1763
广东	14054	3399	1255	265	291	357	2757	5697	33	190
广西	16057	4748	1043	236	297	317	1275	7948	193	121
海南	3105	474	273	47	9	21	380	1858	43	8
重庆	5842	446	627	120	75	1005	1172	2378	19	52
四川	17898	1685	1374	212	202	2414	4500	7391	120	304
贵州	2999	431	306	57	121	298	463	1283	40	55
云南	13161	3112	1260	101	187	311	2801	5216	173	179
西藏	1656	569	306	49	5	15	183	422	107	6
陕西	9698	2512	439	1069	205	371	1136	3724	242	278
甘肃	22348	9313	949	1336	93	405	959	8502	791	336
青海	6376	1191	293	1178	61	149	462	3037	5	155
宁夏	1771	459	58	161	11	9	116	843	114	25
新疆	21060	11797	605	344	68	45	1031	6468	702	348

附表 A3 - 1 - 9　　　中型灌区 0.5（含）～1m³/s 灌溉渠道

省级行政区	渠道条数 /条	渠道长度 /km	衬砌长度 /km	占渠道长度的比例 /%
全国	89297	123123.7	34796.3	28.3
北京	1	19.0	19.0	100.0
天津	2002	2268.3	171.6	7.6
河北	696	1444.3	335.7	23.2
山西	1197	2555.0	1062.4	41.6
内蒙古	2434	3233.9	570.3	17.6
辽宁	1255	950.3	164.8	17.3
吉林	576	1394.9	164.8	11.8
黑龙江	1517	2833.3	273.6	9.7
江苏	18891	15850.3	3100.8	19.6
浙江	1252	1050.9	618.4	58.8
安徽	2445	4666.3	333.2	7.1
福建	344	1165.7	449.9	38.6
江西	4874	5883.6	859.6	14.6
山东	2632	3491.6	788.0	22.6
河南	1583	2267.7	759.5	33.5
湖北	7949	9022.9	1321.8	14.6
湖南	18753	18672.3	3231.9	17.3
广东	2389	4970.6	948.5	19.1
广西	2322	5156.7	1321.6	25.6
海南	150	951.9	645.3	67.8
重庆	272	1261.7	646.8	51.3
四川	1723	4443.7	2052.5	46.2
贵州	144	1148.3	859.5	74.8
云南	1003	3521.4	1915.5	54.4
西藏	164	553.0	438.3	79.3
陕西	806	2193.3	1137.2	51.8
甘肃	4707	6666.3	3604.9	54.1
青海	308	1345.8	875.6	65.1
宁夏	161	260.5	129.6	49.8
新疆	6747	13880.2	5995.7	43.2

注　上海无该规模渠道。

附表 A3-1-10　　中型灌区 0.5（含）～1m³/s 灌溉渠道上的建筑物　单位：座

省级行政区	渠系建筑物数量	水闸	渡槽	涵洞	农桥	泵站
全国	356107	122088	13790	92168	128061	11081
北京	12	1	4	2	5	1
天津	1518	441	36	870	171	109
河北	3176	1369	92	345	1370	22
山西	9094	5146	241	499	3208	120
内蒙古	4584	2168	45	456	1915	29
辽宁	2718	1039	113	812	754	98
吉林	1935	667	75	404	789	50
黑龙江	3447	1084	228	1535	600	49
江苏	56937	8908	2788	27896	17345	2018
浙江	3629	491	95	1512	1531	243
安徽	11185	2110	358	4561	4156	404
福建	1794	660	212	406	516	13
江西	20839	3822	788	5471	10758	2118
山东	7705	2360	420	1274	3651	90
河南	6924	2557	258	797	3312	98
湖北	20575	3273	757	9853	6692	1868
湖南	60048	17953	2880	20304	18911	2558
广东	9672	2221	550	3026	3875	217
广西	9550	3083	586	906	4975	71
海南	2697	260	204	222	2011	3
重庆	2012	266	277	399	1070	46
四川	11157	1096	740	2488	6833	137
贵州	1340	164	140	294	742	18
云南	6594	1654	345	1903	2692	86
西藏	852	228	136	145	343	7
陕西	6141	2045	259	557	3280	156
甘肃	47705	31754	509	1534	13908	140
青海	3044	770	92	329	1853	7
宁夏	1405	355	28	133	889	7
新疆	37818	24143	534	3235	9906	298

注　上海无该规模建筑物。

附表 A3 - 1 - 11　　中型灌区 0.2（含）～0.5m³/s 灌溉渠道

省级行政区	渠道条数 /条	渠道长度 /km	衬砌长度 /km	占渠道长度的比例 /%
全国	250420	226928.6	61502.4	27.1
北京	15	32.2	29.9	92.9
天津	2602	1774.2	542.7	30.6
河北	2215	2829.2	722.4	25.5
山西	6815	7443.7	2872.7	38.6
内蒙古	6024	4376.7	1084.5	24.8
辽宁	2511	1377.4	168.4	12.2
吉林	1637	2053.7	286.2	13.9
黑龙江	3550	5207.7	377.1	7.2
上海	234	159.0	159.0	100.0
江苏	56049	31803.4	5948.0	18.7
浙江	6707	3745.7	2739.7	73.1
安徽	7035	6788.6	432.8	6.4
福建	603	1431.8	552.3	38.6
江西	6957	8877.8	1025.9	11.6
山东	8078	7101.0	989.4	13.9
河南	3177	3470.8	1234.8	35.6
湖北	20130	17368.1	3002.3	17.3
湖南	31460	27485.6	4321.9	15.7
广东	7627	8105.3	1195.8	14.8
广西	7883	10698.7	1592.3	14.9
海南	1306	1491.1	842.2	56.5
重庆	487	1593.2	564.3	35.4
四川	3365	8572.5	3183.4	37.1
贵州	500	1750.9	1207.2	68.9
云南	3446	8318.1	3691.9	44.4
西藏	301	484.6	321.9	66.4
陕西	3268	4298.0	1927.7	44.9
甘肃	19937	15661.1	5851.0	37.4
青海	1761	3804.7	1665.4	43.8
宁夏	699	689.9	287.7	41.7
新疆	34041	28133.9	12681.6	45.1

附表 A3 - 1 - 12　　　中型灌区 0.2（含）～0.5m³/s 灌溉

渠道上的建筑物　　　　　　　　　单位：座

省级行政区	渠系建筑物数量	水闸	渡槽	涵洞	农桥	泵站
全国	624071	232824	14089	172738	204420	17599
北京	47	27	13	6	1	1
天津	829	371	11	431	16	4
河北	9028	3101	257	791	4879	1257
山西	20632	9660	304	540	10128	162
内蒙古	12127	7065	52	1109	3901	18
辽宁	2990	1294	94	1177	425	99
吉林	2321	1125	38	648	510	101
黑龙江	4756	1259	210	2936	351	52
上海	234	234				
江苏	108858	16873	3001	65410	23574	4666
浙江	15478	1103	201	9288	4886	1528
安徽	12087	2349	292	5694	3752	498
福建	1659	650	189	444	376	28
江西	21842	4381	656	6074	10731	1709
山东	13784	4251	391	2145	6997	61
河南	10071	3225	232	1804	4810	74
湖北	47624	4797	639	23299	18889	2883
湖南	65322	18078	2195	24651	20398	2733
广东	10815	2053	501	4037	4224	269
广西	15424	6080	581	1347	7416	113
海南	3264	355	91	417	2401	1
重庆	1854	200	232	592	830	16
四川	16587	1889	992	4339	9367	195
贵州	1722	343	167	305	907	35
云南	11772	1961	710	5432	3669	144
西藏	1320	354	165	143	658	8
陕西	12396	3633	226	738	7799	151
甘肃	100445	69312	804	2693	27636	260
青海	8145	3429	159	398	4159	28
宁夏	2253	456	38	327	1432	6
新疆	88385	62916	648	5523	19298	499

附表 A3-2-1　　中型灌区 100m³/s 及以上灌排结合渠道

省级行政区	渠道条数 /条	渠道长度 /km	衬砌长度 /km	2000 年以后衬砌长度 /km
全国	59	613.6	34.3	7.4
河北	3	53.4		
江苏	26	211.7		
安徽	4	58.5	0.4	
江西	1	7.2	1.7	1.2
河南	2	89.2		
湖北	7	71.2		
湖南	5	59.9		
广东	10	36.5	6.2	6.2
四川	1	26.0	26.0	

注　北京、天津、山西、内蒙古、辽宁、吉林、黑龙江、上海、浙江、福建、山东、广西、海南、重庆、贵州、云南、西藏、陕西、甘肃、青海、宁夏、新疆无该规模渠道。

附表 A3-2-2　　中型灌区 100m³/s 及以上灌排结合渠道上的建筑物　　单位：座

省级行政区	渠系建筑物数量	水闸	渡槽	跌水陡坡	倒虹吸	隧洞	涵洞	农桥	量水建筑物	泵站
全国	706	162	9	31	4	1	154	343	2	264
河北	46	6						40		18
江苏	179	22	2	18			59	78		135
安徽	91	13		13		1	30	34		10
江西	12	6						6		
河南	39	3						36		
湖北	84	17					29	38		45
湖南	107	19	2		2		36	48		19
广东	35	21	1		2			11		13
四川	113	55	4					52	2	24

注　北京、天津、山西、内蒙古、辽宁、吉林、黑龙江、上海、浙江、福建、山东、广西、海南、重庆、贵州、云南、西藏、陕西、甘肃、青海、宁夏、新疆无该规模建筑物。

附表 A3 - 2 - 3　　中型灌区 20（含）～100m³/s 灌排结合渠道

省级行政区	渠道条数 /条	渠道长度 /km	衬砌长度 /km	2000 年以后衬砌长度 /km
全国	1361	7432.1	397.5	275.4
天津	30	76.0		
河北	43	486.2		
山西	7	35.1	11.1	2.3
内蒙古	6	86.9		
辽宁	6	48.7	4.7	4.7
吉林	3	29.7	14.8	14.8
江苏	514	2319.0	53.7	50.9
浙江	3	9.7	6.7	5.7
安徽	140	754.7	3.9	0.9
江西	15	145.0	60.1	58.9
山东	41	389.3	4.8	2.8
河南	36	415.9	0.4	
湖北	291	1418.8	35.9	23.1
湖南	130	660.5	29.6	13
广东	77	352.9	104.8	82.6
广西	1	19.5	19.5	10
四川	2	8.0	4.3	3.2
云南	10	137.9	17.3	1.7
陕西	1	13.0	0.8	0.8
新疆	5	25.3	25.1	

注　北京、黑龙江、上海、福建、海南、重庆、贵州、西藏、甘肃、青海、宁夏无该规模渠道。

附表 A3－2－4　　中型灌区 20（含）～100m³/s 灌排
结合渠道上的建筑物　　　　　　　单位：座

省级行政区	渠系建筑物数量	水闸	渡槽	跌水陡坡	倒虹吸	隧洞	涵洞	农桥	量水建筑物	泵站
全国	12311	2798	266	407	50	69	2964	5698	59	4031
天津	78	27					5	46		29
河北	354	80			1		8	265		24
山西	128	49	2	29		2	1	44	1	
内蒙古	28	11					1	16		
辽宁	93	25	2		1		21	44		2
吉林	54	20	3	5	2		8	15	1	3
江苏	3667	628	84	281	1	34	995	1644		2062
浙江	24	5		1				18		
安徽	1075	265	6	18	3	7	293	460	23	212
江西	500	92	47	11	13		155	182		40
山东	432	83		4		2	93	239	11	38
河南	295	54				2	11	228		14
湖北	2423	504	40	12	6	16	720	1113	12	1154
湖南	1987	681	55	4	8	2	484	750	3	358
广东	744	194	21	5	12	1	159	347	5	83
广西	25	5	3		2			15		
四川	29	1	1					10	16	1
云南	282	52		28	1	3		198		12
陕西	36	9		6				21		
新疆	57	13	2	3				37	2	

注　北京、黑龙江、上海、福建、海南、重庆、贵州、西藏、甘肃、青海、宁夏无该规模建筑物。

附表A3－2－5　　中型灌区5（含）～20m³/s灌排结合渠道

省级行政区	渠道条数 /条	渠道长度 /km	衬砌长度 /km	2000年以后衬砌长度 /km
全国	6170	25605.1	2375.8	1416
天津	420	1370.8	5.0	5
河北	189	1328.3	53.8	23.7
山西	17	69.7	23.5	12
内蒙古	27	191.9	15.7	15.7
辽宁	23	177.3	16.3	14.3
吉林	14	178.5	39.0	38.6
黑龙江	9	80.7	2.5	1.5
江苏	1389	4592.6	69.5	43.1
浙江	52	215.5	62.2	50.6
安徽	622	2490.8	107.6	82.6
福建	16	220.6	136.4	71.8
江西	45	629.1	112.1	72.7
山东	389	1956.7	179.2	62
河南	100	907.0	116.4	42.5
湖北	1613	5152.5	181.2	158.4
湖南	968	3682.4	290.6	193.5
广东	182	1389.6	344.0	213.1
广西	10	150.0	129.9	126.2
海南	1	38.0	38.0	20
重庆	1	5.4	5.4	
四川	31	339.3	202.8	83.9
贵州	1	1.2	1.2	1.2
云南	36	309.8	173.7	56.5
陕西	11	95.9	69.8	27.1
青海	1	9.0		
新疆	3	22.5		

注　北京、上海、西藏、甘肃、宁夏无该规模渠道。

附表 A3－2－6　　中型灌区 5（含）～20m³/s 灌排结合渠道上的建筑物　单位：座

省级行政区	渠系建筑物数量	水闸	渡槽	跌水陡坡	倒虹吸	隧洞	涵洞	农桥	量水建筑物	泵站
全国	52550	11109	1263	912	212	447	13929	24166	512	10608
天津	1533	326	10		3		483	710	1	405
河北	1986	378	50	53	7	61	567	852	18	90
山西	221	59	7	33			18	93	11	10
内蒙古	155	66	3	7			1	78		1
辽宁	506	211	19	25	11	3	74	159	4	7
吉林	327	78	23	27	12	2	26	147	12	52
黑龙江	77	19	2	1			11	44		3
江苏	6711	709	157	222	3	8	1529	4038	45	3791
浙江	537	102	13	16	6	4	17	374	5	146
安徽	5371	1110	61	59	16	25	1975	1967	158	503
福建	208	74	20	5		3	16	90		1
江西	2040	294	66	60	7	13	943	647	10	65
山东	3115	406	48	25	17	37	532	2036	14	141
河南	1953	423	36	81	18	28	124	1216	27	55
湖北	12087	2657	183	20	15	50	4507	4613	42	3097
湖南	9755	2803	223	96	35	80	2152	4280	86	2010
广东	3200	885	207	82	51	96	519	1345	15	122
广西	290	60	43	3	1	1	35	131	16	3
海南	159	22	8		1		34	94		
重庆	45	1	1				3	40		
四川	1137	227	35	56	3	30	112	665	9	51
贵州	3		1				2			
云南	669	132	30	16	1		130	349	11	27
陕西	424	52	14	13	5	6	119	188	27	28
青海	16	1		12				3		
新疆	25	14	3					7	1	

注　北京、上海、西藏、甘肃、宁夏无该规模建筑物。

附表 A3－2－7　　中型灌区 1（含）～5m³/s 灌排结合渠道

省级行政区	渠道条数 /条	渠道长度 /km	衬砌长度 /km	2000 年以后衬砌长度 /km
全国	15277	48628.0	8160.3	4530.1
北京	4	62.0		
天津	703	1544.8	10.5	10.5
河北	372	1592.9	180.5	133.1
山西	29	159.1	83.4	53.3
内蒙古	55	238.5	13.4	11.4
辽宁	36	159.2	50.7	31.1
吉林	233	675.3	158.3	155.1
黑龙江	78	419.8	46.4	44.9
江苏	1549	3844.8	142.2	107.1
浙江	285	1006.7	481.4	305.4
安徽	1207	3582.3	171.4	143.1
福建	61	505.7	292.7	190.5
江西	360	2712.3	580.5	421.8
山东	864	2569.9	325.0	78.9
河南	225	1240.7	282.7	146.8
湖北	3064	6669.9	469.0	280.9
湖南	4617	13056.4	1656.0	861.7
广东	780	3310.8	726.7	362.2
广西	154	1367.1	323.7	197.8
海南	5	37.4	16.4	1.2
重庆	8	80.0	60.8	28.9
四川	134	1182.0	692.3	324.4
贵州	5	30.7	15.2	3.7
云南	322	1522.4	773.9	308
西藏	3	63.5	63.5	63.5
陕西	79	528.1	326.3	93.1
甘肃	17	107.4	85.5	71.3
青海	2	6.7	6.7	6.7
新疆	26	351.6	125.2	93.7

注　上海、宁夏无该规模渠道。

附表 A3－2－8　　中型灌区 1（含）～5m³/s 灌排结合渠道上的建筑物　单位：座

省级行政区	渠系建筑物数量	水闸	渡槽	跌水陡坡	倒虹吸	隧洞	涵洞	农桥	量水建筑物	泵站
全国	138821	30670	4508	2688	1069	2440	38104	57770	1572	12844
北京	40	18					1	21		36
天津	1844	284	2	1	1	1	745	810		322
河北	2076	602	47	53	25	11	238	1065	35	56
山西	457	126	39	17	3	12	32	179	49	4
内蒙古	352	193	6	3		4	31	114	1	
辽宁	503	217	10	17	12	2	113	126	6	81
吉林	1373	296	71	56	24	6	432	481	7	48
黑龙江	767	210	42	94	3	1	211	202	4	17
江苏	7993	1112	183	234	42	43	2800	3503	76	3033
浙江	3335	745	64	48	43	42	401	1987	5	282
安徽	9430	1897	216	89	41	36	3644	3496	11	623
福建	1278	424	170	32	97	44	236	263	12	2
江西	10029	1982	442	158	64	99	3855	3394	35	355
山东	5269	890	141	29	57	35	733	3323	61	76
河南	4432	859	159	189	85	126	256	2429	329	42
湖北	18362	2994	415	111	48	267	7981	6415	131	2632
湖南	42481	11369	1221	581	209	1008	10723	17172	198	4679
广东	9083	2204	473	222	130	117	2027	3697	213	245
广西	3949	1003	283	95	87	96	418	1784	183	21
海南	64	19	2	1	1		1	40		
重庆	277	72	32	13	3	39	49	69		1
四川	7151	1232	224	134	25	318	1262	3933	23	157
贵州	35	3	3	1		4	19	4		
云南	4149	708	128	96	18	42	1346	1791	20	73
西藏	266	64	17	8	1		56	69	51	2
陕西	2531	513	60	312	44	79	282	1125	116	55
甘肃	540	158	43	63	1	6	131	132	6	2
青海	17	14						3		
新疆	738	462	15	31	4	2	81	143		

注　上海、宁夏无该规模建筑物。

附表 A3－2－9　　中型灌区 0.5（含）～1m³/s 灌排结合渠道

省级行政区	渠道条数 /条	渠道长度 /km	衬砌长度 /km
全国	76978	68335.0	6930.6
北京	2	12.9	
天津	3250	2050.7	6.0
河北	607	1126.8	51.3
山西	75	57.2	28.6
内蒙古	265	285.9	15.4
辽宁	169	173.3	55.7
吉林	273	445.4	73.4
黑龙江	757	1070.8	6.1
江苏	10042	8113.1	299.0
浙江	444	704.8	283.7
安徽	6445	5458.2	161.7
福建	344	587.0	190.8
江西	3136	4554.3	552.0
山东	4106	5028.0	74.2
河南	1727	1497.2	69.7
湖北	13474	9840.4	606.5
湖南	24931	18785.6	2229.8
广东	3377	3769.4	358.8
广西	1286	888.7	187.2
海南	18	59.9	57.7
重庆	17	67.8	25.1
四川	570	1084.7	534.9
贵州	16	53.4	36.4
云南	1321	1702.2	759.1
西藏	16	5.6	
陕西	253	685.3	203.9
甘肃	28	60.5	16.3
新疆	29	165.9	47.3

注　上海、青海、宁夏无该规模渠道。

附表 A3－2－10　　中型灌区 0.5（含）～1m³/s 灌排
结合渠道上的建筑物　　　　　单位：座

省级行政区	渠系建筑物数量	水闸	渡槽	涵洞	农桥	泵站
全国	172113	40118	3869	61005	67121	8469
北京	2	2				15
天津	1933	217	1	1341	374	103
河北	1597	116	8	1223	250	40
山西	200	40	22	10	128	
内蒙古	220	144	4	8	64	
辽宁	199	78	30	51	40	13
吉林	655	115	29	200	311	11
黑龙江	961	177	11	641	132	
江苏	19290	2399	252	8335	8304	702
浙江	1215	156	7	409	643	73
安徽	12115	1734	330	6292	3759	441
福建	638	256	35	186	161	6
江西	13352	1498	439	3725	7690	1715
山东	8389	866	26	1704	5793	55
河南	4646	446	21	167	4012	9
湖北	20680	2906	482	11811	5481	2066
湖南	68855	25208	1512	20646	21489	2534
广东	5569	1271	214	1595	2489	331
广西	1145	350	57	133	605	2
海南	138	59	7	15	57	
重庆	29		7	18	4	
四川	3972	183	165	922	2702	64
贵州	79	11	4	24	40	
云南	3113	645	113	1255	1100	20
西藏	16	16				
陕西	2816	1105	87	250	1374	266
甘肃	152	54		28	70	3
新疆	137	66	6	16	49	

注　上海、青海、宁夏无该规模建筑物。

附表 A3 - 2 - 11　　中型灌区 0.2（含）～0.5m³/s 灌排结合渠道

省级行政区	渠道条数 /条	渠道长度 /km	衬砌长度 /km
全国	118996	88763.6	11872.2
北京	2	31.5	31.5
天津	1058	666.5	5.0
河北	594	542.2	4.0
山西	135	136.3	37.5
内蒙古	203	215.5	4.6
辽宁	518	332.3	72.1
吉林	701	620.2	44.2
黑龙江	1137	2837.7	7.7
江苏	17999	9597.4	676.7
浙江	3815	2057.3	1320.8
安徽	9707	6502.7	139.6
福建	1008	961.7	435.6
江西	5074	6614.6	675.0
山东	3650	3491.3	111.9
河南	2687	2870.4	112.7
湖北	17949	10658.1	779.3
湖南	32935	22796.1	2512.4
广东	6417	5961.4	617.1
广西	4761	2138.7	232.4
海南	142	182.2	110.2
重庆	20	84.3	56.0
四川	1765	2296.8	749.5
贵州	18	19.7	2.0
云南	4229	4273.0	1835.8
西藏	19	41.3	
陕西	982	925.2	265.2
甘肃	79	78.3	11.8
新疆	1392	1830.9	1021.6

注　上海、青海、宁夏无该规模渠道。

附表 A3－2－12　　　中型灌区 0.2（含）～0.5m³/s 灌排
结合渠道上的建筑物　　　　　　　　单位：座

省级行政区	渠系建筑物数量	水闸	渡槽	涵洞	农桥	泵站
全国	196417	46243	3829	85475	60870	8058
北京	8	8				
天津	156	66		30	60	5
河北	562	233		193	136	
山西	226	48	5	13	160	8
内蒙古	59	16	1	28	14	
辽宁	303	179	26	77	21	16
吉林	785	118	37	181	449	4
黑龙江	1429	152	5	1162	110	5
江苏	24784	2370	694	15575	6145	2151
浙江	3929	492	17	2089	1331	645
安徽	13618	1908	152	8372	3186	208
福建	1090	372	44	375	299	8
江西	12928	1723	258	3394	7553	1156
山东	5339	1371	30	1390	2548	30
河南	7148	784	38	234	6092	4
湖北	28240	3003	313	19956	4968	1042
湖南	63631	23949	1250	24298	14134	1885
广东	9434	2038	248	2967	4181	682
广西	1680	561	56	196	867	1
海南	275	12	2	57	204	1
重庆	91		2	40	49	
四川	6509	310	254	1947	3998	113
云南	5041	985	133	2481	1442	37
西藏	131	23	57		51	
陕西	5452	2641	158	176	2477	57
甘肃	125	40		4	81	
新疆	3444	2841	49	240	314	

注　上海、贵州、青海、宁夏无该规模建筑物。

附表 A3 - 3 - 1　　中型灌区 200m³/s 及以上排水沟及建筑物

省级行政区	排水沟条数/条	排水沟长度/km	排水沟系建筑物数量/座	水闸/座	涵洞/座	农桥/座	泵站/座
全国	36	373.0	671	137	255	279	102
山西	1	9.4	8			8	
辽宁	1	1.0	3	1		2	
江苏	12	136.2	232	38	129	65	40
浙江	1	6.7	8	1		7	
安徽	4	66.7	53	14	12	27	15
江西	3	19.3	111	13	47	51	20
山东	3	9.6	29	7	3	19	
河南	1	10.2	21		9	12	
湖南	4	38.8	68	17	20	31	22
广东	6	75.1	138	46	35	57	5

注　北京、天津、河北、内蒙古、吉林、黑龙江、上海、福建、湖北、广西、海南、重庆、四川、贵州、云南、西藏、陕西、甘肃、青海、宁夏、新疆无该规模排水沟及建筑物。

附表 A3 - 3 - 2　　中型灌区 50（含）～200m³/s 排水沟及建筑物

省级行政区	排水沟条数/条	排水沟长度/km	排水沟系建筑物数量/座	水闸/座	涵洞/座	农桥/座	泵站/座
全国	297	2495.0	3701	723	1320	1658	569
天津	1	4.9	6	4	1	1	2
河北	1	15.0	7	4		3	
山西	2	23.6	200	130	70		
辽宁	5	35.3	106	12	32	62	1
吉林	4	19.2	3	2		1	4
黑龙江	8	78.9	21	7		14	1
江苏	110	720.8	995	184	377	434	307
浙江	6	23.3	33	9		24	6
安徽	38	462.7	819	125	503	191	93
福建	2	22.8	16	1	2	13	
江西	9	90.4	158	56	28	74	4
山东	10	126.8	171	17	42	112	2
河南	28	408.5	471	22	123	326	4
湖北	14	68.7	96	14	30	52	75
湖南	14	102.6	141	46	27	68	40
广东	36	209.7	387	86	85	216	27
广西	1	7.6	6			6	1
海南	1	2.3	2			2	
四川	1	7.8	41	1		40	
贵州	1	1.9	1			1	
陕西	2	29.5	10	1		9	1
宁夏	1	3.5					1
新疆	2	29.2	11	2		9	

注　北京、内蒙古、上海、云南、西藏、重庆、甘肃、青海无该规模排水沟及建筑物。

附表 A3－3－3　中型灌区 10（含）～50m³/s 排水沟及建筑物

省级行政区	排水沟条数/条	排水沟长度/km	排水沟系建筑物数量/座	水闸/座	涵洞/座	农桥/座	泵站/座
全国	3869	17046.0	28665	5585	7213	15867	5033
天津	101	399.4	652	225	340	87	83
河北	43	283.0	274	45	29	200	18
山西	9	65.6	225	98	48	79	
内蒙古	9	69.7	17	1	3	13	1
辽宁	25	155.0	190	37	47	106	20
吉林	47	231.9	125	44	8	73	7
黑龙江	91	804.2	326	54	44	228	15
上海	1	32.3					1
江苏	1757	6247.2	11236	1243	3487	6506	2525
浙江	33	80.6	259	39	44	176	70
安徽	264	1586.9	2340	358	751	1231	280
福建	15	57.0	87	26	15	46	5
江西	71	587.2	1458	358	486	614	107
山东	161	564.8	871	103	125	643	13
河南	116	847.5	1166	93	77	996	21
湖北	254	1101.4	1562	438	316	808	677
湖南	581	2524.6	6011	2062	1097	2852	1074
广东	188	833.1	1282	244	171	867	110
广西	10	47.5	54	9	4	41	1
海南	5	7.0	11	1	1	9	
四川	15	68.3	96	16	7	73	1
云南	12	96.4	187	32	84	71	4
陕西	26	84.5	117	18	7	92	
甘肃	5	5.1	14	11		3	
宁夏	1	14.0	17		6	11	
新疆	29	251.8	88	30	16	42	

注　北京、重庆、贵州、西藏、青海无该规模排水沟及建筑物。

附表 A3 - 3 - 4　　中型灌区 3（含）～10m³/s 排水沟及建筑物

省级行政区	排水沟段数/处	排水沟长度/km	排水沟系建筑物数量/座	水闸	涵洞	农桥	泵站/座
全国	10285	32768.6	60655	11881	16201	32573	6140
北京	13	44.7	90	12	62	16	
天津	223	616.3	695	98	477	120	58
河北	165	563.7	766	201	129	436	9
山西	38	139.7	283	63	77	143	
内蒙古	34	312.7	44	15	6	23	
辽宁	123	468.0	1110	99	652	359	101
吉林	107	444.5	356	48	76	232	12
黑龙江	344	2284.4	1168	160	431	577	52
上海	11	21.3	16		16		
江苏	2869	6891.4	12724	1393	4676	6655	1685
浙江	64	194.8	544	136	38	370	69
安徽	670	2368.6	4444	752	1424	2268	349
福建	70	227.0	616	123	138	355	39
江西	266	1044.5	2714	736	821	1157	216
山东	595	1593.8	2773	344	414	2015	41
河南	214	790.0	1239	147	83	1009	37
湖北	1431	4313.9	7591	1656	1939	3996	1634
湖南	1814	6058.9	16661	4254	3583	8824	1414
广东	641	2055.9	3055	837	494	1724	294
广西	126	287.1	394	66	40	288	4
海南	56	191.1	353	63	48	242	26
四川	54	193.2	663	70	52	541	13
贵州	14	30.2	38	6	5	27	1
云南	78	509.9	992	268	283	441	52
西藏	15	58.5	89	27	23	39	
陕西	145	420.5	696	135	96	465	12
甘肃	17	37.7	44	10	7	27	
宁夏	5	23.2	29	2	10	17	1
新疆	83	583.1	468	160	101	207	21

注　重庆、青海无该规模排水沟及建筑物。

附表 A3 - 3 - 5　　中型灌区 1（含）～3m³/s 排水沟及建筑物

省级行政区	排水沟条数/处	排水沟长度/km	排水沟系建筑物数量/座	水闸/座	涵洞/座	农桥/座	泵站/座
全国	50385	57059.8	99704	12229	45118	42357	4003
北京	30	93.4	158	14	112	32	
天津	3266	2805.4	2185	425	1642	118	53
河北	320	592.0	682	54	60	568	
山西	129	196.6	323	10	78	235	
内蒙古	20	125.8	49	16	15	18	3
辽宁	501	462.6	877	66	556	255	41
吉林	201	398.3	196	49	29	118	13
黑龙江	748	2006.7	1066	125	624	317	7
江苏	21283	20264.0	39385	1691	24620	13074	1606
浙江	339	500.5	558	66	123	369	19
安徽	2524	2560.9	3959	535	1578	1846	110
福建	164	110.3	196	49	117	30	
江西	2237	3015.1	8947	598	1559	6790	574
山东	1741	1941.4	3160	294	663	2203	9
河南	686	1428.2	2113	139	101	1873	4
湖北	5995	6536.7	11308	1768	5884	3656	578
湖南	6751	8862.5	18696	4980	6202	7514	906
广东	1043	1668.3	2157	516	455	1186	39
广西	1129	988.0	689	294	65	330	
海南	109	132.9	290	86	52	152	12
四川	153	318.7	391	19	7	365	7
贵州	23	38.2	52	8	8	36	5
云南	115	207.4	291	30	115	146	6
西藏	16	17.3	79	57	6	16	
陕西	231	356.0	673	163	60	450	9
甘肃	72	87.7	180	59	66	55	
宁夏	132	185.3	500	16	187	297	
新疆	427	1159.6	544	102	134	308	2

注　上海、重庆、青海无该规模排水沟及建筑物。

附表 A3－3－6　中型灌区 0.6（含）～1m³/s 排水沟及建筑物

省级 行政区	排水沟 条数 /处	排水沟 长度 /km	排水沟系 建筑物数量 /座	水闸 /座	涵洞 /座	农桥 /座	泵站 /座
全国	121171	85083.8	144374	11586	83338	49450	1834
北京	30	54.3	38		38		
天津	2482	1365.2	522	210	308	4	9
河北	2357	1011.6	911	10	632	269	
山西	807	850.7	848	86	119	643	
内蒙古	135	337.5	85	3	53	29	
辽宁	1214	756.3	800	192	496	112	8
吉林	598	804.5	326	48	170	108	2
黑龙江	1369	1676.2	1153	50	954	149	4
上海	234	159.0	234	234			
江苏	60437	35582.0	58153	2067	45289	10797	468
浙江	3721	1671.4	2006	188	1641	177	89
安徽	2973	2287.0	3217	453	1407	1357	34
福建	184	160.9	232	58	74	100	8
江西	3431	3731.8	9060	692	1664	6704	314
山东	7319	7264.4	13416	1018	1387	11011	14
河南	2086	2354.8	5068	90	806	4172	1
湖北	13361	9745.7	24235	1968	17551	4716	497
湖南	11765	8292.9	17607	3339	8442	5826	336
广东	1728	1700.7	2196	404	837	955	15
广西	1229	745.3	586	169	146	271	
海南	414	446.6	754	126	172	456	7
四川	158	183.1	343	14	51	278	16
贵州	13	10.7	22		4	18	
云南	148	137.6	229	36	102	91	3
西藏	19	18.4	37	4	13	20	
陕西	78	256.4	188	77	27	84	7
甘肃	53	110.1	134	23	10	101	
宁夏	112	153.6	409	7	184	218	2
新疆	2716	3215.1	1565	20	761	784	

注　重庆、青海无该规模排水沟及建筑物。

附录 B 灌溉面积及灌区分布普查成果图

一、灌溉面积分布

二、灌区分布

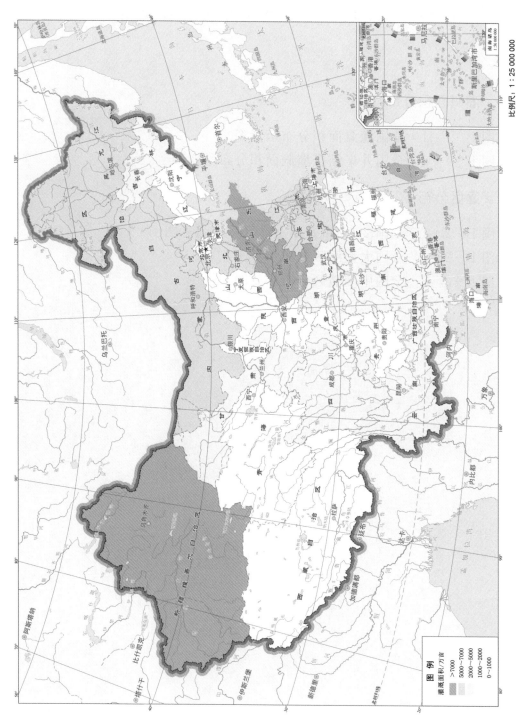

附图 B-1-1　全国灌溉面积分布示意图

比例尺：1∶25 000 000

图例

灌溉面积/万亩
>7000
5000~7000
2000~5000
1000~2000
0~1000

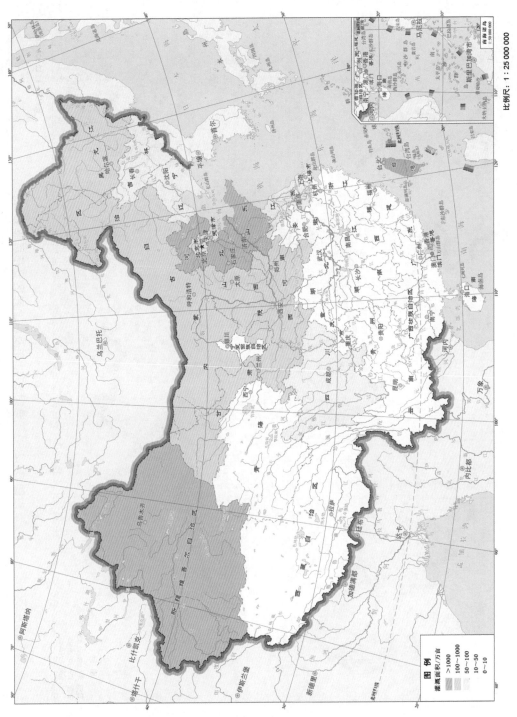

附图 B－1－2　全国井渠结合灌溉面积分布示意图

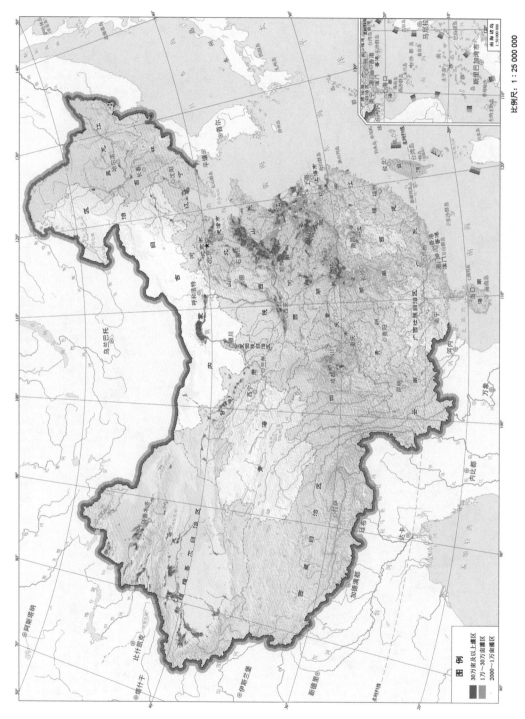

附图 B-2-1 全国 2000 亩及以上灌区分布示意图

比例尺：1:25 000 000

图例

30万亩及以上灌区
1万～30万亩灌区
2000～1万亩灌区

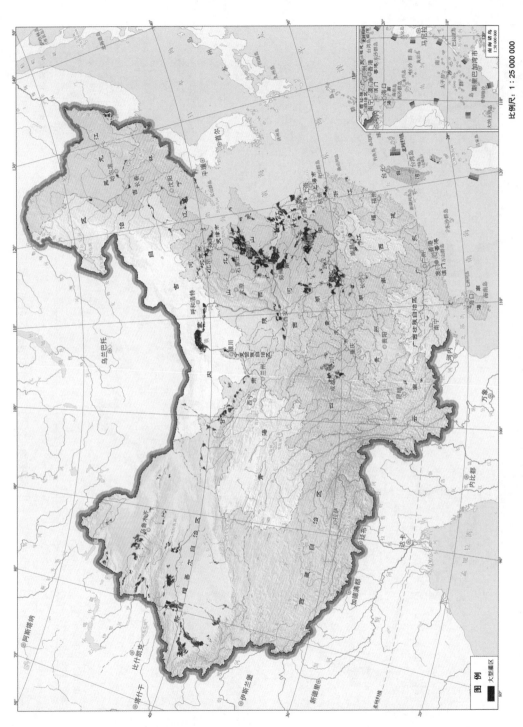

附图 B－2－2 全国大型灌区分布示意图

图 例
■ 大型灌区

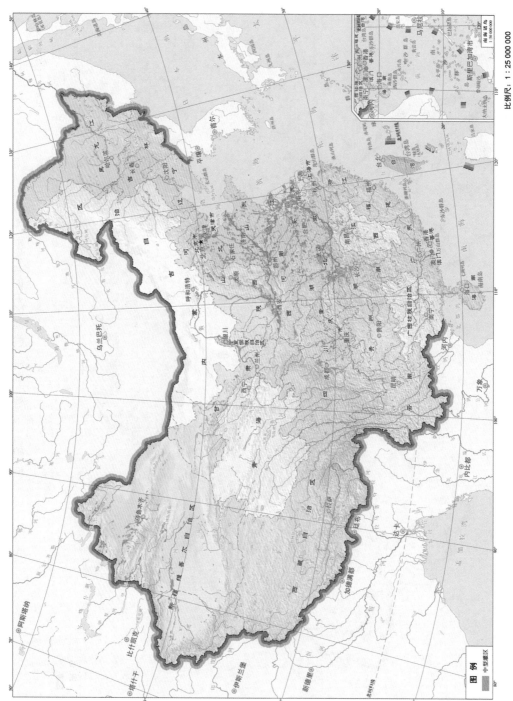

附图 B-2-3　全国中型灌区分布示意图

参 考 文 献

[1]　国务院第一次全国水利普查领导小组办公室. 第一次全国水利普查培训教材之一 水利普查总体方案［M］. 北京：中国水利水电出版社，2010.

[2]　国务院第一次全国水利普查领导小组办公室. 第一次全国水利普查培训教材之八 灌区专项普查［M］. 北京：中国水利水电出版社，2010.

[3]　郭元裕. 农田水利学［M］. 3 版. 北京：中国水利水电出版社，1997.

[4]　陈德亮，王长德. 水工建筑物［M］. 4 版. 北京：中国水利水电出版社，2005.

[5]　SL 56—2013 农村水利技术术语［S］. 北京：中国水利水电出版社，2013.

[6]　GB/T 50363—2006 节水灌溉工程技术规范［S］. 北京：中国计划出版社，2006.

[7]　GB 50288—1999 灌溉与排水工程设计规范［S］. 北京：中国计划出版社，1999.

[8]　GB 50599—2010 灌区改造技术规范［S］. 北京：中国计划出版社，2010.